The Unique World
方寸
方寸之间　别有天地

U0125828

追光

〔美〕
简·布罗克斯
著

蒋怡颖 译

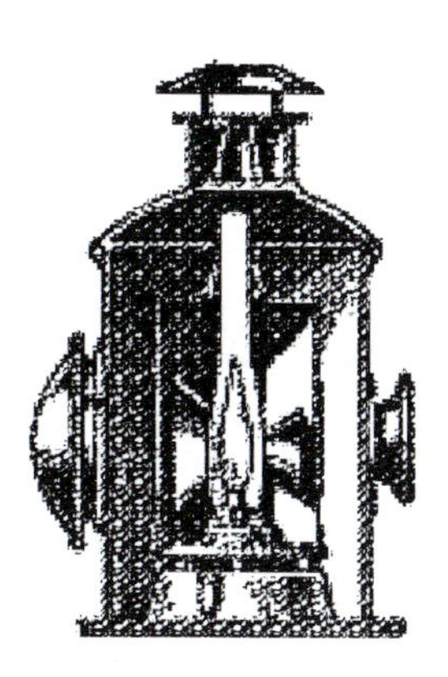

人造光的进化史

Brilliant

The Evolution of Artificial Light

社会科学文献出版社
SOCIAL SCIENCES ACADEMIC PRESS (CHINA)

谨以此书

献给戴恩·厄米和约翰·比斯迪

目　录

序
从太空看到的地球夜景

500 年前，如果从太空望向地球，你会发现城市、乡镇、村庄几乎和橡树林一样漆黑一片。也许傍晚时分，门缝和百叶窗里会透出些许光亮，或者巷子里会有几盏灯笼在摇曳摆动，但街头是没有路灯照明的。而室内的蜡烛和灯具，也并不比罗马时代亮多少，只能照亮一碗粥、一本书、一只需要缝补的衬衫袖子。但凡有人伸手去拿一根线，或者长叹一声，火焰都会颤动起来，连同影子也随之颤动，然后一切又都恢复正常。这种微弱的光不仅是珍贵的，而且是少有的。在晚上的大部分时间里，人们熄灭炉火躺在屋内，睡觉，做梦，消磨时光。如果是一个晴朗无月的夜晚，他们偶然走出自家黑漆漆的屋子，抬头仰望天空，就会发现其实天上的星星多到“连一根手指能插进去的缝隙都没有”[1]。

如今，无论室外还是室内，我们的夜晚都被持续不断的光所淹没，我们的光比其他任何人类事物都更深入太空。在一张从太空拍摄的地球夜景地图上——这些图像是由新月之夜拍摄的卫星照片合成的[2]，光就像温暖甘甜的培养液中的酵母一样在各大洲绽放。土地的边缘被来自城市中心的光亮所界定，由内向外亮度逐渐降低，却从未消失。在美国和西欧，光沿着公路和河流向内陆延伸，点缀着内陆的山麓、高原和草地，只有在山区和沙漠才会有所减弱。即使是亚洲、南美洲和非洲的内陆地区——这里有许多人生活在电网覆盖不到的地方——也被零星的光亮所笼罩。地图上最耀眼的地方代表的是罪恶和繁荣，与人口密度无关：目前，美国的东海岸比其他任何地方都要明亮。世界上只有部分海洋和两极地区是完全没有人造光的。

这本书要讲述的是仅有几个世纪历史的人造光演进故事，不仅关乎技术和权力，也关乎政治、不公和阶级。权贵阶层总是最先获得更加先进的人造光，并且总是比其他人拥有更多。但光也是一个永恒且神秘的故事，一个关乎美丽、光亮和阴影的故事，把那些在过去几个世纪里仍然使用同一种照明方式的人也涵盖在内。即使在现代社会，旧式照明仍然存在并被赋予新的意义：明火——用手点燃，用口熄灭——一直以来都不仅仅是一种实用工具，因为它拥有聚焦目光和解放思想的力量，它是我们创造、思考和梦想的核心。加斯东·巴什拉（Gaston Bachelard）写道："我们几乎可以肯定，火是人类思考的第一个客体和第一个现象。"[3]

这个故事的意义在于光的实用性和美感，在于光的增加如何改变了生活，让人们在一天中有了更多的工作时间，创造了一个不再不可逾越、不再空虚的夜晚，一个出行便利和时间自由的夜晚。对人类精神来说，拥有更多的时间意味着什么呢？财富和特权如何影响了这些时间？对于那些继续生活在没有现代照明的环境中的人来说，后果又是什么？我们的身体和思想是否已经适应了一个天空常亮，夜晚星星似乎也不见踪影的世界？美洲狮、赤蠵龟和苍耳又会怎样呢？既然我们已经把那盏孤零零的路灯抛在脑后，深深依赖着电网，那么我们对光的思考方式又有了怎样的改变呢？了解过去那些人适应新式照明的方式能否帮助我们更好地照亮未来？

PART I

燃烧而逝的时光……

——加斯东·巴什拉《烛之火》[1]

1

拉斯科洞窟：第一盏灯

50 万年来，壁炉中的火焰一直在熊熊燃烧，松木火把迸溅出的火花始终闪耀着光芒。但是，要追溯世界上最古老的石灯，其实只需往前推 4 万年。这些石灯是冰河时期的人类祖先在更新世创造出来的。同蜡烛相比，石灯所散发出的光芒要微弱些，但它排放的污染物比火把更少，火种也更容易保存。所谓石灯，其实是一些平放着的、未经加工的石灰岩板，或是有着天然孔洞、可以放置若干块状动物油脂的石灰岩，里面作为燃料的动物油脂，每小时需要添加一次。有些石灯上留有粗糙的雕刻痕迹，放置燃料的凹槽在设计时巧妙地加入了斜坡。这样一来，熔化的动物油脂就可以顺着斜坡流淌下来。不论是地衣、苔藓，还是由杜松子制成的灯芯，都不至于被破坏。石灰岩的导热性不佳，因此不用特意为石灯雕琢出一个手柄来。人类祖先完全可以直接用双手来持握石灯，石灯烧得通体焦黑被误认为研磨钵或磨刀石的情况除外。

考古学家在露天灶台附近，以及石屋里成堆的烹饪工具和矛头中发现了翻倒的石灯。此外，他们还在远离聚居点的洞窟深处发掘出了类似的石灯。这些洞窟位于如今法国的南部，其中较为著名的有拉穆泰洞窟（La Mouthe）和拉斯科洞窟（Lascaux）。再没有什么能比冰河时期人类祖先借由这种光所创造的壁画更美妙的作品了。时间倒推回 1.8 万年以前，地面上大批畜群穿越山谷朝着海滨平原迁徙，而与此同时，人类祖先也开启了探险之旅。他们顺着石廊而下，在狭窄的通道内辗转穿行，在岩壁和洞顶将记忆里的点点滴滴挥洒画下。部分画作明显超出了人类所能企及的高度。如果作画的人靠手握猪鬃蘸取锰和氧化铁等颜料作画，那么他必须站在脚手架或岩壁突出的岩石上面才能勉强够得到。更常见的是，作画人把粉状颜料含在嘴里，然后将颜料吹到洞窟的岩壁上，从而留下印记。除了这个方法，他还会通过中空的骨头，将颜料喷撒到岩壁上。一个个颜料集中的印记渐次勾勒出动物的完整轮廓。而更为分散的颜料喷撒则为所绘动物的背部或腹部完成了铺色。壁画时而描摹精巧，时而轮廓抽象，岩壁上用四条线勾勒出的猫首就是一个很好的例子。有时，岩壁的轮廓象征着马背，小小的凸起代表马儿的一只眼睛。艺术家们深知，如何绘制马腿或是回眸，才能让画作在视觉上显得更加深邃。

在拉斯科的各处洞窟[1]里，黑色的动物壁画精妙出众，它们顺着岩洞盘旋蜿蜒，一直延伸到最深处：奔腾的马匹，层层叠叠，有红黑相间的高大骏马，有在地上打滚的马匹，有收回前蹄蹲坐在地的马匹，各种形态皆有。此外，岩壁上还画着一头黑色的牡鹿，一群游泳的牡鹿，以及一头倒地的牡鹿和一头有着 13 支分叉犄角的牡鹿。其中一头强壮的牡鹿和马匹有着重合交叠的轮廓线。洞窟里还有一匹无头马是用红色颜料绘成的。另外还有两头野牛，一头野牛的脑袋，一头奶牛的脑袋和犄角——洞顶红牛。在公牛大厅（Hall of the Bulls）里有一个单独绘制的牛头，此外还有画着麝牛和野山羊形象的岩壁，以及描绘着各类猫科动物的天然凹壁。这些动物有的受了伤，有的在吃草，有的在逃窜，有的尚处幼年。考古学家诺伯特·奥茹拉（Norbert Aujoulat）指出："最重要的是，拉斯科洞窟里的图腾称得上是一首对生命的美妙赞歌。"[2] 冰河时期，不论是食物、衣着（缝衣针和锥子由动物骨头雕刻而成，而动物肌腱是天然绳索的原材料，可以用于捆绑），还是石灯燃烧所需的动物油脂，人类生活的方方面面都离不开畜群。

并没有证据表明，冰河时期的人类祖先在绘制壁画时会使用不止一盏灯具。而且，就像许多较深的石灰岩洞窟一样，由于空气流通性差，洞内的二氧化碳浓度自然就会升高，这样一来，恐怕连保证火苗不熄灭都成问题。可能性比较大的情况是，他们只能看到整体作品的一小部分，其余部分则渐次隐匿回黑暗之中，潜藏在作画者身后的影子里。法国考古学家索菲·博恩（Sophie de Beaune）曾说："一处5米长的岩壁，若要在上面绘制出完整且色彩细腻饱满的壁画，需要在岩壁上放置多达150盏的石灯，平均每隔50厘米就要放置一盏。"[3] 由此可知，作画者绝不可能同我们现代人一样，在稳定的电灯照明下，或在雕带和岩壁的彩色照片中，清楚地观察到画作中深浅不一的红色、黄色和黑色。

想要抵达拉斯科最深处的洞窟，作画者必须掐灭光源，顺着一根由好几股纤维拧成的绳索沿洞道往下深入，然后在一片漆黑中再次点燃石灯，并在那里创作披毛犀、半马兽和狂躁的野牛。一根长矛刺穿了那头野牛的身体，内脏和肠子从体内流出。野牛抬起的前蹄之下绘有整个拉斯科壁画中唯一的人类，只见他呈俯卧状，异常瘦削，身上受了伤，脸上带着鸟头面具。再往下，是一盏由红砂岩雕刻而成的勺形石灯。直到1960年，考古学家才发现这盏石灯的存在。这盏石灯之所以与众不同，是因为它采用了不同于其他石灯的石材，造型也别有新意（手柄的出现尤为重要，砂岩的导热性很好，要是缺了手柄，石灯会烫得难以持握）。工匠在打造石灯时，将它做成了完全对称的碗状器皿，不仅砂岩打磨光滑，而且手柄也雕刻成了V形，可谓精妙绝伦。虽然石灯的实际用途我们无从得知，但它很可能是用来举行某种仪式的。如今，当我们像祖先那样再次拿起这盏石灯时，随着我们位置的移动，一幅幅栩栩如生的动物壁画从黑暗中渐次展开。没有东西是静止不动的。光影潜藏在孔洞之中，摇曳的微光穿过洞窟内凸起的浅色岩石，带来了收蹄仰首的动态观感。一种形状退回黑暗，另一种形状则在光亮中接踵登场，每一幅壁画都萦绕着想象。

一直以来，光都遵循着同样的轨迹：点亮，燃烧至尽头，然后再度陷入黑暗。随着时间的推移，人类先是有了用贝壳制成的灯具，再是用贝壳或拖鞋形状的陶器制作的灯具，其造型设计逐步得到改进和提升，比如在红陶杯的边缘做反向内扣，以防液体外溢。此外，或许是受到螺类动物外形的启发，厚壶嘴状的灯芯槽内平放着由布料或绳索制成的灯芯，这样的设计有助于灯油逐渐渗透灯芯，从而保证火焰燃烧的稳定性。古希腊和古罗马时期所使用的灯具有着封闭式的燃料槽，这样一来，燃油就不会受到外界灰尘和蝇虫的干扰，安全系数也得到了一定程度的保障，但是火焰本身并没有玻璃罩防护。

据说是罗马人率先制作出了世界上最早的蜂蜡蜡烛。这种蜡烛燃烧时所产生的火焰自带清甜的香气，火光明亮且稳定，燃烧速度也非常均匀，因此最后成了计量时间的标尺。9 世纪，盎格鲁 - 撒克逊国王阿尔弗雷德大帝（Alfred the Great）希望“以良好的心态，不分昼夜地将身体和心灵的四分之一，奉献给上帝”[4]。为了在黑暗或雨天也能准确地判断时间，他下令将重量等同于72便士的蜂蜡制成6根蜡烛，每根蜡烛长12英寸。阿尔弗雷德大帝并不希望蜡烛的燃烧时间受到气流的影响，“猛烈的狂风……日夜不停地穿过教堂的门和窗，穿过木制品的裂缝和孔隙，穿过墙上的裂纹和薄薄的帐篷”。为此，他“下令打造一个用木头和牛角制作的灯具。被刨成薄片的白色牛角，看上去如玻璃般剔透。……实际使用时，里头放着的6支蜡烛逐支燃烧，可以持续整整24小时，而且速度均匀。当一组蜡烛熄灭殆尽时，另一组蜡烛会继续点燃”。

长期以来，只有罗马天主教会和富人才用得起稀有而昂贵的蜂蜡。而其他大多数人的照明得依靠从住地附近的动物或植物中榨取或提炼的脂肪，例如海牛、短吻鳄、鲸、绵羊、阉牛、野牛、鹿、熊、椰子、棉籽、油菜籽和橄榄（橄榄油在地中海地区尤其受欢迎）。在英格兰，用动物油脂制成的蜡烛提供了主要光源。坚硬的白色羊脂是品质上乘的蜡烛的主要原料，而质地较软的牛脂所制成的蜡烛则品质较差。穷人无法对油脂的品类过分挑剔，只要是能派得上用场的家用油脂，他们都会拿来作为燃料，这些灯源通常是由夏末秋初沼泽地里采摘回来的灯芯草制成的。具体的制作工序一般由老人和孩子完成。他们先是浸泡灯芯草，剥去外皮，然后再在阳光下晒干木髓，将灯芯草反复浸泡在熔化了的油脂当中。弱不禁风的灯芯草蜡烛在查尔斯·狄更斯（Charles Dickens）笔下化为“手杖幽灵般的物件，只要一碰，脊背就会立马折断”[5]。人们用简易的铁钳斜着夹住灯芯草蜡烛，因为竖直拿着的话，燃料的消耗速度会加快。一般来说，一支制作精良、长达 2 英尺的灯芯草蜡烛通常会在 1 小时内燃烧殆尽。

可以用作光源的东西，似乎唾手可得。在西印度群岛、加勒比地区、日本和中国南海诸岛，人们依靠萤火虫的光亮来照明。他们捕捉萤火虫，然后将其装在小笼子里当作照明工具。中国南海岛民们常常将含油量较高的石栗串在竹子上制成火把。在温哥华岛，居民甚至会把一条干鲑鱼扎在木棍的枝杈上燃烧。在设得兰群岛，岛民捕杀并储存了数千只风暴海燕的尸体。据说，海燕是以圣彼得的名字命名的，因为它进食的样子看起来像极了在水面上行走。这种海鸟体内油脂丰富，因此当需要照明时，岛民会将海燕的尸体固定在黏土制成的底座上，将灯芯插进它的喉咙，然后点燃。

第一批美国殖民者在定居之初并没有豢养家畜，但因为周围有大片林地，所以他们经常点燃松木节（又称蜡烛木）来照明。松木节燃烧时会产生滚滚浓烟，而且不时有液体滴落，所以它们通常被放置在壁炉的角落或石板上。用铁钳夹住木片，便可当作手提灯。即使在殖民地豢养牧群之后，经济状况不佳的人仍在使用蜡烛木，农村家庭也不例外。“对一位谨慎的新英格兰农民来说，冬季来临时柴房里没有蜡烛木，就像自己的谷仓里没有干草一样。”[6]

有时，新英格兰人会熬煮浆果，利用杨梅的蜡质果皮来制作带有香气的蜡烛。除此之外，他们还会利用鹿、驼鹿和熊的脂肪来制作蜡烛。再往后，有了羊群和牛群，人们当然也不会放过家畜体内的油脂。妇人们需要花费大量时间来精心制作蜡烛。哈里特·比彻·斯托（Harriet Beecher Stowe）讲道：“这可是一项繁重的工作……比浣衣日还要累上7倍。一只大水壶挂在厨房的火上烤着，里头的块状油脂迅速熔化；厨房正对面放了一个架子，专门用来放置蜡烛，架子下面有一排木板，专门用来接住滴下的蜡油。”[7]天气不能太热，否则蜡烛的质量会受到影响。油脂块必须“切得很小，这样才能迅速熔化；否则放在火上太久，可能就会燃烧起来或变黑”[8]。灯芯也不能浸得太快，否则蜡烛质地会变脆。前三次浸泡后，需要“倒入与油脂等比例的水，以便将不纯的颗粒物沉淀到容器底部”。水是不可以提前倒入的，“因为水一旦渗透灯芯，蜡烛燃烧时就会发出噼啪声，那样一来，蜡烛也就丧失了其本来的作用”。以上步骤完成后，蜡烛必须慢慢冷却，否则很可能会出现裂纹。遇上天气暖和的日子，蜡烛的质地可能会变软。而且，由于蜡烛的原材料主要是动物脂肪，所以在架子上久放容易变质。此外，蜡烛必须存放在老鼠无法靠近的地方。

后来，妇女们使用锡或铅锡合金模具来制作蜡烛。虽然蜡烛制作的工作依旧繁重，但是工序和流程却变得更为简单、快捷。要知道，一个农妇需要制作数百支蜡烛，才能勉强维持自家农场在光线微弱的冬天的照明需求。历史学家马歇尔·戴维森（Marshall Davidson）指出："即使是最博学的人，在烛光的使用上也是颇为节俭的。时任哈佛大学校长的爱德华·霍利奥克（Edward Holyoke）牧师在1743年的日记里写道，那一年5月22日和23日，他们家总共制作了78磅的蜡烛。而不到六个月后，这本每日一行的日记里便记录道'蜡烛全部用完了'。"[9]

与现代所使用的石蜡蜡烛相比，动物油脂蜡烛不易点燃。它们不仅容易在气温较高的时候质地变软，而且燃烧速度也不太均匀，且燃烧时间越长，蜡烛的亮度越低。想让几支蜡烛同时亮着，就需要马不停蹄地照看。为了避免忽明忽暗的尴尬情形，所有蜡烛每半小时都至少得熄灭（剪去烧焦的灯芯）和重新点燃一次（当熔化的蜡油沿着蜡烛的侧面流淌下来时，就会出现沟槽，从而导致灯芯燃烧不均，火光扑闪）。气流也会造成蜡烛变形和熄灭。如果操作不当，蜡烛就会散发出浓重的烟雾和刺鼻的恶臭。在富裕的家庭中，这可是件麻烦事，因为家里可能会有许多蜡烛同时熄灭。乔纳森·斯威夫特（Jonathan Swift）就曾针对熄灭蜡烛这件事，给仆人们支过不少招：

> 熄灭蜡烛的方法有好几种，你们应该做到心里有数：可以把蜡烛的一端抵在壁板上，这样就能立即将蜡烛熄灭；可以把蜡烛放在地板上，用脚踩灭；可以将蜡烛倒置，直到火苗被蜡油浸灭；或者把蜡烛塞进烛台底座里。可以在手中旋转蜡烛，直到熄灭；在你要上床睡觉时，可以在如厕后把烛头浸入夜壶里；可以朝大拇指和另一指上吐唾沫，然后用双指捏着烛头，直到熄灭；厨师可以把烛头伸进饭盆里；马夫可以把烛头伸进装燕麦的容器里，或者一绺干草、一堆垃圾里。……但所有方法中最快捷也是效果最好的方法，就是用气息吹灭它，这样蜡烛就会熄灭得非常利落，也更容易再次点燃。[10]

至于油灯，即便使用了质量最上乘的油脂，也仍然需要时常清洗，才能正常使用。动物油脂质地厚重，很难顺着灯芯向上渗透。在经济拮据的家庭中，灯芯很多时候就是一块被拧起来的抹布，必须不时地拔出来，进行修剪。如果燃烧时灯油不足，那么火焰的光亮就会比较微弱，且带有烟雾。当然，就算补充了足量的灯油，燃烧时油灯还是会冒烟，而且闻起来会有一股恶臭，莎士比亚称之为“难闻的牛油”[11]。

不管在哪个时代，那些能够轻松拥有充足燃料供应的人，都可以享受到良好充足的照明。正如世界各地的富人一样，他们可以用珍贵的镜子，来放大火焰所产生的光亮，照亮自己的家宅和回廊，并且可以肆意挥霍和使用蜂蜡。“在法国国王路易十四的宫廷里，蜡烛都是一次性的。宫女们近水楼台，把没用完的昂贵蜡烛头悄悄变卖，赚得盆满钵满，”历史学家威廉·奥迪亚（William O'Dea）指出，“其他皇室似乎也保留着这种奢靡浪费的习惯。”[12]但是，对于那些迫于生活不得不购买蜡烛的人来说，成本就变得非常高昂。“在 15 世纪中叶的图尔，一位劳动者要工作半天，才能挣够 1 磅油脂的钱。要知道，蜡这种东西在当时可是无价之宝。”[13]

油灯是一回事，点燃油灯又是另一回事，尤其在 19 世纪安全火柴发明之前更是如此。回溯最早的生火方法，是用火石撞击硫铁矿，或者通过硬木和软木之间的摩擦。也正是因为这一点，生火者可能会在地面或膝盖上摆放一根钻有一排小孔的硬木棒，然后将软木棒插入其中一个小孔，不停地旋转摩擦，直到摩擦所产生的热量足以让木材燃烧起来（天晴的时候，可能都用不了一分钟，就会有火星出现）。一看到有烟冒起，生火者就会把碾碎的干树叶扔在烟上，然后用手捏住冒烟的树叶，把微小的火星吹成一团火。再然后，他会把火放到一小堆树枝和树叶上。用质量上乘的干柴生火是最容易的，也正是这个原因，干柴往往非常珍贵。得克萨斯州的卡兰卡瓦印第安人说道：“他们总是随身携带火棍，小心翼翼地包在几层兽皮里，然后再用皮带捆起来，打成一个干净利落的包裹。这样一来，火棍就能始终保持干燥。一旦使用完毕，就立即打包放好。”[14]

在18世纪的欧洲，生火并非易事。几乎每家的厨房都会配备一个火绒盒，里面装有火钢、火石和火绒——通常是炭化的亚麻布。生火时，可以用火石撞击火钢，产生零星的火花，然后放到炭化的布料上，再加入更多的火绒，煽成火焰。作为一项日常工作，生火可以在光线充足的干燥天气里迅速完成。“但在寒冷晦暗且有霜冻的早晨，当双手干裂冻僵到失去知觉时，”一位当事人写道，“你很有可能一直在用火石敲打自己的指关节，却毫无察觉。”[15]

火一旦生起，会受到小心翼翼的守护。许多家庭在壁炉里总会保留一些冒着火光的余烬。如果这点火星也快熄灭了，他们就会派孩子拿着桶或铲子去邻居家装些烧得正旺的煤来。《塞缪尔·约翰逊的一生》（*The Life of Samuel Johnson*）的作者詹姆斯·鲍斯韦尔（James Boswell）在谈到失去照明的后果时写道：

> 凌晨2点左右，我无意间熄灭了蜡烛。火是早在黑暗和寒冷降临之前就点燃的，所以现在要点着火十分困难，我轻手轻脚地走进楼下的厨房。但是，唉，那里的火就像格陵兰冰川上的火一样少得可怜。原本火绒盒的旁边有一盏

用来点火的灯，早上点燃，晚上熄灭。但是，我既没看到火绒盒，也不知道在哪里能找到它。现在的我满脑子对夜晚恐怖的阴郁想象。我回到自己的房间，静静地坐着，直到听到守夜人大喊“3点了”，便招呼他来敲我家的房门。他照做了。于是，我帮他开了门，他将我的蜡烛重新点燃，没发生任何危险。[16]

有时候，少了一支蜡烛可能会带来致命后果。历史学家简·尼兰德（Jane Nylander）曾发现一条史料：“1796年6月，纽黑文酒馆的一位住客，（他）‘手里没有拿灯就去睡觉。很不幸，（他）打开的是地窖的门，而不是房间的门，于是径直从地窖的台阶上摔了下去，导致颅骨骨折，第二天早上就去世了’。”[17]

另外，明火引发火灾的危险也从未停止过。事实上，随着城市规模的扩大，整个地区拥挤的木屋随时可能因为油灯打翻、火星散落、儿童使用蜡烛不当而陷入火灾。一位18世纪的作家写道：“与其说英格兰人居住在一起，倒不如说他们在举行集体葬礼。”[18]

火灾的危险足以让孩子们在黑暗的夜晚乖乖入睡，但这么做更多的可能是为了省钱。在19世纪矿物油出现以前，所有燃料都来源于食物。约翰·斯密顿（John Smeaton）在他关于英格兰普利茅斯海岸建造埃迪斯通灯塔（Eddystone Lighthouse）的叙述中写道，他“发现举国上下都在抱怨这个问题，那就是不同时期的守灯人最后都会沦落到不得不吃蜡烛的地步”[19]。

情况最糟糕的时候，许多人只能通过做饭时用的炉火，或者桌子中央的一支蜡烛或一盏油灯来获取照明，他们很少在夜幕降临前就点燃蜡烛或油灯。最贫穷的人可能连丁点光亮都无从获取。因此，冬天来临时，劳作和晚餐都只能凭借一丝微光来完成。农民们会在这样的灯光下修理工具或雕刻新的斧柄。妇人们则忙着缝缝补补。而对于精细工种而言，这点微弱的光亮是远远不够的。历史学家 A. 罗杰 · 埃克奇（A. Roger Ekirch）指出：“13 世纪时，一本法国出版的行业手册曾明令禁止金匠和银匠（在天黑后）工作，因为‘夜晚的光线过于昏暗，他们很难准确无误地完成工作’。”[20] 然而，人们对于“黑暗”的定义并不是特别清晰：“从复活节到圣雷米，制革工人将太阳的升起和落下作为夏季工作日的分界线，而在冬季，只要光线昏暗到分不清一枚旦（小硬币）到底是来自图尔还是巴黎时，工作日就可以告一段落了。”[21]

在一个白天无休止劳动的时代，夜晚的限制反而可能会受到欢迎。耶路撒冷的济利禄（Cyril of Jerusalem）记载道：“要不是黑夜带来喘息的机会，仆人们从主人那儿是得不到片刻休憩的。白天的工作让我们疲惫不堪，而一晚上的休整又会让人精神焕发。”[22]然而，教会认为夜晚不仅是休息的时间，而且也是进行祈祷和灵魂反省的时间。济利禄提出了一个问题：“还有什么比夜晚更有助于提升智慧呢？什么时候我们的心灵最适合吟唱圣歌和祈祷？不正是晚上吗？什么时候会让我们时常想起自己的罪过？不也正是晚上吗？”[23]昏暗的房间内，封闭拥挤的街区里，除了休息和祈祷，人们甚至可以在自己的家中寻找到些许自由，因为黑暗有其独有的隐秘性：没有人和事物会被完全暴露。

尽管如此，人们仍然想方设法获取更多的光亮。有时，他们会在火焰前放置一个水瓶，来聚焦和放大灯光的效果。在欧洲的村庄里，妇人们会在傍晚时分聚集在一间小屋里，房间中央有一盏高高的灯，灯的周围环绕着蓝色的玻璃球（处于寒冷国度的妇人会用雪水替代蓝色玻璃球）。据说，水的颜色可以缓和刺眼的光线。这种灯被称为花边女工灯（lacemaker's lamp）。各种精密的工作都是在这种灯光下完成的。格特鲁德·怀廷（Gertrude Whiting）解释说，女工们“整齐地排成一排”，“最出色的花边女工可以坐在最靠近灯或烛台的高凳上。一间屋子大约可以容纳18名女工，外排凳子高度较低，只能捕捉到从灯桌上流洒而下的光线。这种分级排列被称为第一光、第二光和第三光。”[24]第三光所能得到的光线特别幽暗。女工们面对她们同伴漆黑的背影，从上面或前排缝隙间散落的漫射光线中获取照明。可在这样的光线条件下，能照亮的也就只有她们的双手和手头的活计了。

天气好的时候，妇人们会坐在自家门口，就着自然光缝纫、修补或制作花边，这一点也不足为奇。尽管 17 世纪的阿姆斯特丹，透过大窗户洒下的自然光足以照亮房屋内部，连角落里的污垢都清晰可见，家庭主妇们也因此更加卖力地清扫和擦洗，但是房间里仍然有不少光无法到达的阴暗角落。维米尔（Vermeer）在其作品《小街》（*The Little Street*）中描绘了这样一幅景象，透过玻璃窗瞥见的房子内部在白天显得十分昏暗，即使透过开着的门看进去也差不太多，一个戴着白色帽子的女人坐在那里，专心致志地看着她腿上的白色作品。她就这样被框定在一座粉刷成白色、坚固而又历史悠久的砖石建筑之中，而这些砖块不知经历过多少次搭建、破裂和修补。高高的外墙，让荷兰的街道看起来像是上个冰河时期的浅层岩石避难所。在那里，女人们俯身于肌肉、石头和骨骼之上，坐在户外，悠然地度过白驹过隙般的一生。

2
没有路灯的日子

过去，室内照明都已如此珍贵，那么城市、乡镇和村庄街头的照明也就更加稀罕了。因此，在17世纪以前，世界上几乎不存在街道照明。4世纪，生活在叙利亚安提阿城的一位居民是这样说的："太阳光被其他光所取代。……白天与黑夜的区别，只在于光发生了变化。"[1] 地理学家段义孚指出，在中国，"公元1276年蒙古人入侵宋朝首都前，杭州灯红酒绿的夜生活在熙熙攘攘的帝王大道上渐次展开"[2]。但是，对于其他城市而言，夜晚永远是黑暗的。只有在庆祝新年和国王诞辰的时候，才会有道路上火把林立、天空中烟花四射的美丽景象。文艺复兴时期的佛罗伦萨没有街道照明，杰罗姆·卡尔科皮诺（Jérôme Carcopino）笔下的罗马帝国也同样没有：

> 没有照亮（街道）的油灯，没有贴在墙上的蜡烛；也

没有挂在门楣上的灯笼，只有到了节日庆典，罗马才会灯火辉煌，举国欢庆，就像西塞罗（Cicero）让罗马摆脱喀提林阴谋时那般欢乐。平日里，夜幕如同暗藏危险的阴影般笼罩着整座城市。……每个人都逃回家中，紧闭房门。商店也纷纷陷入寂静，门扉后挂起一串串锁链；公寓的百叶窗也放了下来，一盆盆鲜花从平日里装点的窗台上撤下。[3]

中世纪的欧洲，叮当作响的钟声宣告着一天的结束。城墙、大教堂、修道院和乡村教堂的钟楼总是响个不停，或警告入侵、火灾和雷暴，或宣布结婚庆典和王室的到来，或宣告即将到来的死亡，为离世的灵魂沉痛祈祷。钟声塑造了神圣的时刻——晨祷、晚祷和午祷，并让开工、开市和午憩的日常变得与众不同。当黄昏降临，晚祷的钟声开始响起，呼唤着神圣灯光的点亮，随后教堂的蜡烛和火把被点燃。晚祷，即“晚星”，在轻柔的低语中消散开去：这是为感恩而祈祷的时间，也是向圣母玛利亚祈祷的时间，人们坚信天使报喜会在夜晚时分发生。

此后不久，宵禁的钟声响起，通常至少100下。中世纪早期，宵禁的钟声一般在黄昏后不久就响起；而在之后的几个世纪里，尤其是冬季，宵禁的钟声在日落几个小时后才会响起。但它存在的意义从始至终没有改变过。毕竟在没有路灯或警备力量的时代，维持社会秩序的唯一办法就是严格控制人们的行动。所以宵禁时，一切劳作都会停止。铁匠们纷纷放下手里的风箱，金匠们停止敲打金属。集市上的交易停止，屠夫和渔夫的叫喊声越来越小。马具碰撞的叮当声、马车前行的咯吱声，还有牛儿低沉缓慢的脚步声，都渐渐归于沉寂。几乎所有人都会遵从命令回到自己的住处，锁上门，关上窗。

如果设防城镇的居民在听到宵禁钟声时发现自己不在城门内，那么他们一定会非常慌乱。要知道官员们为了防止入侵者趁着夜色潜入，可是会锁上城门的。任何被逮住的人，都面临被罚款或被关在城外过夜的风险。在某些地方，宵禁甚至持续到了 18 世纪。让 – 雅克 · 卢梭（Jean-Jacques Rousseau）的一段话证实了这一点："我在距离日内瓦城还有 3 英里的地方，听到了宵禁的钟声，于是立刻小跑起来。我听着阵阵钟声，一路狂奔，上气不接下气，大汗淋漓，心脏跳动得格外厉害。我远远地看到士兵们从瞭望台里走出来；我跑啊跑，用哽咽的声音叫喊，可一切为时已晚。"[4]

除了要求居民紧闭家门外，为了防止不法之徒在街头流窜，官员们还会在道路上铺设铁链，"如同在战争时期一样"[5]。A. 罗杰 · 埃克奇指出，纽伦堡市"有 400 多条（铁链）。每天晚上它们都会从大鼓上被解开取下，挂在齐腰高的地方，有时会两三条放在一起，从街道的一侧挂到另一侧……1405 年，巴黎官员命令所有的铁匠都去锻造铁链，不仅要封锁街道，连塞纳河也要一并封锁起来”[6]。在某些地方，居民回家后必须上交钥匙。1380 年出台的巴黎法令规定：“所有房屋到了晚上必须上锁，并将钥匙交给地方法官。……任何人不得进入或离开住所，除非他 / 她能向地方法官证明自己有充分的理由这样做。”[7] 烹饪用火或许是大多数人唯一能负担得起的室内照明，不过晚餐后不久，烹饪用火也会被要求熄灭。要知道在中世纪那些错落拥挤的木头和茅草屋里，人们对夜晚的无尽恐惧本身就包含了他们对于火灾的畏惧。而要说起源头，“宵禁”的英语“Curfew”一词来自古法语“*covre-feu*”，而其本义就是“熄灭火苗”。

然而，即便规定如此严格，即便有不同用途的钟声和叮当作响的铁链，劳作结束的时间也并不总是固定的。要想完全执行宵禁，几乎是不可能的事。因为守夜人自己就常常分不清黑暗中的秩序和混乱，他们也不情愿干这份工作。在欧洲的许多城镇，每个家庭都被要求提供一名年龄在 18~60 岁的男子来守夜，就连寡妇和神职人员也难逃其责，他们必须为另一个家庭中满足要求的男子提供资助。站岗的守夜人没有工资，手无寸铁（除了喇叭和旗帜）。他们白天是工人、金匠或布匠，晚上还得爬着梯子来到塔楼和城门上，留意是否有火灾发生或敌人入侵，一刻也不能懈怠。“在许多城镇，守夜人被关进一处上锁的栅栏里。这样一来，守夜人就不能偷懒，或者更准确地说，他们就没法趁着夜色擅离职守。被困在岗亭里的他们不得不在大冬天忍受寒冷和恶劣天气的折磨，耐心或焦急地等待夜晚的过去。”[8]后方的哨兵整夜在街上巡逻，查看是否有异常情况发生，并盘问在街上乱晃而不回家的人。他们还有一项额外职责，就是检查站岗的守夜人，确保没有人打瞌睡或偷摸回家。

宵禁后的头几个小时里，守夜人可能会有点松懈，尤其在相对太平的时段和地点，但是所有守夜人都有权逮捕和监禁没有正当理由的夜间外出者。虽然各家小酒馆被勒令关闭，但它们还会继续营业，这样劳动者们就可以在回家前坐下来小酌两杯。小镇和村庄里的人们会互相拜访，并坐在炉火旁交谈。面包师傅用烤箱烤制面包，为破晓时分的到来做好准备。也有晚上工作的行当，比如拾荒者和收粪工，他们的脚步声有点诡异。但是，随着夜色渐浓，街道上大多只剩不良分子、强盗和小偷了。除了那些有合法身份的人如助产士、牧师或被叫去处理紧急情况的医生之外，其他夜间出没的人都会被视为“夜盗”（nightwalker），并面临审问。

由于没有路灯为哨兵和夜间出行者照亮前路，因此他们都会随身携带灯笼或火把来照明。哨兵手持的火把和灯笼在照亮前行道路之余，也会让其他人注意到他们，并辨认出他们执法者的身份。这对于那些既不带灯笼也不拿火把出门的“夜盗”来说无疑是行了方便，因为他们能看到哨兵，而哨兵看不到他们。也正是这个原因，政府要求入夜后上街的任何人都必须携带灯笼或火把。根据英格兰莱斯特郡的规定，“任何人都不得在夜间无缘无故尾随于女性身后，否则就要支付罚金”[9]。而在法国里昂，“圣尼萨尔大令（great seral of Saint Nizar）颁布后，任何人不得在没有携带照明工具的情况下于夜间走动，否则就会被关进监狱，而且每抓到一次，都会被处以60苏* 的罚款”[10]。

富人（守夜人从远处就可以通过他们的服装辨认出来）出行时，身边总跟着一群仆从，仆从们拿着灯笼，保镖们簇拥着保护其安全。富人同样也享有夜间出行限制的豁免权。例如，在许多城市，夜间出行者被禁止佩戴头罩或身着披风，他们不可以携带武器，而且同行人数不能超过三四人。

大家似乎都很乐意把夜晚的街道留给各路蟊贼、逃窜的老鼠，还有那挥之不去的臭味——腐烂食物、旧稻草以及马匹汗水和粪便的气味混杂其中。“在没有街道照明的时代，据说每个夜晚离家的人，都写过遗嘱，并做好了死的觉悟。”[11] 对于女性而言，夜晚实在太过危险。除了助产士外，所有夜里走在街头的女性都会被认为是妓女。

那些必须夜里出门的人，总是期盼着自己做生意这天刚好撞上满月和晴空万里，因为这样的日子小偷们十有八九会选择避开。而且，满月也为远行者提供了足够的光线，让他们能够

---

* 苏（sou），原法国辅助货币，1法郎的价值和20苏等同。——译注（书中脚注皆为译注，后不再标示）

看清地形和前方道路的轮廓。眼睛在白天与黑夜有着不同的功能。人在黑暗环境中的视力依靠的是视杆细胞，而不是视锥细胞。想要完全适应夜视，得花上整整一个小时的时间。可即便适应了夜视，视力在夜间的敏锐度依然有所下降，仅凭肉眼是很难分辨颜色的。在一个没有月亮，或月亮被云层遮蔽的夜晚，灯笼或火把所能照亮的唯有远行者正前方的一小段路，他们仍然需要借助其他感官来判定方位。大部分人在白天对道路和方向了如指掌。这种熟悉感在摸黑前行时确实会有所帮助。虽然看不清路标，但他们完全可以通过脚下道路踩上去的感觉来判定自己的方位。每迈出一步，脚下传来的有时是碎石的声响，有时是软沙的声音。当然，他们还可以通过林间地头的风声、教堂的钟声、水滴声或是羊群的咩咩声来分辨位置，干草或刚砍的木材的味道或许也会有点帮助。浅色的东西包括白色马匹、沙石小径、白雪等也有助于分辨方位。对了，人们还得绕开宵禁铁链或有时作为路障横放在街上的木头。他们走在凹凸不平、泥泞的道路上，经常要么从桥上摔下来，要么掉进运河和煤箱里头；也可能会被石头或木桩绊倒。

在那个照明稀缺的年代，很少有人会浪费光源。任何夜间的实质性照明都会被赋予巨大的意义。有时，它预示着危机的到来。当火灾或冲突发生时，市政官员会要求市民把灯具和蜡烛集中堆放在一起，作为防御或消防的一种辅助措施。有时，它象征着权力。当王室成员抵达一座城市时，人们通常会在街道和屋顶上高举火把示意，或用篝火迎接贵宾的到来。“1430年4月26日，巴黎政府在城市多处生起火堆，仿佛在庆祝夏日里的圣约翰节……同时告诉人们，此举是为了向年轻的亨利国王表示庆贺。亨利自称是法兰西和英格兰的国王，并曾在布伦（Boulognes）登陆，与大量雇佣兵一起同阿马尼亚克人作战。对于亨利国王而言，这些人轻如草芥。”[12]除此之外，教会还用火把庆祝各种神圣的节日，教堂建筑中也会广泛使用灯光照明。平安夜那晚，罗马圣马可大教堂灯火辉煌。一位集会者说：“没准有人还以为着火了呢。”[13]辉煌耀眼的灯火确实让教堂崇高的社会地位进一步得到巩固。与此同时，街道和广场上的烛光游行也让那个时代充满庄严和神秘感。

即使在繁华的城市中心，夜晚也依然保留着那份亘古的浩瀚。夜空中的星星清晰可见，而人们纷纷躲在家中。但是，随着时间的推移，城市的发展速度越来越快，城市与城市之间以及城市内部的商业活动日益繁荣，人们的日常生活也不可避免地越来越多地延伸到夜晚。17世纪晚期，许多欧洲大城市和美国城市政府开始要求住户在冬季夜幕降临后，在面向街道的窗台上悬挂一盏灯或摆放一支蜡烛。和要求夜行者随身携带照明工具一样，在窗台上摆放照明工具也是为了方便政府工作。加斯东·巴什拉指出，窗台上的那盏灯是“一盏等待中的灯”，“它不遗余力地守望着这座城市”，[14] 反过来它也被默默守护着。公共照明的世界，多少带些秩序性的冷酷味道。

几个世纪以来，灯火点亮的时间和天数并不是固定不变的，它会根据季节、月相和节日而调整。最终，政府发布了详细的时间安排。例如，1719 年，巴黎一位地方委员提出了如下要求：“12 月 1 日，使用半支蜡烛（1/8 磅）。12 月 2 日至 21 日（含），使用整支蜡烛（1/4 磅）。12 月 22 日和 23 日，不得使用蜡烛。12 月 24 日，即平安夜当晚，需使用 1/2 磅的蜡烛。12 月 25 日至 27 日，不得使用任何照明。”[15]

对于上述要求，市民们颇为不满。比如，在纽约，“地方法官纷纷指出，‘作为贸易中心，照明缺乏会给这座城市带来极大不便’。因此，他们下令每家都要在高层窗户处‘撑起个小杆子’，并在‘月黑风高的夜晚’挂上灯具。要是碰上拒绝承担这笔开支的业主，地方法官也会做出让步，要求每七户人家贡献‘一盏灯笼和一支蜡烛’即可，且仅限冬季，具体费用由不负责照看灯具的其他六户人家均摊”[16]。没有人愿意承担这项任务，倒不仅仅是费用的问题，更重要的是这项任务本身十分烦琐，必须不断检查，细心照看，确保火焰不会闪烁、冒烟或是熄灭。如果守夜人偶然发现一盏熄灭的灯，他就会立刻叫醒负责照看它的人，提醒他注意。

尽管第一批派上用场的灯笼和蜡烛过于零散，其光亮在黑暗的夜晚中也甚是微弱。但要知道，在室外经受风吹雨淋、仅靠木条或石头就能轻松熄灭的火苗，这种情况下能发出扑闪扑闪的微弱光亮就已经十分难得。与此同时，它们也标志着夜生活的开启，人们因此获得了更多的时间和自由。或许是为了工作，或许是为了感受生活那交织着享乐与危险的另一面。它们如同道路标记，一个接一个，沿着街道分布，在黑暗中标记着人类聚居地：这儿，这儿，这儿，以及这儿。

光似乎总会带来更多的光。熙熙攘攘的人流，让夜晚的景色越发动人，酒肆和咖啡馆里依稀传出人们的谈笑声。到 18 世纪，酒肆和咖啡馆已经十分常见。这些场所的营业时间很长，还提供茶、可可、咖啡等提神饮品。这样一来，对政府而言，维持秩序就变得更为复杂，也因此需要更多、更可靠的人造光来帮助他们完成这项任务。在波士顿最繁华街道的几处路口，都有守夜人专门负责看管装有燃料的铁火盆，保证其中的火苗不熄灭（真正的路灯直到 18 世纪末才出现）。在伦敦、巴黎、纽约、都灵、哥本哈根和阿姆斯特丹，政府当局安装了固定的路灯来取代居民窗台上摆放的照明工具。这些路灯由市政统一进行维护，维护费用从税收里扣取。在冬季，这些路灯被点亮的频率更高些，但是在夏季和月相变化期间，它们也经常会点亮。

可即便如此，在英国作家威廉·西德尼（William Sidney）看来，18 世纪伦敦街头的路灯还是“不足以驱散冬季笼罩下的幽暗阴霾”[17]。西德尼继续说道：

> 和过去一样，光亮主要来自数千个细小的锡制容器，其中一半可能装满了质量最差的鲸油，棉线被捻成灯芯，装在半透明的玻璃球里……它们散发出的微弱光芒，在太阳下山后驱散了街角和十字路口的黑暗，而到了午夜时分，火苗会被小心翼翼地熄灭。要是它们中途自己熄灭，那么就不需要再多此一举。[18]

据西德尼说，当时那些被雇来照看路灯的点灯人都是些“油腻到令人作呕的家伙。……他们有一个共同特点，那就是当他们站在梯子上时，总会无一例外地把油脂洒到路人的头上，有时还会出现掉落灯罩砸伤路人的情况”[19]。同样，法国作家路易－塞巴斯蒂安·梅西耶（Louis-Sébastien Mercier）也曾吐槽巴黎街头的点灯人：“得补充一点，政府真该监督一下这些点灯人。他们虽然口口声声每天晚上往灯里添油脂，但实际上，添的量实在少得可怜，以至于到了九十点钟，一半的路灯已经熄灭，只有远处零星的微光还能让你依稀看到街道的模样。”[20]

有个别城市的公职人员认为，路灯的安装反而助长了犯罪分子的气焰。段义孚指出，“谨慎的伯明翰市民并不想尝试新的照明方式，他们认为伯明翰的犯罪率之所以比伦敦低，是因为伯明翰的街道照明普及率没那么高”[21]。同样，科隆的政府官员认为“随着人们越来越不惧怕黑暗，酗酒和腐败的概率也会相应增加”[22]。他们进一步论证道，一旦街道照明普及开来，那么节日和庆典照明的神圣意义将不复存在。然而，在大多数大型城市，政府官员都不这么认为，他们试图让照明在街道上普及开来。因为如果照明是权威的标志，那么黑暗的街区就是难以管控的地带，那里满是从明亮街道驱逐出来的漂泊者。也是因为这一点，大范围出现的砸路灯行为会受到监禁甚至更严重的惩罚。“1688 年，维也纳政府曾威胁称，再发现有人破坏路灯，就会砍掉破坏者的右手。”[23]

公共照明的出现和增加带来了意想不到的结果，想要区分其所带来的好处和坏处其实并非易事。有了路灯，街道变得更加热闹。酒馆的常客不必整晚坐在同一个凳子上。现在，他们大可以先去皇冠和船锚酒吧，再到白马酒吧，最后再去黑乌鸦酒馆。对妓女来说，光影交错的水池对皮肉生意可以说是利大于弊。中世纪时，她们的活动范围大多被限制在妓院和澡堂。而现在，她们可以站在路灯下引诱顾客，然后一起迅速躲到暗处幽会。

白日里小贩们叫卖苹果、卷心菜、鲱鱼和羊肉的吆喝声，到了晚上是听不到的，取而代之的是另一种吆喝声，他们手持火把，被称为联络员（link）。

> 每天晚上10点之后，他们开始在街上四处游荡，叫喊着“要不要火把呀”。晚饭后是吆喝的最佳时间，他们大声叫喊，互相呼应。对于那些卧室面向街道的住户来说，这无疑是巨大的干扰。他们成群结队，出现在各大娱乐场所的门口。……这些人会帮你照亮你的家门，甚至卧室，即使你住在七楼也不成问题。在没有仆从的情况下，这种帮助还是很有用的……毕竟这种困境对于时髦的年轻人来说并不稀罕，他们赚来的钱大都花在了外套和剧票上。而且，这些移动的火把在某种程度上也可以防止盗窃。所以说，这批联络员的作用本质上等同于守夜人小队。……事实上，他们与警方关系密切，没有什么能够瞒过他们的眼睛。……他们在黎明时分才入睡，然后在当天晚些时候向警方报案。[24]

尽管在巴黎这些手持火把的年轻人与当局关系密切，但是根据威廉·西德尼的描述，这群人在伦敦和偷鸡摸狗的小偷其实没什么分别。他坚称，和这群人打交道“存在巨大风险：这些‘公仆’往往与脚夫和强盗串通一气，一旦收到同伙要求熄灭火把的信号，他们就会毫不犹豫地溜走，不顾安危地把一位或多位客人留在原地”[25]。

可即便如此，这一行当在外出就餐、观看演出和戏剧的富人中，还是做得相当红火。那个年代，戏剧表演都在下午开场，场地或是露天，或是有着大窗户或敞篷屋顶的剧院。光线的明暗变化和周遭传来的声音密切相关。公鸡打鸣代表日出，猫头鹰的叫声则代表夜晚。如今，在封闭式剧院的晚间表演中，绳索、支撑道具的痕迹和布景的变化都可以通过舞台上的明暗调节巧妙地加以隐藏。人造光除了能够模仿自然光外，还能够传递某种情感。16 世纪的意大利，“无论古代还是现代，都一直保留着在街头、屋顶和塔楼点燃篝火和火把的习俗，这是表达喜悦的做法。也正因为这一点，戏剧传统才应运而生，欢乐的节庆氛围得以重现。所以说，点亮灯火，只是为了欢乐氛围的营造”[26]。

蜡烛和灯笼被用作舞台上的脚灯、聚光灯还有球灯（将蜡烛放置于盛有有色液体的玻璃球罩内，装在打磨至光亮的金属盘中），营造出五彩缤纷的光影效果。但是，这些灯具的存在也意味着幻觉会不时地被打破。一位戏剧历史学家写道：“在煤气灯得到广泛应用后，熄灯人的存在变得不再必要，但在此之前，他们必须在人流中艰难前行，去完成那微不足道的职责。那些忽明忽暗的油灯最是引人注目……当舞台上的灯光开始闪烁或熄灭时，观众们就会发出‘熄灯人！熄灯人’的叫喊声！”[27]

有时候，夜晚的城市看起来就像一处巨大的室内公共空间，黑漆漆的乡村地带围绕在四周。在18世纪维也纳某个晴朗的夜晚，一位观察家指出：“看！这些错落别致的灯火多么美丽，如果顺着笔直的小径望到底……就像是看着一座灯火辉煌的剧院或舞台。”[28]

当然，夜晚时间的延长并不是对所有人都有利。路灯所带来的好处，主要体现在年轻人和富人身上。至于普通劳动者，他们还是得在太阳升起时立刻起床，路灯对于时间的延伸在他们身上并没有太大意义。“夜幕降临，”梅西耶写道，“一边，布景人员开始在剧院忙活起来；另一边，工人、木匠、泥瓦匠，还有其他工种的工作人员，成群结队地朝着贫穷破败的街区走去。他们鞋底沾着石膏，在地面上留下一串串白色的脚印，清晰可见。这边，端庄优雅的女士们在梳妆台前坐下，精心打扮自己，为夜场工作做着准备；那边，工人们早已在家中落脚，准备上床呼呼大睡。”[29]尽管窗台点灯的强制性要求早已取消，但市民们仍然不满。因为不管怎样，交税总是逃不掉的。

随着时间的推移，税款的善用最终体现在了照明的改善上。艺术家扬·范德海登（Jan van der Heyden）为阿姆斯特丹设计过路灯。他设计的路灯，气流可以进入玻璃灯罩的里层，这样一来烟尘就不容易堆积。到了 18 世纪中叶，巴黎街头缆绳上垂挂的简易灯笼被统一换成 réverbères 灯，这种灯带有双灯芯，同时配备两块反光玻璃，以此来增加火焰的亮度。其中一块反光玻璃装在火焰上方，让光线向下折射。另一块凹面玻璃则装在火焰旁，让光线向外折射。梅西耶写道："从前，每天有 8000 盏灯笼点缀着这座城市的夜晚，奈何烛火歪歪扭扭，忽明忽暗，甚至经常被风吹灭，它们晃动着的微弱光亮总会被变幻莫测的黑暗打破。而如今，只要 1200 盏这样的油灯，就足够明亮了。"[30] 不过，梅西耶也谈到，就算灯具和联络员齐备，也无法保证巴黎拥有足够的照明。

> 我见过厚重到看不见油灯火焰的浓雾，甚至到了马车夫必须从轿厢上下来，沿着墙壁摸索前进的程度。路人在不知情的情况下，很不情愿地在昏暗的街道上撞个满怀；走进邻居家，还误以为那是自己的家。……有一年，雾实在太大，于是人们想出了一个新办法，那就是让盲人和退休人员担任向导，因为他们比那些绘制地图的人更了解巴黎。……当你紧紧抓住盲人的衣衫时，他就会开始往前走，步履稳健，而你就这样跟在他身后，半信半疑地向着你的目的地前进。[31]

或许再没有一座城市的街道照明，比巴黎更加复杂。18 世纪下半叶，砸路灯曾是街头流氓的消遣娱乐，而后逐渐化身为一种反抗的象征，更成为一种对抗政府的策略。历史学家沃尔夫冈 · 希弗尔布施（Wolfgang Schivelbush）曾指出：“随着一盏盏路灯被砸碎，黑暗也逐渐蔓延开来，形成一片连政府军都很难管辖的地带。可以这么说，是那些碎裂的路灯，构筑起了一道黑暗之墙。”[32]街道也因此再度回到昔日的黑暗当中。

1789 年 7 月，巴士底狱被攻占后，路灯的重要性变得更为突出。在革命者使用断头台——“巨斧叮当作响，在可怕的绳索牵拉中上下移动”[33]——之前，他们用来吊死法国官员的不是路标或树木，而是街边的路灯。“那个夏天，就连法语中动词‘lanterner’的含义都变了味，”希弗尔布施写道，“起初，这个词的意思是‘什么也不做’或‘浪费时间’。而到了革命初期，它的意思变成‘把一个人活活吊死在路灯上’。”[34]

查尔斯 · 狄更斯在书中写道：“那些稻草人一个个瘦骨嶙峋的，他们无所事事、饥肠辘辘，盯着点灯人看了许久，总归能想出几个改进的办法，用绳子和滑轮把人吊上去，并以此来照亮他们生活中的黑暗。”[35]灯缆的作用原本只是承载一盏小灯的重量。但是，到了执行绞刑的时候，“可怜的罪犯不得不被带到 4~6 盏路灯前，只为找到一根足够结实，能把他吊起来的绳索，而且这样的情况其实并不鲜见”[36]。绞刑的执行地点不只限于街头挂有灯缆的路灯。那些城市广场上的路灯，由于绳索跨度有限，被固定在了墙上。路易十六时期的财政大臣约瑟夫－弗朗索瓦·福隆·德·杜埃（Joseph-François Foulon de Doué），正是在这样的广场上被活活绞死的。这位曾扬言让百姓食草充饥的政要，被“快速地押送着穿过格莱夫广场，准备接受绞刑。……他不住地哀嚎着饶命，却没有一个人理睬。从头到尾，福隆那颤抖的央求都没有停止过。在前两根绳索纷纷断裂后，他在第三根绳索那儿终于服法！福隆的尸体被拖行着穿过街道，他的头颅被挂在长矛上，口中塞满了草，淹没在食草民族涌动着的呼喊声中”[37]。

对于那些生活在法国农村的人而言，“lanterner”这个动词或许没什么实际意义。他们和巴黎的穷人一样，在黑暗中忍受着贫穷和饥饿。曾经，夜晚对所有人来说都是一样的；如今，公共照明的出现让城市与乡村的区别变得更加鲜明。渐渐地，城市的夜晚开始对白天的生活和工作节奏产生影响。特权阶层和富人向来喜欢在照明上铺张。仿佛聚会和舞会越是灯火辉煌，他们的地位就越显赫，权力就越大似的。现在的他们已经习惯晚起，而这种晚起的习惯本身也成为一种威望的象征。当时有人抱怨，侍臣们颠倒了“自然作息，把白天当成黑夜，把黑夜当成白天。换句话说，人家呼呼大睡时，他们头脑清醒地纸醉金迷，而到了别人精神抖擞处理事务的时候，他们又不得不靠睡觉来恢复放纵享乐所消耗的体力”[38]。随着晚睡熬夜的人越来越多，集市的营业时间也发生了变化。过去，巴黎的商铺在凌晨4点就会开门，“而现在，这些商铺不到7点是不会开门的”[39]，当然有些商铺在日落后仍会继续营业。

不少城市也开始形成各自的季节性节奏。在乡下，随着白天的时长变得越来越短，天气也越来越冷，万物开始收敛锋芒：鸟儿剐蹭树皮，在雪地里刨来刨去；羊群挤在羊圈中；人们的生活空间被压缩到一两个被炉火烤热的房间里。另一边，富人们纷纷避暑归来，歌剧、戏剧和芭蕾的夜间演出陆续开场，城市的街景越发热闹起来。咖啡馆和酒肆透出的灯光和温馨氛围，在冬日里格外吸引人。到了20世纪，一位观察家说道：“城市与自然间的关系有点复杂。为城市带来生机的，往往是寒冷而非酷热。……只有在秋冬季节，复苏的感觉才最为强烈，此起彼伏。”[40]

随着照明时间的延长，人类对于夜晚城市的想象越发深刻，直到灯火辉煌和充满魅力的夜生活几乎成为城市和城市化的代名词，任何灯火不够辉煌、夜生活缺乏活力的大都市都多少有点乡巴佬的感觉。再往后，到了20世纪，伊丽莎白·哈德威克（Elizabeth Hardwick）写道：波士顿算不上小纽约，就像他们说的，孩子算不上小大人一样，顶多算是个做事更有条理些的小朋友。……波士顿全然没有纽约那种电力所带来的野性美，更别说人们黎明时分乘坐出租车时那股子不可思议的兴奋劲儿了，这里没有大街小巷，没有餐馆、剧院、酒吧、旅馆、熟食店和商铺。夜幕降临后的波士顿，带有一种令人难以置信的沉重感，感觉更像是小镇一天的热闹落下了帷幕，牛群回家，鸡群归巢，牧场漆黑一片。[41]

3
海上油灯

18 世纪时，虽然世界各地的城市都已华灯初上、灯红酒绿，但大海依然沉睡在亘古的黑暗之中。航行或停泊的船只，或许会在甲板上挂起一盏油灯。但是，在狭窄的木制船舱内，使用油灯可能会带来巨大的火灾隐患。赫尔曼 · 梅尔维尔（Herman Melville）写道，为了避免在航海途中发生火灾，商人们时常在黑暗中穿衣吃饭。对他们而言，油脂可“比女王的奶汁要稀罕”[1]。尽管一些旅行者被允许携带封闭式油灯，但跨境船只是禁止在甲板下方船舱里点灯的。因此，奴隶们只能在无尽的黑暗中度日。

要是海上有什么东西在燃烧，那大概率是一艘捕鲸船，而且在几小时前刚刚进行过捕鲸行动。船上的鲸油提炼锅冒着沸腾的热气，烟雾弥漫着索具，大家争相从鲸鱼身上取下鲸脂，将其剁成小块，丢入大锅。“鲸油在锅里嘶嘶作响，”J. 罗斯 · 布朗（J. Ross Browne）写道，六名船员坐在起锚机上，他们穿着满是油渍的粗布衣服，饱经风霜的粗糙脸庞在通红火焰的照耀下闪闪发光。……箍桶匠及其伙伴正在用长木条或铁条拨弄火堆，使其烧得更旺。甲板、舷墙、栏杆、鲸油提炼锅和起锚机上沾满了鲸油和黑色的黏液，在提炼锅通红火光的映衬下散发着光芒。这艘船在波涛汹涌的海面上缓慢而又顽强地颠簸前行，俨然一副被火焰包裹笼罩的模样。[2]

18 世纪时，数以百计的捕鲸船在海上航行，伺机而动。尽管大多数人依然习惯制造或购买牛羊油脂制成的蜡烛，而欧洲大陆常把菜籽油作为油灯的主要燃料，但是鲸油毕竟价格低廉，供应充足，以至于不论是家庭还是城市照明，都越来越离不开它。普通品质的鲸油还被称为“train oil”，这种说法来自古高地德语单词“*trahan*”，原意是“滴”或“泪”。之所以给鲸油起这个名字，是因为这种油脂最初据说是从鲸脂中一点一点压榨出来的，而且由于品质高低有别，鲸油的价格跨度也非常大。最昂贵的淡色鲸油燃烧起来清澈干净，而较便宜的棕色鲸油通常是用陈年鲸脂提炼出来的。燃烧时不仅容易冒烟，而且还会发出陈年老鱼的腥臭味。

从捕获搁浅的鲸鱼开始，捕鲸贸易已经延续了数千年之久。

鲸鱼总是莫名其妙地搁浅，而一旦脱离了海洋，它们就无法长久生存。当鲸鱼完全暴露在阳光下，它们的皮肤会被灼伤，还会因为自己庞大的身躯而无法动弹。“肉体腐烂后，鲸鱼就只剩下骨架，海边居民会用它们来建造房屋，”亚历山大大帝时代的一条史料（可能存在虚构）这样记载道，“用鲸鱼的大骨头做房子的横梁，小骨头则当成车床。至于颚骨，则刚好做门。”[3] 且不论人们是否真的会用鲸鱼的骨头来建造房屋，但是那些生活在世界各地保护区海湾的人倒是真的会把鲸肉切碎果腹，并将鲸脂用作燃料和润滑剂。至于鲸鱼的残骸，大多是随着潮水被冲走。

随着对鲸脂和鲸骨需求的增加，越来越多的人登上捕鲸船，开始强掳鲸鱼上岸。新英格兰人写道：“只要鲸群来到港口，船只就会将它们团团围住，驱赶牛羊般把它们赶到岸边。要知道，离开了水的鲸鱼猎杀起来可是易如反掌。”[4] 但是，这种驱赶鲸鱼的捕猎方法远比不上用鱼叉捕鲸来得有效。早在 10 世纪，居住在比斯开湾沿岸的巴斯克人就开始使用鱼叉捕鲸。而随着时间的推移，鱼叉也逐渐成为全世界最受欢迎的捕鲸方式。

到 18 世纪时，尽管早期捕鲸者以猎杀北大西洋露脊鲸（*Eubalaena glacialis*）和南露脊鲸（*Eubalaena australis*）为主，但他们还是热衷于捕杀出海时遇到的每一头鲸鱼。而之所以用海域命名，就是因为这些鲸鱼品种比较适合在该海域进行捕杀。

它们的鲸脂能够提炼出优质的鲸油，而且游动起来速度也比较缓慢，很容易被鱼叉击中，死后尸体还会漂浮起来。而蓝鲸（*Balaenoptera musculus*）则不同，它们游动起来速度很快，增加了鱼叉手的捕捉难度，而且一旦被击中，尸体就会沉入水中。露脊鲸通体黑色，背部宽阔，腹部带有白色斑点，头部布满老茧，日本人称之为“*semi kujira*”，意思是“美背鲸”。露脊鲸的身长可达60英尺，重量则超过80吨。威廉·戴维斯（William Davis）曾写道:“它的呼吸道直径超过12英寸。空气流过所发出的声音，如同1000匹马力的蒸汽机的排气管一样嘈杂。而当致命伤口出现时，大量凝固的血液就会喷溅到泛着恶心的捕鲸人身上。……（但是）露脊鲸的眼睛和牛的眼睛差不多大，耳朵小到连一根缝纫针都容纳不下。”[5]

在戴维斯看来，一头鲸鱼的鲸脂大到可以“覆盖一个22码*长、9码宽的房间，而且平均厚度为0.5码”。他继续说道:“光鲸鱼的嘴唇和喉咙……就可以提炼出60桶油，再加上用于支撑的颚骨，能提炼的油脂总重量几乎等同于25头1000磅重的牛。硕大的舌头依托宽大的结合部与喉咙连接。不说别的，靠着能提炼25桶油这件事，舌头的大小就可见一斑，要知道，这条舌头的重量可是与10头牛的重量不相上下呢！”[6]

* 码（yard），长度单位，1码约等于0.9144米。

在古老的北欧传说中，尽管露脊鲸体形庞大，但它们“是完全依靠雾、雨以及所有从高空落入海中的东西为生的”[7]。至少看起来似乎是这样的。它们总是浮游于海面，吸入满是磷虾、浮游生物和鱼群的灰绿色海水。作为滤食性动物，露脊鲸常常会通过其梳状鲸须板的多毛边缘来过滤海水，梅尔维尔称之为“神奇的威尼斯百叶窗”[8]。露脊鲸每天会捕捉超过 1 吨的小型和微型海洋生物。它们的嘴里有 200 多对鲸须，每根鲸须长达 7 英尺，从上颚骨垂挂下来。和人类的指甲一样，鲸须也是由坚固而有弹性的角蛋白组成的。18 世纪，鲸须为捕鲸者带来了丰厚的利润，因为它是制作一些特殊产品的最佳原料，例如伞柄、马鞭、钓竿尖端、马车弹簧、刮舌板、鞋拔、靴柄、占卜杖、警棍和紧身胸衣支架。但是，鲸脂绝对是更重要的战利品。要知道，一头露脊鲸的脂肪在岸上过滤和漂白后，可以产出超过 1800 加仑的鲸油，换算下来等于 60 桶，每桶 31.5 加仑。

赫尔曼·梅尔维尔在谈到一艘船上的鲸油提炼锅时写道：“这就像是把一座砖窑从空旷的田野搬到了自己的船上。”

> 下方的木板具有特殊的强度，可以承受住大约 10 英尺宽、8 英尺长、5 英尺高的由砖头和砂浆制成的炉灶的重量。……提炼锅的侧面用木头包裹，顶部完全被巨大的、

倾斜的、带挡板的灶盖所覆盖。打开盖子，我们可以看到两口巨大的鲸油提炼锅，每口提炼锅的容量都有几个桶那么大……有时，人们会用滑石粉和沙子擦亮提炼锅，直到它们像银制酒杯一样由内而外闪闪发光。[9]

早期，鲸油提炼是在岸上进行的。但是，随着对鲸油和鲸骨需求的增加，捕鲸的航程变得越来越长，鲸鱼的数量也日益下降。随着时间的推移，鲸脂也开始变质，尤其是在温暖的天气里。捕鲸港附近的居民没少被鲸油提炼厂的恶臭和烟雾折磨，加上提炼鲸油的技术一直没有什么进步，所以他们更乐意在船上处理鲸脂。捕鲸船上的第一把火通常是用木头点燃的。但事实上，“鲸鱼未熔化的皮肤本身就是一种极优质的燃料，因此整个燃烧的过程，看上去其实和鲸鱼自焚没什么区别”[10]。新船员必须习惯这种“如同审判日左翼般*”[11]的气味，因为在冲洗的时候，鲸油提炼锅会连续煮上一个星期。而为了获取那利润份额的1/150，船员们需要马不停蹄地绞碎鲸鱼肉。炼油时，船帆和索具随时都有可能起火，一路烧到吃水线的位置。如果海浪汹涌，那么提炼锅中沸腾的鲸油很有可能随时会溅出来烫伤船员。而当他们从挂在船边链子上的鲸鱼身上剥下鲸脂时，也随

* 据说在末日审判时，罪人是在左边被执行的。

时可能会被从鲸鱼身上掉落的脂肪板碾成肉泥。船员们在将鲸脂切割成称作“毯子块”（blanket piece）的大小时，除了可能会被切割工具的利刃割伤外，还有可能滑倒在满是油和血的甲板上。鲸脂先是被切割成马块（之所以这样命名，是因为它们通常是在锯马上完成切割的），然后再被切成薄片，或称为“书页”。这样一来，脂肪板的一面就可以保持完整，看起来像极了书页。“‘《圣经》书页！《圣经》书页！’”梅尔维尔写道，“这样的吆喝，似乎在督促大家务必小心，并把鲸脂尽可能切薄。因为这样一来，就可以大大加快鲸油熬制和产出的速度，而且还能够有效提高鲸油的质量。”[12]

提炼完鲸脂后，人们会把鲸鱼尸体丢回海里，任其淹没在疯狂躁动的鲨鱼群中，然后再用煤渣和灰烬中浸出的碱液来清洗船只。可无论怎样擦洗，他们始终无法摆脱那浓烟熏制留下的恶臭。这股恶臭会渗透到木制甲板和船帆的每一处缝隙，甚至船员身上的衣服，还有全身的毛孔也无法逃脱。据说，处在捕鲸船下风口的帆船，在几英里开外就能闻到船上的恶臭。“干净之船”的唯一原因只能是返港时没有载回任何鲸油。

回到港口的船员们，身上可能没几样能够证明他们曾在海上待过的信物，因为他们手上的利润份额早已被用来还贷。此时的他们别无选择，只能再次出海，重新回到交织着流冰、低潮和冬季风暴的恶劣环境当中，面对发烧、患上坏血病，以及只有咸猪肉和硬面包可以果腹的状态。难怪梅尔维尔会描写船员们挥霍油脂的情景。梅尔维尔是这样描写“裴廓德号”上的船员的：“他们躺在三角形的橡木拱顶里，每个人都轮廓分明，一言不发。20盏灯在他蒙着的双眼上闪烁。……看看，捕鲸人多么潇洒地提着好几盏油灯——不过通常是些老旧的大小瓶子——来到鲸油提炼锅的铜制冷藏箱前，并在那里补充燃料，就像大桶里的麦酒一样。他们所使用的燃料是鲸油中最为纯净的……如同4月里的黄油一般香甜。”[13]

到18世纪中叶，随着城市街道和住宅照明的逐步改善，人们对鲸油（和鲸骨）的需求持续增长，捕鲸船的数量也随之增加。美国独立战争前的几年时间里，仅从新英格兰和纽约出发的捕鲸船就超过了360艘，但这一行业在当时还未到达顶峰。经过几个世纪的持续捕杀，露脊鲸在其已知的海域变得越来越稀少，因此捕鲸者不得不长途跋涉，前往更远、更深的海域，去逐猎那些有利可图的鲸鱼品种。英国人和荷兰人向北寻找北极鲸，船员们称之为鲸骨鲸，现在又被称作弓头鲸（*Balaena mysticetus*）。这种鲸鱼也是一种滤食性动物。新英格兰船队航行至纽芬兰岛附近的海域，然后沿着拉布拉多海岸，一直航行到格陵兰岛的西部，甚至更远。除了寻找露脊鲸，船队还一路寻找抹香鲸（*Physeter macrocephalus*）。这种鲸鱼穿梭于世界各大洋，夏季向北航行，冬季则进入热带水域追捕鱿鱼。跟着抹香鲸，舰队可一路到达北极，最远甚至可以到达南太平洋。

虽然抹香鲸不是滤食性动物，也因此没有鲸须，而且单头抹香鲸只能产出 25~45 桶油（远低于露脊鲸），但抹香鲸的鲸油质量很好，这让追逐变得颇有价值。在最理想的情况下，从抹香鲸身上提炼出的鲸油不仅燃烧时清澈干净，而且几乎没有任何气味。更有价值的是鲸蜡，这是一种在鲸鱼头部发现的蜡状物质，可以制成最高品质的蜡烛。这些蜡烛熔点很高，发出的光亮是用牛羊油脂制成的蜡烛的两倍，而且火焰闻起来没有臭味。比起当时喷溅烛油、隐隐发臭的牛羊油脂蜡烛和晦暗扑闪、恶臭弥漫的油灯，抹香鲸蜡所制成的蜡烛可谓珍贵异常。鲸蜡蜡烛首次模制可能是在 18 世纪中叶。本杰明 · 富兰克林所说的“一种非常适合阅读的新型蜡烛”，很有可能指的就是由抹香鲸蜡制成的蜡烛。“鲸蜡蜡烛能够提供清晰的白光。即使在炎热的天气，也可以握在手中，且质地不会变软。它们的使用周期比普通蜡烛更长，且几乎不需要人为熄灭。”[14]

抹香鲸身长可达 60 英尺，体重超过 60 吨，拥有一层近 1 英尺厚的鲸脂。但最让人印象深刻的，还是它那伤痕累累、饱受摧残的巨大头部，上面布满了鱿鱼吸盘攻击的痕迹。根据赫尔曼 · 梅尔维尔的说法：

抹香鲸骨子里那高贵而强大的神圣气质被其外形极大地放大了，以至于当你从正面凝视它时，你会比看到自然界中任何其他物体时更强烈地感受到神圣和令人生畏的力量。因为你的视线找不到任何确切的聚焦点，抹香鲸的外表没什么明显特征。无论是鼻子、眼睛，还是耳朵和嘴巴，甚至脸，任何适当的体态特征描述在抹香鲸这里都找不到。只有那宽阔的布满褶皱的前额令人印象深刻，并默默地在大小船只和人类的摧毁下缓慢下沉。[15]

抹香鲸的头部里有一个约 18 磅重的大脑（这是地球上最大的大脑），以及两个腔体，捕鲸者称之为“外壳”（case）和“垃圾箱”（junk）。所谓的“外壳”位于头的顶部，里面装满了鲸脑油和鲸蜡的混合物，也被称为“头物质”（head matter），这是一种几近透明的琥珀色或玫瑰色蜡状液体，需要捕鲸者用桶从尸体中盛装出来。而一旦离开鲸鱼尸体并暴露在冷空气中，“头物质”就会结晶，硬化成纯白色的固体，并以这样凝固的状态在接下来的航行中被储存于桶中。平均一头抹香鲸体内的“头物质”可达 500 加仑，而一头体形庞大的抹香鲸体内的“头物质”可达 900 加仑。

抹香鲸前额下半部的“垃圾箱”里，有一种浸有鲸油的海绵状物质，从这里榨出的鲸油往往是油灯最好的燃料。此外，捕鲸者还会从抹香鲸的鲸脂中采油。油价的涨跌常常和供需关系以及鲸油本身的品质挂钩。要知道，即使是同一物种，所提炼出的油的品质也会存在些许差异。抹香鲸油的价格常常是普通鲸油的 3~5 倍。1837 年，美国舰队每年的抹香鲸油产量超过 500 万加仑，其售价为每加仑 1.25 美元。而到了 19 世纪 60 年代，抹香鲸油的价格达到最高点，为每加仑 2.55 美元。

与牛羊油脂不同的是，家庭主妇在厨房里无法直接蘸取鲸油使用或制成蜡烛。鲸蜡蜡烛的制作过程非常复杂，几乎需要花上一整年的时间才能够制作完成。鲸蜡抵达港口后，会被运到制烛工场。在那里，制烛工会将鲸蜡煮沸，过滤掉杂质，然后储存起来，直到天气变冷，鲸蜡完全凝结。温暖的冬日，当鲸蜡稍微软化后，制烛工会把它铲入羊毛袋，放在大型螺旋压榨机的木制叶片间进行压榨。他们把从鲸蜡中榨出的油称为“冬滤鲸油”（winter strained sperm oil）。这些油质地清澈，几乎没有杂质，常被作为灯油出售，价格也是最高的。他们将剩余的鲸蜡储存到春天，再次加热，以过滤掉更多的杂质，然后进行冷却，将其制成饼状，并在再次压榨前将其切成小块，这次用的是棉布袋，可以在更大的压力下生产“春滤鲸油”（spring strained spermoil）。这种鲸油质量较差。接下来，袋子里剩下的东西被他们第三次压榨成“紧压油”或“夏滤鲸油”。

三次挤压后剩下的固体几乎是纯鲸蜡，颜色为褐色或黄色，并带有灰色条纹。在储存了一整个夏天后，这些鲸蜡被再次加热，这一次会使用钾碱来漂白和澄清。漂白和澄清后的鲸蜡据说如泉水般清澈，可以用来制作蜡烛，价格高达牛羊油脂蜡烛的两倍。除了那些由蜂蜡制成的蜡烛外，几乎没有其他蜡烛可以与鲸蜡蜡烛媲美。而且和蜂蜡蜡烛一样，鲸蜡蜡烛是富人阶层的专属。鲸蜡蜡烛的光如此稳定而清晰，以至于直径 7/8 英寸、重 1/6 磅的纯鲸蜡蜡烛的火焰亮度最终成为衡量光线强度的标准——1 烛光——并被用来比较和衡量其他蜡烛、油灯，甚至第一盏电灯所发出的光亮。

对鲸蜡和抹香鲸油的渴望和需求，推动着捕鲸贸易持续发展至 19 世纪。船队的规模在 1846 年前后达到顶峰。当时，有 700 多艘船从 20 个美国主要港口和许多小港口驶出，还有数百艘来自其他国家的船只在捕鲸场游荡。那一年，运到港口的鲸油和鲸蜡总价值高达 800 万美元。梅尔维尔曾提出这样的问题："利维坦（《圣经》中的怪兽）是否能长期忍受如此广泛的逐猎，以及如此冷酷无情的杀戮？它是否最终难逃从水中灭绝的命运？最后一头鲸鱼，会不会像地球上最后一个人那样抽完最后一支烟，然后在自己吐出的最后一缕烟中消失？"[16] 在大肆捕杀抹香鲸之前，世界各地的海洋中大约有 110 万头抹香鲸。到 19 世纪中期这个数字还剩下多少，我们不得而知，但人们普遍认为，如今生息有所恢复的抹香鲸数量应该在 36 万头左右。

尽管抹香鲸可能是最珍贵的猎物，但捕鲸船不会放过他们能找到的任何一头鲸鱼。1851 年，有超过 1000 万加仑的普通鲸油运抵美国港口，其售价约为每加仑 45 美分。数百万加仑的普通鲸油和抹香鲸油在全球范围内流通，这意味着人们比过去任何时候都更容易获得光源，尤其是城市居民。人们开始在晚上点亮更多的室内灯盏，并让它们保持更长时间的照明。此外，和古老的本地牛羊油脂不同，更多的照明与其脏乱的产地相距甚远，人们第一次可以远离蜡烛的实际产地并置身事外。梅尔维尔笔下的以实玛利（Ishmael）在谈到自己和同伴时说："在人们看来，我们的职业充其量不过是屠夫。当我们积极投身于这项工作时，会不可避免地被各种污秽所包围。我们是屠夫，这是事实……但是，尽管全世界都在嘲笑我们这些捕鲸者，他们却在不知不觉中向我们致以了最崇高的敬意，是的，那是一种无处不在的崇拜！因为世界上所有燃烧着的油灯和蜡烛，都在为我们的荣耀而燃烧，如同神龛前那样！"[17]

18 世纪的捕鲸者在捕鲸过程中会遭遇重重危险，但大海对所有船员来说都是危险的。当时，大多数的导航工具都十分简陋，海图也不够精确。一旦夜幕降临，或者海上天气恶劣起来，船员们几乎无法凭借灯光来避开沙洲、石礁或沉船残骸。船上可以获得的光亮，不过是岬角上的露天煤火或柴火，以及长杆顶上燃烧的沥青或麻絮篮。这些照明的实际作用很有限，因为它们几乎无法穿透浓雾与黑暗，也不总是能抵挡住狂风暴雨的袭击。维持照明的工作，容不得丝毫懈怠。狂风大作的夜晚，一处明火可能会消耗掉一吨煤或无数的木材。而丹麦沿海安霍尔特（Anholt）地区森林被毁的主要原因之一就是人们对沿海照明燃料的索求无度。

灯塔上被烟雾包围的油灯也好不到哪儿去。它们的火焰微小且不稳定。最理想的情况是被玻璃或犀角罩住，并用反光镜或凸透镜放大，但大多直接暴露在外面。这些灯通常有多个灯芯，必须不断地熄灭、维护、扇风和添油。在寒冷的天气里，它们很难点燃，因此需要看守者细心照看——可是看守者的人手严重不够，因为这项工作不仅孤单乏味，而且收入微薄，还得经受风吹雨打——在油灯附近放置热煤，以防止燃油凝结。尽管看守者做出了最大的努力，但即便是在18世纪照明状况最好的不列颠海岸，每年也仍会有超过500艘船只沉没。

有时是灯光本身导致了船只的沉没。很多时候，出于好心设立的灯塔反而带有一定的欺骗性。18世纪时，几乎所有灯塔的位置都是固定的，而且当时还没有闪光信号灯系统，可以据此区分不同的灯塔。尽管固定位置设立的灯塔可以帮助熟悉该水域的人确定航向，但是对于那些不确定自己方位的人来说，这样的灯塔几乎没有任何帮助。一艘经历了多日风雨颠簸的船只在接近陆地时可能早已偏离原本的航线，以至于导航员可能把他所看到的灯光误认成是另一座灯塔的。或者换一种情况，如果其中一盏火焰不稳定的灯熄灭了，那么导航员很可能就没有办法在原先预期的地方找到灯塔，从而导致迷航。同样的，陆地上的人造光源有时看起来像来自天空。老普林尼在谈到古罗马时代的海上标记时写道："唯一的危险是，当这些火焰不间断地燃烧时，它们可能会被误认为是星星，毕竟从远处看起来，火焰确实和星星别无二致。"[18]

灯光本身可能就是个圈套。灯塔历史学家 D. 艾伦 · 史蒂文森（D. Alan Stevenson）曾写道，强盗常常为了洗劫被水冲走的货物，而在黑暗的岬角处放置灯笼，并希望来往船只信以为真，这是他们惯用的伎俩。他们还会"沿着海岸驱赶一头载有两盏油灯的驴，来模仿航行中的船只，从而引诱船只在附近的岩石和浅滩中触礁沉没"[19]。历史学家贝拉 · 巴瑟斯特（Bella Bathurst）指出："许多沿海村庄将他们的生计寄托在从沉没和濒临沉没的船只上所找到的异国战利品上。他们将这些掠夺物视为航海事业发展的福利，并顽强抵抗任何想要从中干涉的行为。……他们并不希望航海环境得以改善，这让他们大为光火。"[20]

据说，第一座广为人知的灯塔即法洛斯灯塔（Pharos）的明火在 100 英里之外的地方就可以看到。虽然这里肯定带了点夸张的成分，但法洛斯灯塔确实是一座令人印象深刻的建筑。公元前 3 世纪，人们为亚历山大港专门修建了法洛斯灯塔，灯塔上的油灯被安放在一个长方形大理石结构的穹顶上，发出的光亮透过曲面镜或抛光金属盘得以加强和投射。该穹顶高出地势低洼的埃及海岸约 400 英尺。当时，只有金字塔比这座灯塔高。相比之下，18 世纪的海岸照明逊色不少。晴朗的夜晚，一座维护良好的灯塔要在距离 5~6 英里，最多 7 英里的范围内才能看到，这样的能见距离在遇到最严重的海上险境时是远远不够的。例如，距离英格兰南海岸 9 英里处的埃迪斯通暗礁（Eddystone）延伸长度达半英里，且几乎所有的暗礁都被淹没在海水中，最突出的岩石在海水涨到最高水位时仅高出水面 3 英尺。巴瑟斯特写道：

铁锈色的片麻岩像钻石一样富有韧性，即使在浪潮最平静的日子，经过它的水流也会突然迸发出水花。人们总把这里当作“坏脾气”的所在，充满了愠怒和奇怪的情绪。到了 16 世纪，埃迪斯通暗礁造成船只沉没的事故数量已经远远超过了康沃尔（Cornwall）。……商船船长对于埃迪斯通暗礁无不闻风丧胆，因此他们经常会绕行海峡群岛或法国北部海岸来避开它。[21]

1698年，由亨利·温斯坦利（Henry Winstanley）设计并建造的第一座离岸灯塔在埃迪斯通建成。它建在完全暴露于海面之上的礁石上。温斯坦利将12根铁柱打入最高的岩石中，以保证结构稳固。之后，他用石头将铁柱包围起来。天气好的时候，几乎每天都有玻璃匠、铁匠、泥瓦匠和木匠从普利茅斯出发。即使在波涛汹涌的海面上，他们也能把成吨的材料从船上搬到礁石上，并在潮水包围他们之前完成工作。D. 艾伦·史蒂文森写道：

> 仲夏，这一行人决定在灯塔塔楼里过夜，以省去在普利茅斯和暗礁之间航行的时间和颠簸。但就在第一个晚上，一场对这个季节来说异常严重的风暴便不期而至，没有船能来搭救他们。而这里几乎没有遮蔽物……他们在没有屋顶的塔楼里被困了整整11天，（最后）在快被淹没的时候上了岸。天气好转后，他们并没有被这次不愉快的出海经历吓倒，又折回来完成了灯塔的修建，并在11月14日点亮了它。……在接下来的几个月里，海浪打到了灯笼，温斯坦利意识到他必须把油灯修建在更高的位置。[22]

第二年，温斯坦利建造了一座几乎全新的灯塔建筑，比第一座高出40英尺。在被严冬的一次恶劣天气彻底损毁前，这座灯塔维持了3年的时间。当温斯坦利再次回到礁石上监督修复工程时，他本人、团队工人以及看守者都被该海岸历史上最猛烈的风暴困在了暗礁上。天气放晴后，礁石上早已没有任何人生还的迹象，留下的只有几块扭曲的金属片，以及一些将塔身固定在暗礁上的基座残垣。

埃迪斯通的第三座灯塔是由约翰·鲁德亚德（John Rudyard）建造的。它就像装满了石头的木质刀鞘，矗立了50年，直到放置火焰的木制灯笼着火。从不列颠海岸看到的大火所发出的光芒，比灯塔发出的还要远。根据史蒂文森的说法：

> 火势快速席卷了塔楼，火焰向下蔓延到头顶，把他们从一个房间驱赶到另一个房间，直到他们在礁石的裂缝中找到避难所……同时，燃烧的余烬和烧红的螺栓如雨点般落下。……其中一个守卫……说，他们从失火的灯塔一路向下逃，中途他抬头向上看了一眼，这时有一块熔化的铅刚巧掉进了他的嘴里，顺着他的喉咙流了进去。他没有感到丝毫疼痛，这一点连给他做检查的医生都难以置信，但12天后，他便去世了。……埃迪斯通的可怕经历把另一个守卫吓坏了，以至于一上岸他便仓皇逃离，再也没有人听过他的消息。[23]

第四座灯塔计划建在珊瑚礁上，这座灯塔是由工程师约翰·斯密顿（John Smeaton）设计的。他根据英国橡树的形状设计了这座灯塔，他认为喇叭形的底座会使整座灯塔更加稳固。这一创新设计也成为此后一个多世纪灯塔建筑的典范。斯密顿全部使用石头作为建材，用花岗岩搭建基底和外部结构，用质地相对较软的波特兰石建造内部塔体。1756 年 8 月，海滨城市普利茅斯的石匠们开始切割一吨重的石料，第二年夏天，他们开始建造灯塔。史蒂文森写道：

安装在岩石东侧的护舷可以防止船只剐蹭灯塔。岩石上还装有切割机和起锚机，这样就可以直接从船上提起石料，并把石料吊至一艘配有船员的大船上方进行检查。……6 月 12 日星期日，我们看到第一块重达 2 吨的石料安装到位，还铺上了灰泥。……第二天，泥瓦匠们又将第一层的另外三块石料分别安装完成。15 日，一波巨浪卷走了 13 块石料中的 5 块……但是在普利茅斯泥瓦匠们夜以继日的赶工下，两天内就完成了重建。[24]

有时，他们会一直工作到夏季的夜晚时分，只依靠点燃的油灯或火把，勉强看清周围的东西。他们总共花了 3 年多的时间，才最终完成整座灯塔的修建。它重达 1000 多吨，高出礁石 80 英尺。1759 年 10 月，灯塔首次点亮，斯密顿灯塔发出的光亮与之前修建于埃迪斯通的其他灯塔并没有什么分别，亮度上没有明显的变化。灯塔内部是一盏由 24 支蜡烛构成的枝形吊灯（蜡烛的大小和当代餐桌蜡烛的大小差不多），看守者每隔半小时就得降低蜡烛高度以便修剪烛火，而后再把它们升回原位。如果玻璃罩干净，烛光也剪得刚刚好的话，那么船只在 7 英里外的地方就能看到灯塔的光亮。“这些光亮肉眼看起来清晰明亮，和一颗四等星差不多。”[25] 就这样，这座灯塔在礁石上屹立了足足 120 年之久。

18 世纪，海上交通显著增加。而埃迪斯通灯塔的故事充分证明了一点，那就是哪怕只是为了获得一丝丝的光明，人们都会不惜一切代价。事实上，除此之外，他们也确实别无所求。虽然人们大规模捕杀鲸鱼，鲸油提炼锅不断飘出恶臭，而鲸蜡也需要历经非常复杂的工序才能制成蜡烛，但是 18 世纪的照明条件比起罗马时代其实并没有好多少，这是因为照明技术在本质上并没有什么改进，就连当时的科学家都没搞明白夜晚他们所凝视着的火焰的本质到底是什么。而人造光的亮度实现真正意义上的大幅度提升，是发生在远离捕鲸船那满是油污的甲板的欧洲大陆的实验室里。

在法国大革命和美国独立战争期间，科学家们坚持认为，所有物质都含有燃素（phlogiston），即一种会在燃烧时释放到空气中的易燃物质。当时在哈佛大学讲学的塞缪尔·威廉姆斯（Samuel Williams）教授指出："只要空气能够从可燃物质中吸收燃素，可燃物质就会持续燃烧。"

> 一旦空气饱和，无法吸收更多的燃素，燃烧就会停止，因为可燃物质中的燃素已经无处释放。同理，当新空气再次开始吸收燃素，燃烧就会再次发生。也因此有了燃素空气（phlogisticated）和脱燃素空气（dephlogisticated）的词条。所谓燃素空气指的是含有燃素的空气，而脱燃素空气指的是不含燃素或可燃元素的空气。[26]

在18世纪的最后25年里，不少科学家就燃烧反应展开了实验。最著名的要数英国的约瑟夫·普里斯特利（Joseph Priestle）和法国的安托万－洛朗·拉瓦锡（Antoine Lavoisier）。普里斯特利在空气中发现了氧气，但他仍然坚持燃素理论。而正在巴黎工作的拉瓦锡，基于普里斯特利对氧气的理解，进一步得出结论。他认为，物质之所以燃烧，并不是因为它会向空气中释放燃素，而是由于空气中氧气的作用。

瑞士科学家弗朗索瓦－皮埃尔·阿米·阿尔冈（François-Pierre Ami Argand）曾在拉瓦锡的实验室短暂工作。他结合了自己和普里斯特利的发现，对灯具进行了首次重大改良。阿尔冈设计中最重要的部分是中空的圆柱形灯芯，他把灯芯放在两个金属圆筒之间，圆筒底部的开口保证了空气能够从灯芯内部和外部到达火焰。氧气含量的增加使得灯具中火焰的燃烧比以往更为强劲，燃烧温度也更高，火焰越发清澈透明，碳颗粒几乎被完全消耗。阿尔冈灯产生的烟尘很少，几乎不需要剪灯芯。后来，阿尔冈又将灯芯封闭在烟筒中，也就是一层穿孔金属叠加一层玻璃的保护罩结构。这样做不仅能保证灯芯不受气流影响，而且还能产生上升气流，让更多的空气向着火焰的方向流动。他还设计了一种可以升降灯芯的装置。据记载，阿尔冈灯比同时点燃 6 支牛羊油脂蜡烛还要亮。还有人声称，如果使用鲸油作为燃料，那么阿尔冈灯的亮度大约是传统灯具的 10 倍，而且火焰的颜色和通常所见到的橙色很不一样，火焰的颜色“非常白，非常生动，令人眼花缭乱，比以前设计的任何灯都要更亮”[27]。

但经调查，依托实验和学术研究而出现的灯在亮度上对于私人空间来说似乎太亮了。有一种说法是，“对于脆弱或易受刺激的眼睛来说，（这些灯）发出的光线往往过于明亮，因此我们建议使用小型遮光板。它的大小应该与火焰的圆形托盘相称，能够放置在灯的一侧，以便为读者的眼睛遮蔽掉多余的光线。但是这样一来，就不可避免地会影响到其他人，还可能会让房间整体变暗”[28]。数个世纪以来，为了获得更好的照明，人们开始用云母、犀角和装饰玻璃来遮挡火焰。这就是灯罩最初的由来。

阿尔冈灯也遇到了不少挑战。虽然他所设计的灯具用途甚广，但是大体积灯芯和耗氧量的增加还是意味着我们需要耗费比以往更多的燃料。灯具整体的运维成本也随之升高。加上动植物油脂质地黏稠，顺着灯芯向上渗透的速度较慢，所以无法单凭毛细作用为火焰提供燃料。为了解决这个问题，阿尔冈又设计了一个与燃烧器相邻且高于燃烧器的储油装置，利用重力作用为灯具提供燃料，但储油槽本身会遮挡部分光线，并投下阴影。

历史学家马歇尔·戴维森（Marshall Davidson）评论说："作为照明工具，阿尔冈灯或昆克灯［在法国，阿尔冈灯又称昆克灯（Quinquet）］通常由青铜、银、陶瓷、水晶和其他昂贵的材料制成，这是普通人完全负担不起的。"[29]而且，除了昂贵的灯具外，燃烧所需的燃料也同样让那些收入微薄的人望而却步。璀璨的灯光背后必然有其代价，人们深知这一点。"早在1789年，美国洋铁匠所推出的基础版就没有获得大众的欢迎，"戴维森指出，"虽然听起来很荒谬，但就是因为这些灯实在是太亮了，所以反响一般。但把灯具做得小些，让它们发出的亮度不超过一支蜡烛，又不切实际，而且……任何需要燃烧更多油脂的照明工具，无论其亮度和功效如何，对于普通家庭来说都是不太划算的买卖。”[30]

但是，对于水手来说，阿尔冈灯堪称无价之宝。一座装有阿尔冈灯的灯塔，配上抛物面反光镜，发出的光亮不仅是旧灯塔的数十倍，而且也更加稳定可靠。据史蒂文森记载，阿尔冈灯最开始被用于航海标记，后来随着灯塔建设的增加，“1819 年一盏阿尔冈灯的最大功率，甚至超过了 1780 年所有航海灯加起来的功率总和”[31]。但是，最伟大的，直至今天我们仍在使用的创新还未登场！

1822 年，法国物理学家奥古斯丁 - 让 · 菲涅尔（Augustin-Jean Fresnel）设计出一种蜂巢状灯具。所谓菲涅尔透镜，就是将同轴灯芯镶嵌在牛眼玻璃上，然后用玻璃棱镜环绕的透镜装置。这种装置能够让光线弯曲，并汇聚成一束明亮的窄光束。最大的菲涅尔透镜由 1000 个棱镜构成，高度超过 10 英尺，用来帮助船只通过浓雾弥漫的危险海岸。当菲涅尔透镜被放置在海平面以上大约 100 英尺高的地方时，这个高度就足以抵消地球表面的弯曲弧度，让光束在 20 英里之外就能被看到。菲涅尔总共制作了 6 种不同尺寸的透镜，其中最小的一种是用于港口和海湾的六阶透镜，直径只有 12 英寸，高度约为 18 英寸。

整个 19 世纪，除了安装菲涅尔透镜，并用更加稳定可靠的电灯和煤气灯来替换原有的照明工具外，灯塔还开始引入闪光灯系统，以区分不同的航海标记。即使是对海岸情况不太熟悉的水手遇上标记在阳光下看不到的情况，也能依靠灯塔上绘制的标记找到正确的航向。在更加危险的沙洲或浅滩，灯塔船、灯塔浮标以及口哨、铃声、雾笛等声音信号也常常会派上用场。

可即便如此，沉船事件在20世纪还是屡见不鲜。20世纪20年代初，科德角（Cape Cod）南岸的50英里海岸设立了12处警卫站，一群提着灯笼的警卫员沿着海岸巡逻，搜寻水域中的遇难船只。亨利·贝斯顿（Henry Beston）说道："他们每晚都在巡逻；一年到头的每个夜晚，在东海岸都可以看到科德角警卫员来来往往的身影。不论是严冬还是酷暑，他们从未缺席，时而遭遇午夜突如其来的雨夹雪和猛烈的东北风，时而享受8月的宁静。海滩上的脚印，一个接一个地消失在远方。"[32] 亨利记录下了"科德角海滩上"的生活点滴。

> 就在刚刚，这里又发生了一起重大事故，这是今年冬天的第五次事故，也是最严重的一次。……大型三桅帆船"蒙特克莱尔号"（*Montclair*）在奥尔良搁浅，不到一个小时就解体了，五名船员被淹死……年纪稍长的前辈会告诉你那些和"杰森号"（*Jason*）有关的故事，包括它是如何在一场冬雨中撞上帕梅（Pamet）山脊，以及碎浪是如何将孤独的幸存者抛到午夜海滩上的。至于其他人，他们还会

和你讲述悲惨的“卡斯塔格纳号”（*Castagna*）的故事以及那些被活活冻死的船员。那场大雪遮蔽了2月的阳光，让“卡斯塔格纳号”上的船员饥寒交迫，并最终离开了这个世界。到村舍里走上一圈，说不定你能坐在从大船上拆下来的椅子上面，或是从其他船上拆下来的桌子旁边。你脚边打呼噜的猫没准就是一名获救的水手。[33]

18世纪的任何水手永远想象不到，有朝一日埃迪斯通暗礁上的一处航海标记会发出亮度相当于57万支蜡烛的光束，而这样的光对于船只安全通过暗礁海域是必不可少的。他们永远无法想象，将来有一天，航海家再也不用费心去观察地平线，因为如今他们可以依靠雷达、全球定位系统和电子海图等信息手段获得方位。数据已成为新的启明灯。

4

煤气灯

19 世纪初，大多数人仍然像往常一样使用老式油灯进行照明。殊不知在未来几十年的时间里，这种情况将会发生改变。不仅牛羊油脂和鲸油会被更为清澈透亮的矿物燃料所取代，而且人造光的故事也将不再局限于蜡烛和油灯，而是以一条由众多彼此不可分割的发明和技术改良串联而成的完整故事线的形式呈现。煤气灯、安全火柴、弧光灯、煤油、爱迪生发明的白炽灯，以及特斯拉创造的交流电系统，都是这条故事线上的分支。而在新式照明逐渐取代老式照明的过程中，两者相互竞争，促使社会分层，也进一步加剧了农村与城市、家庭与工业的分离。

在 19 世纪的头几十年里，煤气灯引领了这场变革，至少对于英国的城市居民和工人来说是这样的。人们所使用的气体燃料，主要来自烟煤干馏成焦炭（碳化的煤炭）时所产生的副产品，而焦炭生产在当时的英国已经十分成熟。100 多年来，煤炭一直是英国的经济支柱。英国人喜欢在家庭壁炉和工业锅炉中使用质地坚硬、重量较轻的多孔焦炭。因为在原始状态下，烟煤燃烧时会产生黄色的烟雾。而焦炭则不同，它燃烧时受热整体均匀且集中，所以不会产生火花，也很少产生烟灰或烟雾。当时的一位作家指出："其实火钳几乎是用不到的，那是专为英国人打发时间设计的。"[1]

生产焦炭需要将煤炭铲入被称为干馏炉（retort）的容器中，并放入大型烤箱中加热。这一过程能够让煤炭中的焦油和气体释放出来。18 世纪，会有焦炭制造商专门收集焦油并出售，用于船只填缝，但作为副产品产生的煤气就被随意释放到了空气当中。虽然人们早就知道煤气燃烧时能够产生明亮的火焰，科学家们也做过装有煤气和其他易燃物质的气囊燃烧实验，但是直到 19 世纪初，还没有人研究出这种气体的实际应用方法和场景。

1801 年，法国工程师菲利普 · 勒邦（Philippe Lebon）在巴黎展示了他所谓的热能灯（thermolampe），这是功能性煤气灯的首次公开展示。热能灯里有个干馏器，可以将干馏后得到的类似于木瓦斯的可燃气体输送到冷凝器，然后再通过一系列管道输送到出口。勒邦希望他的热能灯可以同时用于家庭照明和取暖，他的设想是这样的："可燃气体可以随时将最舒适的温度和最柔和的光线扩展到各个角落，而且可以根据自己的需要自由组合或分开使用。不需要太长时间，我们就可以让不同的房间都拥有照明……再也没有火花、煤块或烟尘能够打扰到我们的生活，也不会有煤渣、炭块或木头让我们的公寓变得漆黑，甚至连最起码的照看都不需要。”[2]勒邦在自己的家里安装了一盏热能灯，并出售参观门票，以此来吸引公众。许多人确实对热能灯感到好奇，但很少有人愿意实际买单，热能灯也因此没有得到进一步的发展。

煤气灯第一次被持续用作照明设备是在英国的机械商行和纺织工厂。在那里，人们更能感受到动物油脂的局限性，尤其是在冬天。因为在冬天，天黑后，工人们还需要工作很长一段时间，而传统油灯摇摆不定的光线让精密的工作变得难上加难。为了让车间看起来更加明亮，一些大型工厂往往需要同时点燃数百甚至数千的牛羊油脂蜡烛或鲸油灯。而每一支蜡烛、每一盏油灯，都需要单独照看，即点燃、剪灯芯、更换、添油和清洁，更不用说带着臭味的刺激性烟雾和燥热的工作环境了。此外，任何不起眼的事故都有可能带来灭顶之灾。一些大型工厂的老板特别害怕火灾，以至于他们会随身携带消防器具。当然，这样大规模的照明也会带来极高的成本。据历史学家 M. E. 福克斯（M. E. Falkus）的记载：

所有工厂……在冬季都会使用大量的油脂。1806 年，曼彻斯特最大的纺织厂之一麦康奈尔与肯尼迪纺织厂（McConnel & Kennedy）在白天时长最短的几天里，蜡烛每天至少要燃烧 8 小时，而一年中有 6 个月平均每天要燃烧 4 小时。……1806 年，麦康奈尔与肯尼迪纺织厂的年照明费用约为 750 英镑。这家工厂在一年中有 25 个星期平均每晚要消耗 1500 支蜡烛，即超过 15000 磅的牛羊油脂。[3]

威廉·默多克（William Murdoch）是博尔顿与瓦特公司（Boulton and Watt）的首席工程师。博尔顿与瓦特是英国最著名的公司之一，同时也是世界上第一台蒸汽机车的制造者。在开发热能灯的过程中，勒邦也曾做过和煤气相关的实验。虽然其他科学家也在考虑如何利用煤气，但默多克是第一个真正意义上取得成功的人。与勒邦的设计不同，默多克的煤气系统胜在规模。他在干馏炉上安装了管道，能够将干馏后的气体输送到巨大的储气装置或储存罐——称为储气罐（gasometers）——中，然后再在储气罐上安装输出管道，并在需要时通过主管道和较小的分支管道将气体输送到出口。

最初的实验，是默多克在自己的屋子里完成的。而后在 1802 年，他又为博尔顿与瓦特公司位于伯明翰苏豪（Soho）的工厂建造了一个更大规模的煤气灯系统。该系统大获成功，他也顺利地将该系统在苏豪的众多工厂普及开来。1805 年，他开始为曼彻斯特的菲利普斯与李棉纺厂（Phillips & Lee）建造煤气灯系统，这项工程最终在几年后竣工：

> 据估计，900 多个燃烧器所产生的光相当于 2500 支普通油脂蜡烛平均每个工作日燃烧 2 小时所达到的亮度。该工厂配备有 11 个储气罐、6 个干馏炉和长度超过 2 英里的管道。工厂在煤气灯系统上的总支出超过 5000 英镑，煤气费用约为 600 英镑，还要考虑设备折旧和作为副产品的焦炭的销售。……相比之下，用普通油脂蜡烛产生同等亮度的光，每年的支出大约为 2000 英镑。[4]

初代煤气灯系统或许并没有让工作间里的照明质量得到显著提升。当时，大多数评论家声称，煤气灯所发出的光要比普通油灯亮上 3~6 倍，但是他们谁都拿不出办法，来精确测量这种亮度上的差异，唯一的办法是比较光亮下阴影的深度。具体解释如下：

> 如果想知道一盏专利（阿尔冈）灯相当于多少支特定大小蜡烛燃烧的总亮度，那么可以把灯放在壁炉架的一端（原文如此），把蜡烛放在另一端，然后举起鼻烟碟、书本或其他任何可以在对面墙上的白纸投射出阴影的物体。这

个物体所处的位置，必须与壁炉架的中间位置对齐。这样一来，阿尔冈灯投下阴影的同时，蜡烛也会投下阴影。当阴影的深度一致时，光线的亮度也是一致的。而且光线越亮，阴影越深，最亮的光线往往会投下最深的阴影。[5]

煤气灯的优势在于其燃烧时所产生的火焰比油灯的要大。这是因为煤气灯的燃烧并不会受到灯芯大小的限制。而且在理想情况下，煤气几乎可以达到完全燃烧的状态。在完全燃烧的状态下，火焰的颜色会更加苍白，而且更加透亮（与大多数简制油灯和蜡烛燃烧时所产生的橙红色火焰很不一样）。事实上，在一开始，煤气灯也有很多不足的地方。煤气中含有硫化氢和碳酸，而煤气灯中几乎没有过滤装置，所以燃烧时会产生一股难闻的恶臭（尽管默多克为菲利普斯与李棉纺厂设计的系统巧妙地利用石灰对气体进行过滤，来吸收煤气中的硫化氢和碳酸，但这并不能让煤气得到充分的净化）。要知道，煤气质量本身就是参差不齐的。而且，煤气输送的安全性不足，设备也比较简陋。正如威廉·奥迪亚所说："燃烧器充其量不过是上面打了不少孔洞的铁管。除了煤气品质良莠不齐、照明效果较差外，燃烧器本身也很容易被腐蚀。有时候，即使燃烧器本身是全新的，火焰也一样很容易熄灭。"[6]可是，尽管存在上述问题，但这些燃烧器说到底用不着特意照看。因为它们既不会外溢，也不存在倾倒的可能。而且，尽管煤气燃烧会留下乌黑的煤灰，但整体而言，煤气灯还是要比油灯干净清洁许多。

虽然煤气灯比油灯要清洁许多，但为获取煤炭所要经历的不堪和肮脏其实与鲸油提炼不相上下，19 世纪初，走进英国任何一座煤矿，这一点都能充分得以证明。据当时的一位作家记载：

> 整洁有序的（矿工们）淡定地（原文如此）将自己沉入一处冒着黑烟的洞窟，洞窟看上去深不可测。在那里，你会感到肺部几乎无法呼吸，血液也无法回流到心脏。就在这时，矿工们纷纷从洞窟里爬出来，和他们正在搜寻的煤炭一样，每个人浑身都湿透了，看上去疲惫不堪。我还记得有一次，那是一个漆黑的夜晚。我站在一处煤矿的井口附近，那里悬挂着一个用于照明的炉子，里面装满了燃烧的煤块。煤矿里冒出的烟雾就像蒸汽机的烟囱一样呛人，还有那些满脸煤烟和污垢、眼睛里却闪闪发光的矿工。[7]

除了井口的悬空炉排，矿工们几乎没有其他可以用来照明的工具。他们之所以很少使用蜡烛，是因为许多矿井中都存在甲烷一类的爆炸性气体，随时可能会被明火点燃而爆炸。尽管如此，他们仍然需要些许照明。这不仅是为了开采煤炭，更是为了检视周围环境，以便发现井下结构的缺陷。因此，在监工检查完井下瓦斯的情况后，矿工们便冒险尝试点燃蜡烛。首先，监工会在地板上点燃一支修剪过的干净蜡烛，并把手掌放在蜡烛前面，只露出火焰的尖尖。然后，他会慢慢地把蜡烛举向矿井的天花板，比空气更轻的沼气一般会在那里聚集。如果真的有沼气，那么火焰尖端的颜色就会变成蓝色。当时有一份报告解释说："随着火焰上举经过的区域可燃气体浓度变大，火焰会越烧越旺，蓝色也会逐渐加深，直到达到燃点。但是，那些经验丰富的矿工是可以根据蜡烛火焰的各种变化而判断出具体情况的。而且，除非是易燃气体突然释放，否则很难被一下子点燃。"[8]

最理想的情况是，监工在发现沼气时立刻离开矿井，然后，为了保证矿下工作的安全性，将点燃的蜡烛或装满煤炭的铁制篮子放入矿井点燃沼气。但是，如果监工在工作区深处发现了沼气，那么他就别无选择，只能派人去点燃。那名矿工"从头到脚都裹着用水浸湿的破布，沿着地下通道爬行，手里拿着一根长杆，杆的末端是一支点燃的蜡烛。爆炸发生时，他会让自己脸朝下着地。这样一来，如果走运的话，他就不会被正上方喷射出的火焰灼伤"[9]。这名矿工有时被称为"忏悔者"。

虽然做了这么多努力，但是在矿工们眼里，爆炸以及随之而来的人员伤亡有时候是不可避免的。矿井的历史说到底是由死亡、烧伤和各类伤痛堆叠出来的。正如一则报道中所记载的："爆炸发生时，周围所有的东西都会被抛出井口，而且高度可以达到200码。大多数矿工能够及时发现危险并离开矿井，安全逃脱。但是，总有些男孩和被留下的那名矿工无法逃出生天，因此失去生命。"[10] 另一则报道里写道，有4个男人

> 在离井口大约300码的地方。当时，矿井中污浊的空气突然被点燃。不一会儿，火焰就把墙从头到尾撕裂开来，就这样一路燃烧到井口，然后像大炮一样发生了爆炸。这4名矿工立刻脸朝下倒在地上，否则顷刻间他们就会被烧死。他们当中的一个，信仰慈爱上帝的安德鲁·英格利希（Andrew English）开始失声痛哭，嘴里不住地向上帝求救。可是，他很快就停止了呼吸。另外三个人手脚并用地爬行，直到其中两个爬到井口，被拉了上来。但是，没过几分钟，其中一个就去世了。约翰·麦康伯（John M'Combe）是第二个被拉上来的，他从头到脚都被烧伤了，但他仍然欢呼雀跃，赞美着上帝。然后，他们下去找另一个也叫安德鲁的矿工，结果发现他已经晕了，也正因为这样反而救了他的命。因为失去知觉，所以他平趴在地上，大部分的火焰就只掠过他上空，而没有烧到他。[11]

一直以来，矿工和矿主都在寻找可以替代蜡烛的照明工具。矿工使用的蜡烛非常小，60 支蜡烛加起来只有 1 磅重。人们相信，小一点的蜡烛可以防止沼气被点燃。虽然一直在寻找，但是所有被认为可以替代蜡烛的东西，最终都被证明亮度不如那些细长的小蜡烛。矿工们在地下工作时的照明是多么微弱和不稳定，这一点放到现在恐怕很难想象。当时有一种装置，叫打火石磨（flint mill）。使用这种装置，需要男孩们陪同矿工一起下沉到矿井中。每个男孩操作一台石磨，或绑在腿上，或挂在脖子上。打火石磨由装在小钢架上的钢制圆盘和连接在正齿轮上的手柄组成，而正齿轮上的手柄可以用于转动钢制圆盘。旋转时，男孩手里常常会拿一块火石抵住圆盘，以便产生火花，为矿工的工作照明。火花的温度通常比较低，也因此无法点燃沼气，但也有例外的时候。

如果矿工们连打火石磨都用不了的话，那么他们就几乎没有其他照明设备可以用了。所以当沃尔森德煤矿（Wallsend Colliery）的打火石磨发生爆炸导致 9 名矿工死亡时，“矿井中的工作就只能在没有石磨的帮助下艰难推进。有时候，开采工作是在完全黑暗的状态下进行的，只有借助镜子反射的太阳光”[12]。或许没有什么煤矿的照明方式比泰恩河煤矿（Tyne mines）更为奇特，那里的矿工会使用被称为“气体”（gassy）或“火焰”（fiery）的照明。在当地，他们“有时会试图借助磷和腐鱼燃烧所发出的微弱光线来工作”[13]。

1815年前后，世界上第一批实用的矿工安全灯问世。其中，要数伦敦皇家学会主席汉弗莱·戴维爵士（Humphry Davy）设计的安全灯最受欢迎。戴维将火焰封闭在金属丝网圆筒内，以分散火焰所产生的热量，防止灯外的空气达到沼气的燃点。虽然戴维的安全灯很快得到普及，但这并没有减少矿难的死亡人数。戴维灯上的网眼也使其发出的光亮只有普通锥形灯的1/6。所以，矿工们还是会使用蜡烛进行照明。安全灯的应用让人们得以探索矿井的更深处，但那里有易燃的煤层。因而矿井变得比以往更加危险。一位矿业历史学家认为，安全灯的发明者“为矿工提供了一种自我保护的手段。但有了它，矿工又被带向新的危险。发明者试图保障矿工的生命安全，但只是实现了煤炭产量的增加”[14]。

戴维发明安全灯的时候，煤炭产量的增加已经变得至关重要。不仅工业革命在加速，而且煤气的价值也在不断上升。除了工厂车间的照明外，煤气还被用来照亮伦敦的街道、商店以及家家户户。将煤气灯推广到工厂以外的地方，需要推销员的持续努力和坚持。除了力排来自动物油脂利益集团的反对声音外，他们还必须应对一些杰出科学家的质疑。汉弗莱·戴维爵士自己也认为这个想法非常荒谬，以至于他提出了这样一个问题：“难道圣保罗大教堂的穹顶也要被当成煤气灶来使用吗？”[15] 在默多克成功地运用煤气灯系统为苏豪工厂实现照明的五年后，煤气灯第一次低调亮相。1807 年，为了庆祝国王的生日，蓓尔美尔街（Pall Mall）被装点上各式各样的灯具。转眼，时间又过了五年，德国移民和企业家弗雷德里克·艾伯特·温瑟（Frederick Albert Winsor，原名为 Friedrich Albrecht Winzer）在伦敦成立了世界上第一家煤气照明公司，即特许煤气照明和煤炭公司（Chartered Gas Light and Coke Company）。

温瑟熟知勒邦的热能灯，并设想将家庭照明系统扩大到整个社区。正如沃尔夫冈·希弗尔布施所指出的：“温瑟不是煤气灯的最初发明者……但他建立了一个概念，即通过煤气管道从中央生产地向消费者供应煤气，让煤气照明从个人用途过渡为社区普及。”[16] 凭借着统一的煤气表，温瑟的煤气照明公司为威斯敏斯特、南华克和包括威斯敏斯特桥在内周边地区的街道照明、商业机构和有钱业主供应和输送煤气。煤气灯明亮干净的优势一下子就凸显了出来。据称，煤气灯能够发出“如夏日正午般明亮，且柔和如月光的光芒。……那些只习惯于使用油灯和蜡烛照明的人，可能对煤气灯的效果没什么概念。但是，煤气灯所产生的光线能够照亮整个空间，且不会伤害眼睛，看起来就像日光一样自然而纯净，而且还能为房间带来温暖，净化空气，使人精神振奋”[17]。

这种观念被建立起来后，煤气灯迅速占领伦敦的各个角落。到19世纪20年代初，近50个储气罐和总长几百英里的地下煤气管道，点亮了街道上4万多盏公共煤气灯。点灯人只要在杆子上挂上一盏点着的油灯，即可一身轻松地进行夜间巡视。查尔斯·狄更斯小说中的一位点灯人曾说道：“我能够预见……在不久的将来，我们这一行八成会消失。因为再也不用擦拭锡制反光镜了……也不再需要什么花哨的技巧，比如在凌晨两点剪棉芯；不用再在白天巡视修剪灯芯，或者心血来潮将蜡油滴在女士们先生们的帽子上，以此取乐。不论社会地位多么低微，都负担得起一盏煤气灯的花销。一切都会好起来的！”[18]

至于家庭这样的私密空间，新式煤气灯可能不像油灯和蜡烛那样需要每天照看，但也有缺点。尽管随着时间的推移，煤气吊灯最终内置了通风系统，但煤气燃烧所产生的火焰相对更大，因此会产生大量的烟灰和酸性残留物，破坏织物和墙纸，并且煤气燃烧还会消耗大量的氧气，导致人们在通风不好的房间里出现头痛。但更重要的或许是，煤气灯出现后人们对于家庭照明的重新考量。照明的抽象未来已然开启。不再有东西需要照看，不会有灯芯的消耗，更不会有熔化的蜡油和需要取下的储油槽。火焰的大小可以通过开关进行控制，而火焰本身也不会摇摆、闪烁或淌蜡。火焰不仅是直立的，而且能够以鱼尾、蝙蝠翼或扇子的形状从炉芯中横着或倒着喷射出来。煤气灯的火焰无法用水浇灭，也不能吹灭。火焰本身似乎是通过管道输送和传播的。“奇怪的是，人们认为输送气体的管道一定是热的！”工程师塞缪尔·克莱格（Samuel Clegg）惊呼，“所以，当通向下议院的煤气管道被点亮时，建筑师坚持要求将管道放在距离墙壁 4~5 英寸的地方，以免着火。好奇心强的人戴上手套后才敢去触摸管子来判断温度。”[19]

火焰的属性也发生了变化。在煤气普及之前，无论光线多么微弱，火焰一直是每家每户所独有的。而煤气灯彻底把光（还有生活），从独门独户和自给自足的过去中解脱出来。如今，每家每户的照明都是相互连接的整体，共同构成了一个错综复杂的供能系统。煤气照明系统安装后，人们开始把灯光的控制权交托给了外部利益集团。人们不再购买蜡烛或油脂并把它们运送回家。相反，他们开始以立方码为单位购买煤气，实买实用，由煤气表记录具体的消耗量。至此，每家每户的煤气照明系统开始与街坊四邻以及陌生家庭相连，有时甚至会与工厂和街道相连，共享命运。这标志着现代生活方式的开始。我们的声音、信号和脉动皆在网络的统管之下，在其明灭闪烁之时，我们也彻底对此失去了控制。

虽然数十年来煤气灯一直是高端社区的专属，但几乎整个城市的人们都会为铺设管道前的挖掘工作所波及。有时，煤气会沿着管道和灯柱，从不适当的接口、接缝处和意外破裂处泄漏出来。突发的爆炸将不少建筑物夷为平地，砖块和碎片四处飞溅。劳动者、住户、行人，甚至是在附近面包店和肉铺购物的消费者，都会被炸死或炸伤。当然，受影响最大的当属那些毗邻煤气厂的街区。这些街区往往是最贫穷的。煤气厂巨大的储气罐在周围的建筑物上方若隐若现，一团团伴随恶臭的滚滚浓烟从锅炉中喷出，空气中弥漫着硫黄般的臭味。附近的表层土和地下土壤被煤气厂排放的氨气和硫黄所污染，就连地下水也难逃魔爪。煤气厂周围的街区就这样陷入了衰败。当时的一位批评家指出："一家煤气厂（往往有很多家）无论在大都市的哪里，都会以厂址为中心向外辐射，使整个街区都不得不陷入肮脏、贫穷和疾病。任何改进都无法让这些破败的街区真正有所改善。没有崭新的街道，连住所也没有改进，甚至在 0.25 英里的直径范围内连个花园都找不到，就连窗台上的天竺葵也无法生长。"[20]

煤气制造商坚持认为煤气的味道对人体健康是有益的，但法庭上几位证人的证词充分证明事实并非如此。"阿拉宾先生（Arabin）作证说，他是一名室内装修工，住在……距离煤气厂约 200 码的地方。……他注意到，这个地方每天都会有一些气味散发出来，闻起来令人作呕。这是一种带有咸臭味的烟雾，极具刺激性，大大影响了他的呼吸。这种气味酸涩而刺鼻。”另一名证人则指出：“烟雾弥漫时，他连窗户都没法打开……因此他的肺部受到了损害，胃部也经常涌上一阵阵恶心，嘴里还时常会泛起一股硫酸的味道。总会有大量的烟雾从熊熊烈火中冒出。所以，每当这些锅炉热火朝天地工作时，他都不得不紧闭门窗。”第三名证人的证词进一步呼应了另外两名证人的观点：“托马斯·埃奇利（Thomas Edgely）是一位煤炭商人，他的一个码头毗邻煤气厂，那里一直散发着恶臭……他这辈子从来没有闻过如此令人作呕的气味。因此，即使作为煤炭巨头，托马斯也会抱怨，并为此感到恶心，毕竟‘想让煤矿工人反胃’，可不是件容易的事。”[21]

对储气罐爆炸的恐惧造就了时代的焦虑情绪。伦敦《泰晤士报》认为：“每个储气罐都是一个火药库，这一点显而易见。在威斯敏斯特教堂、圣保罗教堂或伦敦众多桥梁附近设立煤气厂，无异于在泰晤士河堤上储存火药。”[22] 而且，随着时间的推移，这种担心并没有得到缓解。因为随着时代的发展，煤气厂的名声只会变得越来越大，规模也在不断扩大。工厂里，火光中努力工作的男工在庞大的熔炉旁显得格外渺小。他们将煤炭铲入干馏器。在古斯塔夫·多雷（Gustave Doré）1872 年的木刻版画《兰贝斯煤气厂》（*Lambeth Gas Works*）中，我们可以看到工人短暂喘息时的群像。他们聚集在一起，筋疲力尽，衣衫褴褛。在他们身后，是平坦的砖墙、足足有工人身高两倍的带有基石的拱门，以及坚固无比的煤气管道，如同远处在炉子旁工作的人。那些工人腰板硬朗，手臂僵直，纪律严明，机器般地完成生火的动作，似乎天生就是机器的一部分。偌大的工厂里，休息中的工人并没有得到什么庇护和休憩。相反，他们被这样的庞大所支配和牵制，他们衣衫褴褛，在疲惫、不协调的状态下耸着肩膀，他们并没有因为自己不是机器的一部分而感到宽慰。相反，他们已然被机器彻底打败。

尽管煤气照明系统错综复杂，但事实证明煤气灯在伦敦确实取得了巨大的成功。这一成功促使它迅速地在英国其他城镇普及开来。历史学家斯蒂芬·戈德法布（Stephen Goldfarb）指出："1821 年，英国所有人口超过 5 万的城镇都配有煤气公司；到 1826 年，只有个别人口超过 1 万的城镇还未配备煤气公司；而到 19 世纪中叶，'人口在 2500 以上的城镇大都拥有了自己的煤气公司'。"[23] 在经济仍以木材为基础的欧洲大陆和美洲，煤气灯的出现时间较晚，发展速度也比较缓慢，而且基本上都集中在城镇。"1814 年，巴黎共有 5000 盏路灯，有 142 名点灯人专职为其工作。1826 年，巴黎共有 9000 盏煤气灯，而到 1828 年，这个数字增加到了 10000 盏。"[24] 在美国，巴尔的摩是第一座采用煤气照明的城市，时间为1817年。当时，费城和纽约同时进行了煤气照明系统的尝试，但都未成功，部分原因是动物油脂蜡烛制造商的反对声音甚高。1825年，纽约的第一盏煤气灯出现，而费城的第一盏煤气灯直到19世纪30年代才出现。

罗伯特·路易斯·史蒂文森（Robert Louis Stevenson）在赞扬煤气灯时写道：

> 普罗米修斯的计划又向前迈进了一大步。人类及其晚餐聚会不再任凭几英里的海雾摆布。日落时分，长廊不再空无一人。每个人都可以随着自己的心意自由延长白天的时长。城市居民终于有了属于自己的星星，可支配可掌控的那种。……诚然，这些早期煤气灯发出的光亮并不能像真正的星星那样稳定而清晰，甚至不如高级蜡烛那么淡雅。但是，近在咫尺的气体恒星总归比遥远的木星要来的有效。它们确实没有像星星那样随着地球的运转而自然展现光芒，但在人们需要的时候灯火便一个接一个地沿着苍穹出现。每天晚上，点灯人都会带着愉悦的心情跑步巡视。[25]

有了煤气灯，真正的星星就开始变得不那么重要了。1888年，来自阿尔勒的文森特·梵高（Vincent van Gogh）在给弟弟提奥（Theo）的信中写道："秋天的巴黎格外美丽……而这里的小镇什么都没有，到了晚上一片漆黑。我猜，是煤气灯（带有些许黄色和橙色）的光亮，使得巴黎夜晚的天空变成了深蓝色。奇怪的是，小镇的夜空比巴黎要黑。如果能再次造访巴黎，我一定要试着把煤气灯照耀下的林荫大道画下来。"[26] 这封信中梵高提到的可能是天空中的余晖，属于光污染。夜空在众多灯光的照射下显得有些发紫。

19 世纪中叶，灯光下的城市夜景从远处看去简直美得令人陶醉。"整个巴黎都镶满了金色光点，"一份城市指南指出，"如同一件闪着金光的天鹅绒礼服那样绚丽。很快，煤气灯便开始在城市的每个角落闪烁，你一定想象不出比这更美丽的景象。然而，最美丽的还在后面。线条从光点中浮现出来，勾勒出轮廓，星罗棋布。目光所及之处，皆是无尽的光辉大道。"[27] 如果观察再仔细些，你会发现别有洞天。夜晚灯火通明的城市的魅力绝不仅限于辉煌明亮的路灯。路灯不过是公共秩序的一道严格界限。而且无论是煤气还是油脂，其实都具有显著的实用性。城市的夜晚充斥着无数的灯光——商店橱窗、店铺招牌、剧院门口、酒馆、住宅，在安装了煤气灯的街区，所有被照亮的地方亮度都成倍增加，这反过来也给街道增添了生机和活力。煤气照明区的居民逐渐适应了这样的亮度。在更明亮的环境里，他们通常会觉得更安全。而那些仍然依赖微弱、脏乱的油灯照明的地区，成了工人阶级和穷人聚居的地方。现在那里俨然成了另一个国度，一个富人不愿意踏足的危险之地，仿佛昏暗的油灯划定了他们的边界。

煤气灯时代，崛起的中产阶级有了更多的晚间休闲时间，手头的余钱也更多，可以拿来进行消费。随着橱窗购物这种新型消遣方式的出现，夜晚开始成为消费者集中购物的时间。橱窗带来了夜晚的美妙时光。16 世纪以来，玻璃的透明度不断提高，小玻璃片首次开始代替窗户上的薄纱和油纸。现在，商店橱窗的玻璃，不再由小窗格组成，而是换成了整片整片的大玻璃。与油灯和蜡烛不同的是，煤气灯非常明亮，能够照亮房间里的静物。光线悄然无声地落在亮片礼服、羊毛大衣和丝绸领带上，落在天鹅绒褶皱布料上摆着的手表和项链上，落在织物、香水、肥皂、银烛台、中式瓷器、印度香料、奶酪和肉类上。

虽然人们可以透过平板玻璃看到商店里的陈列物，但是在嘈杂的咖啡馆里，光线似乎总能通过水晶吊灯、威士忌、苦艾酒瓶、高脚杯和玻璃杯无穷无尽地透射发散开去。镜子将这些光线进一步放大。住在巴黎的卡尔 · 古茨科（Karl Gutzkow）写道："白天，人通常是清醒的。而到了晚上，当煤气灯火焰闪耀时，人似乎变得更有活力。炫目的幻觉艺术在这里发展到了极致。越是普通的酒馆，越是在视觉效果上不遗余力。镜子沿着墙面延伸，反射着左右两侧成排的商品。在灯光的加持下，建筑物获得了一种人为的空间扩张效果，一种梦幻般的感觉。”[28]

随着煤气灯和聚光灯的普及，剧院照明也发生了变化，聚光灯最初被测量员用作信号灯，而后在 19 世纪 30 年代开始应用于剧院。不仅点灯人和宵禁的存在已然成为过去，而且灯光还可以轻松地变换明暗，灯光效果也因此变得更加错综复杂。舞台甚至比剧院的其他地方还要明亮，这也正式地将演出与观众割裂开来。演员必须适应新式照明。“全新的照明方式使传统演员的专业技巧无处施展，”戏剧历史学家弗雷德里克 · 彭泽尔（Frederick Penzel）指出，“突然之间，他们的动作幅度显得过大，面部表情又似乎过于夸张。昏暗烛光下出众的演出效果放到煤气灯下不再惊艳。甚至连演员的妆容都会显得过于花哨。从前犹抱琵琶半遮面，如今却完全暴露在灯光之下，所有的东西都必须进行调整。”[29]

除此之外，煤气灯也让街上的路人发生了改变。流转的双目，凝视的明眸，移开的目光，数不清的声音和颜色闪过。所谓禁地和自由的所在，如今都被照亮。从某种意义上来说，路人是“某种具有意识的万花筒”[30]，赋予街道灵魂，心甘情愿沉迷其中，还有别的什么呢？夜晚，街道上总是熙熙攘攘。埃德加 · 爱伦 · 坡（Edgar Allan Poe）写道：“随着夜幕降临，街上的路人总会一下子变多，而到了灯火通明的时候，会有两拨密集而持续的人流从门前涌过。”[31] 但是，在爱伦·坡看来，街灯也照亮了人性的不同侧面：

> 随着夜色加深，人群的总体特征发生了实质性的变化（随着更有秩序的人群逐渐退场，温和从容慢慢消失，乖戾嚣张一点一点冒出来。时间一晚，各种恶霸都会从藏身之地涌出）。而且，太阳刚落山的时候，煤气灯的光芒会显得格外微弱，现在却终于占据了上风，一切都披上了华丽而光辉的外衣。一切都是黑暗的，但又是辉煌的。[32]

人性是充满活力的，轻浮膨胀，难以控制。照明不仅延长了白天的长度，而且还创造出前所未有的生命，让人性的不同特质得以充分表达。毫无疑问，中世纪的城市被埋藏在了铺路石之下，古老的城门也已消失在绵延的河道中。“夜”，那个曾经带着恐惧和忧虑才能说出的古老而紧张的音节已经不足以来描摹它。于是，19 世纪中叶，一个新词诞生了，那就是“夜生活”（nightlife）。

但是，当旧日的黑夜重现，就像煤气爆炸发生或煤气工人罢工时不可避免会出现的情况那样，会发生什么呢？当然，这种情况的发生，并不会使整座城市陷入黑暗。毕竟大多数城市，无论规模大小，都有不同的煤气供应商提供服务，每家公司把控着不同的区域。此外，当干馏炉坏掉或发生爆炸时，系统中总会残留部分气体，因此灯会在完全灭掉前慢慢变暗，持续亮上一段时间。尽管黑暗只会持续几个小时，但还是会引起严重的恐慌，而且随着时间推移和人们对煤气灯依赖程度的增加，这种恐慌会变得越来越严重。《纽约时报》一篇题为“失去光明”（“Bereft of Light”）的报道，详细描述了1871年12月23日大都会煤气厂发生爆炸时一个街区所发生的事情。这起爆炸使第34街和第79街之间的街区变得漆黑一片。爆炸震碎了窗户，震飞了砖块，时钟骤停，马匹受惊。当时，现场还发生了一场火灾，但在几小时后就被扑灭了，其间一名消防员受伤。但到目前为止，最有新闻价值的部分其实还是人们的焦虑：

> 有些人挨家挨户打听，而清楚状况的人直接包围了警察局。……店主们尽可能地用蜡烛和灯笼来照亮商店，但是没能带来真正的光亮。……他们买了好几磅的蜡烛，用水果和蔬菜制作质朴的临时烛台，以展示货品，但毫无用处；市民们似乎都太关心煤气停供所造成的损失，以至于没打算花一分钱买水果或其他东西……或许多年来，这座城市的市民从来没有在晚上这么早就上床休息。各个银行的职员也陷入了极大的恐慌之中。他们在第一时间赶到警

察局，并在获得强大警卫的保护后，立即开始工作，他们在保险箱周围放满了带有反光镜的煤油灯。[33]

在没有灯光的几个小时里，富人比那些靠油脂和蜡烛过活的人更加不安和无助。他们不再享有夜晚的特权，期盼着依靠某种超越自身的力量来恢复灯火和照明，以便让生活回到正轨。可他们什么也做不了，只能在亘古的黑暗和宁静中等待，在那里，烛光所能照亮的范围再次明晰。

5
朝更完美的火焰迈进

19世纪的头几十年里，那些安装了煤气灯的家庭在生活上发生了显著的变化，而那些单纯依靠油灯和蜡烛照明的家庭也经历了不小的改变。人造蜡烛的价格变得更加低廉，质量也有了大幅提升，就连普通家庭最小支的照明蜡烛也兼具蜂蜡和鲸蜡的优点。说起这些改进的发生，其实有一部分要归功于辫状灯芯和硼酸灯芯的出现，流槽的体积也随之变小。但是，最重要的改进还是和蜡烛本身的材质有关。商业油脂制造商开发出了一种提炼牛羊脂肪的新方法，可以使其在燃烧时不再冒烟或发出臭味。著名科学家迈克尔·法拉第（Michael Faraday）在《蜡烛的化学史》（*The Chemical History of a Candle*）一书中解释了这一过程：

你知道，现在的蜡烛已经不像普通的牛羊油脂蜡烛那样油腻，它们的质地十分纯净。首先，用生石灰将脂肪或油脂煮沸，制成肥皂。然后，再用硫酸分解肥皂，滤除石灰，留下的脂肪重新整合为硬脂酸（stearic acid），同时产生大量的甘油。……再然后，油被挤压出来；……各种杂质随着油分释出，多么美妙呀……最后将剩下的物质先熔化，再铸成蜡烛。[1]

到 19 世纪中叶，蜡烛的材质变成了石蜡，而石蜡提炼自油页岩。当时的一份记载将石蜡描述为“白色，带有光亮，无味无臭，丝滑触感和物理结构与鲸蜡十分相似……连石蜡的英文名字‘paraffin’也来自两个非常温和的拉丁词。一个是‘*parum*’，意思是‘很少或没有’；另一个是‘*affinis*’，意思是‘亲和力’。之所以这样命名，是因为石蜡完全是中性物质，它的性质非常稳定，燃烧时可以产生明亮而耀眼的火焰，且不带烟尘”[2]。和它的名字一样，石蜡的性质稳定到燃烧所产生的光亮不受任何有害气味和烟雾的影响，也几乎不需要打理，而且可以持续稳定地发出清澈透亮的光芒。这些发展似乎预示着尘世之光的终结，因为普通蜡烛终于远离了谷仓和屠宰场，远离了血液、肌肉和骨头，而且再也无法回头。19 世纪中叶，赫尔曼 · 梅尔维尔曾写道，即使是在捕鲸船的船舱里，“凡人以炼就灯油的动物为食”[3]依然是件古怪的事情。

普通灯具使用的燃料也悄然发生了变化。19 世纪 30 年代，“燃烧液”，即莰烯（从松节油中蒸馏而来）和酒精的混合物，通常简称“莰烯”，出现在了美国市场上。这种燃料质地轻薄，可以在灯芯上快速蔓延。但是它的燃点很低，燃料所释放的蒸汽的温度就足以引发自燃。换句话说，这种燃料本身是具有一定挥发性的，任何火花或过热的温度都可能会引发爆炸，因此莰烯灯的火焰必须与燃料槽保持一定的距离。那些使用鲸油和牛羊油脂作为燃料的灯具，通常是将金属灯芯管向下延伸到灯体中。这样一来，灯体中的热量可以让燃油温度升高，从而使得毛细作用发挥到更大。相比之下，莰烯灯的灯芯管又长又窄，从灯的前端一直向上延伸，与灯的中心点形成一定夹角，以保证火焰与燃料槽之间的距离。同样的，莰烯灯是吹不灭的。因为即使只有一点点火星，也有可能会引燃燃料槽。所以，燃烧器上通常配有灭火帽。可即使这些预防措施都派上用场并内置于灯具中，每年还是会有数以千计的人因爆炸而伤亡。据 1854 年《纽约时报》报道，对于

房屋内“燃烧液”的常见用途，多年来在历经了无数次的惨痛教训后，人们不得不正视“燃烧液”并不安全这一点。……然而，没有人会因为这点而停止使用“燃烧液”。……如果此时此刻正在阅读这篇报道的你还残存一丝

理智，那么请你立刻把莰烯灯拿到灯店去，将“莰烯”换成油或者“莰烯”以外任何形式的燃料。如果这篇报道还是没能让你恢复清醒的话，那就请继续使用下去，再在枕头和床垫里头塞满火药，买一条响尾蛇当宠物，给自家的孩子做玩伴儿。[4]

“燃烧液”到底为什么这么受欢迎，至今仍是个谜。“燃烧液”确实要比抹香鲸油便宜。但在 19 世纪 50 年代早期，“燃烧液”的零售价仍然高达每夸脱 * 25 美分。当时的人们总说莰烯燃烧时能够产生明亮的白色火焰，或许这就是让人冒险一试的原因吧。历史学家简 · 尼兰德（Jane Nylander）曾写道：“其实，莰烯灯产生的光线要比牛羊油脂蜡烛或单芯鲸油灯暗一些。”[5] 或许“燃烧液”再怎么说也算是新鲜事物，与古老的动物油脂还是有着很大区别的。

无论使用了什么燃料，点燃油灯和蜡烛的活计如今都变得简单了许多。人们不再需要从现成的火焰或煤堆中取火，或者求助于火绒盒。19 世纪初，还只有富人能随身携带磷化的点火木片［或称“精油火柴”（Ethered Matches）］，用来取火。精油

* 夸脱：容量单位，1 美制湿量夸脱≈ 0.946 升。

火柴实际上是顶端涂有少量磷的短小纸条，装在一个小口径的玻璃管中。当使用者打碎玻璃时，磷就会燃烧起来。当然，这样的火柴也有缺点。如果玻璃管意外打破，它们也很有可能会燃烧起来。

1826年，英国人约翰·沃克（John Walker）发明了一种东西，并最终发展为现在的普通火柴。他先将木制夹板浸入氯酸钾、淀粉、硫化锑、阿拉伯树胶和水混合而成的糊状物中，制成“摩擦灯”（friction-light），然后再把木制夹板擦干，用折叠的砂纸夹住夹板来点燃火焰。早期的火柴在燃烧时会产生火花并发出臭味，这种火柴后来被称为路西法（Lucifers）。这个名字本身带有一定的警示意味，意思是“如果可能的话，请避免吸入火柴燃烧时所产生的气体。肺功能不良的人绝不能使用路西法”[6]。一位巴黎人感叹道：“毫无疑问，化学火柴是人类文明迄今为止制造出来的最卑劣的取火装置之一。……多亏了它，我们每个人都可以随身携带火种。……我……厌恶这种永久性的瘟疫，它随时准备着引发一场爆炸，随时准备着用微小的火焰把人类烤熟。”[7]

后来，火柴的表面被涂上了白磷。对于携带火柴的人来说，火柴的安全性确实有所提高。但是对于制造火柴的人来说，事情却没那么简单。长时间暴露在磷蒸气中的火柴厂工人常常会患上致命的磷毒性颌骨坏死。不仅生理上要承受巨大的疼痛，而且这种疾病对容貌的影响也很大。患者颌骨中的磷沉积会诱发流脓，骨头也会因此逐渐腐烂，最后死于器官衰竭。虽然自19世纪中期起毒性较低的红磷就开始取代白磷，但是直到20世纪初白磷仍广泛使用在“便携式”火柴的生产中。

19世纪初，随着阿米·阿尔冈在1784年发明了革命性的圆柱形灯芯，各种各样新式的灯具设计开始相继问世。即使是普通的鲸油灯，也有所改进。不管是壁灯、台灯、夜灯还是学生灯和吊灯，所有灯具都是由压制玻璃、铅锡合金、银、铁、黄铜、镍板和镀锡制成的。期间也曾出现过构造更为复杂的模型，试图改进向灯芯输送黏稠鲸油（或菜籽油）的方法，以解决阿尔冈灯储油槽遮挡部分光线的问题。在众多模型中，卡索灯（Carcel lamp）使用发条泵来帮助输送燃料。调节灯（moderator lamp）里装有一个强有力的弹簧。只要按一下活塞，就可以把燃料喷射到一根狭窄的管子里。无影灯（astral lamp）则有着一个环形的油槽。不论是这些灯具复杂的构造，还是它们巨大的燃料消耗，都让经济条件有限的人难以负担。即使是最简单的单管灯，制造商也在生产中加入了空心灯芯和玻璃灯罩，目的是增加氧气含量，稳定火焰。新灯通常有2~3个灯芯，这意味着一盏灯能够以不同的强度燃烧，这是当代三光灯泡的初级版本。

但是，自阿尔冈的发明问世以来，随着煤油的出现，灯具最重要的演进出现在19世纪下半叶。“我们梦想有一盏灯能赋予暗物质以光明的生命，”加斯东·巴什拉在谈到煤油灯时写道，“当梦想家得知石油的词源是石化的油时，他怎么能不动容呢？是这盏灯让光明从地球深处升起。”[8]几千年来，人们一直从渗漏处采集“岩石油”，并以原始形式作为润滑剂或药物在世界各地使用。北美的印第安人用毯子浸润收集地表油。他们把这种油用作药膏，或者用来给独木舟做防水。

1849年，加拿大地质学家亚伯拉罕·格斯纳（Abraham Gesner）发明了一种可以从沥青（asphaltum，一种矿物沥青）中提取“煤油”的方法。随后，炼油商发现他们可以使用格斯纳的方法，拿石油来生产煤油。但是，直到1859年埃德温·德雷克（Edwin Drake）在宾夕法尼亚州的泰特斯维尔（Titusville）成功钻探出第一口油井，为炼油提供了可靠的石油供应，石油的生产才真正开始具备商业可行性。

家庭主妇们将煤油派上了各种用途。她们将煤油涂抹在床上用品、厨房墙壁和纱门上，用来防虫；将煤油倒在蚁穴上，并用来清洁布满苍蝇斑点的黄铜；她们还会用煤油来清洁陶瓷水槽、大理石洗脸池、窗户和炉灶；用煤油清除仿花岗岩器皿上的铁锈、新鲜油漆和油脂；并将其加入热淀粉中，确保淀粉不会粘在衣服上。但是，她们最看重的还是煤油的照明功能。

因为虽然煤油灯的火焰质量会随着燃料质量、灯具灯芯大小和清洁程度不断而变化，但是在各方面条件都适宜的情况下，煤油燃烧时所产生的光亮总是会非常清晰，而且几乎不会出现冒烟的情况，也不会产生什么异味。一盏煤油灯的亮度相当于5~14支蜡烛。

与动物燃料不同，煤油不会随着时间的推移在货架上变质。高质量的煤油闪点很高，因此常被认为是安全和稳定的，而且它的质地要比鲸油和菜籽油轻薄得多，不需要发条装置或活塞，就能到达灯芯。由于当时内燃机还未出现，不会占用石油供应的资源，所以煤油的价格比较经济实惠，甚至比鲸油或煤气还要便宜。到了1885年，“一个家庭只需花费10美元，即可满足一年的燃料需求，‘而有钱人家一个月的煤气费可能就要这么多’”[9]。正如威廉·奥迪亚所说，煤油是“人们几个世纪以来一直梦寐以求的理想燃料”[10]。

对煤油的迫切需求开启了石油时代的新纪元。在德雷克发现第一口井之后的几个月里，泰特斯维尔周围的土地价格飙升，人口也翻了数倍。一年之内，宾夕法尼亚州和匹兹堡石油产区的许多炼油厂开始运行。早期的货物开始运往新英格兰和中大西洋地区。美国南北战争开始后，煤油传播到中西部，并缓慢渗透到战后的南方。最终，美国超过一半的石油供应被运往欧洲和俄国，这为约翰·D.洛克菲勒（John D. Rocke）和标准石油公司带来了大量财富。不过，石油供应的稳定性整体上还是有所欠缺的。在最初几十年的钻探过程中，美国出产的所有煤油都来自宾夕法尼亚州的油田，储量看不见也摸不着。但是，石油已经成为现代生活的必需品，以至于《泰特斯维尔先驱晨报》(*Titusville Morning Herald*) 在 1873 年宣称："如今，石油的生产已经对世界产生了重要的商业和社会意义，如果突然停止供应，且没有任何其他已知的物质可以代替石油的位置，那么无疑就会酿成一场大范围的灾难。"[11]

在这样的一个世界里，鲸油已经没有什么地位可言。德雷克石油钻井建成不到一年，煤油就取代鲸油成为时下最流行的燃料。然而事实上，到 1859 年，美国东北部的捕鲸船队就已经开始走向没落。虽然抹香鲸并未灭绝，但是 19 世纪后半叶它们的数量就已经开始变得十分稀少。这也意味着人类要想捕获它们将会变得更加费时费力，成本也会更高。1861 年美国南北战争爆发时，谨慎的北方商贾开始将船只停泊在港口，因为他们一致认为不值得冒着被邦联巡洋舰抓获的风险去捕鲸。几年后，捕鲸船的船体开始在码头上腐烂。战争开始后，联邦政府为了封锁查尔斯顿和萨凡纳港口，总共购买了 40 艘旧捕鲸船，装上石头，任其沉没。1865 年，当和平最终到来时，船队就只剩下原来的一小部分。但是，由于煤油已经夺走了燃油市场的大块份额，所以大多数商人选择继续使用手头的旧船。为了满载而归，出海的船只不得不承担越来越大的风险，在北方的冬天航行更长的时间，逼近冰冻期才停工。

另一个事实是，即使身处蒸汽时代，东北舰队也未能实现现代化。这一点非常重要。因为大部分捕鲸场已经转移到了北极，那里不管对于船员还是船只来说，条件都非常恶劣。帆船的船舵必须保持全年无冰。在寒冷的环境中，如果索具出现结冰，船只随时都有可能会因重量而倾覆。1871 年初冬，32 艘船只被困在北极冰层中，船员们拼命向开放水域中的船只靠近才得以幸存。随着船只损失的增加，东北舰队的狩猎活动几乎已经画上句号。

尽管动物燃料只能偶尔用来照明，但是人们对于鲸须和其他鲸脂产品如人造黄油、肥皂、润滑剂的需求仍然存在。来自旧金山和北欧的蒸汽捕鲸船凭借着更快的航行速度，捕获了单靠帆船无法捕获的鲸鱼品种。尽管抹香鲸数量已经变得十分稀少，但仍然难逃被捕杀的命运。由于抹香鲸油即使在极端的温度下也依然能够保持润滑，所以虽然鲸油灯被淘汰了，但是抹香鲸油依然长期被用作工业时代的机器设备的润滑剂。在 1986 年国际捕鲸禁令颁布之前，从鲸鱼这种可以下潜超过 4000 英尺（所有哺乳动物中最深的）的哺乳动物身上采集获得的鲸油，还被用来润滑航天器上的精密仪器。

尽管煤油很受欢迎，但它也存在缺点。煤油生产的头几十年里，政府层面对于供应的监管几乎真空，因此有不少无良商人在煤油中掺入苯或石脑油，导致煤油的闪点降低，变得不稳定。纽约州布法罗贸易局的员工指出：

> 这个国家充斥着各种各样的化合物、混合物和油脂，它们好像什么都能做，可实际上又什么都做不了。特别是精炼油这一行当，劣质油和液体被没有道德底线的人投放到市场上，而且完全不受惩罚。……检查员应履行职责，给油品打上检验合格的标签。但是，总有炼油商或经销商会为了利润而掺入几加仑致命的石脑油，将人们的生命和财产置于危险之中。[12]

有责任感的家庭主妇不得不对买来的煤油的质量保持高度警惕。凯瑟琳·比彻（Catharine Beecher）和哈里特·比彻·斯托在1869年的家政指南《美国妇女之家》（*The American Woman's Home*）中建议：

> 倒在茶杯里或地板上的好油，在接触灯光时不容易着火。而同样的情形下，劣质油就会立刻燃烧。因此，打破一盏装满劣质油的灯，总会伴随着巨大的火灾危险。去除

这些挥发性高且容易造成危险的燃油，不仅能提高煤油的整体安全性，还能提高其发光质量。因此，好的煤油除了颜色清澈，且不含任何使灯芯发黏、妨碍自由流动和燃烧的物质外，还必须是绝对安全的。[13]

虽然使用了优质煤油，但即使是贫困家庭中最简陋的灯具也需要每天小心翼翼地进行维护。因为只有干净的灯才能发出明亮的光，而修剪得不好的灯芯则会让火焰闪烁并产生烟雾，从而在灯罩上留下烟尘，并使烟尘弥漫至整间屋子。事实上，春季大扫除的仪式很大程度上是为了清除冬日里壁炉和灯具上累积的烟尘。日常清洁也算是一个安全问题。19 世纪末，仅在美国，每年就有 5000~6000 人死于灯具事故。其中许多是由于煤油掺假、粗心照看导致的溢出和损坏，抑或是把灯放在距离窗帘或床上用品太近的地方，且在熄灯前没有剪掉灯芯，又或者是试图靠吹倒灯罩来熄灭灯火的粗心家政新手造成的。如果燃烧器脏了，那么火焰在燃烧过程中，就可能会使灯罩整体过热，导致玻璃被烤碎。而如果储油罐里的油太少，那么当有人不小心晃动了灯具，蒸汽就随时可能会被点燃。康涅狄格州的一家报纸《威廉姆蒂克纪事报》（*The Willimantic Chronicle*）中就经常报道由于“灯具爆炸”而发生的事故：

1880 年 9 月 1 日，星期三：上周，丹尼尔逊维尔的乔治·利文斯（George Leavens）家差点因煤油灯爆炸而被大火吞噬。1883 年 8 月 29 日，星期三：周六清晨，西蒙·B. 斯奎尔斯（Simon B. Squires）的尸体在绍斯波特国家银行的后院被发现，且已经被烧得面目全非。人们猜测是他在夜里起床时，灯具爆炸引燃了他的衣服。1884 年 4 月 23 日，星期三：康涅狄格州纽黑文市 73 岁的玛丽·麦克古德里克夫人（Mary McGoldrick）和宾夕法尼亚州伊利市 3 岁的艾玛·奥布莱恩（Emma O'Brien）昨天因煤油灯爆炸而死于火灾。[14]

1894 年出版的《妇女之书》（*The Woman's Book*）是一本家庭管理指南，书中作者就灯具的清洁问题进行了冗长而精确的讨论：

照看灯具跟烹煮鸡蛋一样，都是有技巧的。首先，要每天清理灯具。……应该把灯搬到厨房或餐具室，并放在折叠的报纸上。如果是瓷灯罩的话，还应该把瓷灯罩擦拭干净。……如果需要清洗，可以把它们放入一盆热水中，用少量氨水或硼砂软化污垢并清洗。……接下来，把灯芯翻起来，用细棒或火柴刮掉烧焦的边缘。……再取下燃烧器周围的边框，拿用旧了的法兰绒布擦拭干净。……再来，小心地往灯里装满油。……在装满灯油，并合上储油罐后，认真擦拭储油罐的外部，这样油就不会受到不必要的刺激而持续渗出。请务必确保没有油滴到灯的外部。……最后，擦拭一下每盏灯的外部，更换灯罩和边框，并感谢命运，因为今天这件管家最不乐意做的差事之一已经到此结束。[15]

不管灯具照看的工作量有多大，对于那些生活在煤气灯无法普及的城镇、村庄和农场的人来说，是煤油给家里带来了更多的光亮。不仅每盏灯都变得更加明亮，而且低廉的燃料价格也促使人们更加频繁地使用并购买更多的灯具。煤油商品，如储油罐、灯芯和灯罩，成为商品目录和一般商店的必备广告项目。煤油灯的便利性也带来了某种轻松的氛围，也许还有对火焰之美本身的欣赏。当然，有了煤油灯，人们可以在更好的光线下轻松地阅读或编织，更安稳地进行工作。从 19 世纪下半叶开始，密闭放置的木材和煤炉开始取代露天炉灶，煤油灯逐渐成为家中最后的明火，放置煤油灯的地方也成了夜间家庭的聚会场所。

有些城市居民的家中虽然连接了煤气管道，并在家中的公共空间如走廊和厨房使用煤气，但是在更私密的客厅和卧室会继续使用油灯。历史学家沃尔夫冈 · 希弗尔布施认为，大多数人不愿完全使用煤气的原因并不是煤气灯本身的明显缺点，即烟尘和糟糕的空气。相反，原因在于煤气源于工业这一点。所有这一切都意味着，煤气灯与远处隐约出现的砖块和灰色生活，以及城市和乡镇上空的煤渣和灰烬，有着千丝万缕的联系和羁绊。此外，希弗尔布施也指出："通过保持独立照明，人们象征性地将自己从集中供能中分离出来。客厅里放着的传统油灯或蜡烛既表达了不愿与煤气管相连的态度，又传达出人们内心对于保留一种依靠可见燃料来照明的灯光的需要。"[16]

有些人只是喜欢老式灯的温和火焰。"我确实喜欢阿尔冈灯，"一个巴黎人在拿煤油灯和煤气灯做比较的时候说，"说实话，这些灯发出的光线已经足够，又不会太炫目，刚刚好。"[17]也许，对于城市居民来说，油灯已经开始成为历史的一部分，而随着其他声音的此起彼伏，油灯的音符已然被湮没，但它的亲切感似乎更加令人向往。人们本能地抓住油灯那挥之不去的形式和躯壳，仿佛雾中的幽灵。加斯东·巴什拉写道："我们身上似乎总有一些黑暗的角落，只容得下摇曳的微光。"[18]这种微光是与人类时代初期的光线的联系。煤油灯是对拉斯科洞窟里动物油脂的赞颂，是最后一束自给自足的火焰。

PART II

转动翼形螺钉，光就亮了起来。

——《纽约时报》（1882年9月5日）[1]

6
拥有电的生活

人造光伴随着很多不同的声音——划火柴的声音，蜡烛在空气中燃烧的声音；旋塞转动的声音，煤气喷射嘶嘶作响或在嘶哑中悄然熄灭的声音。数千年来，电的爆裂和噼啪声一直是个谜。如今，经过漫长的实验、推测、观察和发现，电终于能够以光的形式出现。而描述因电而来的光，需要一些全新的词汇，如安培、伏特、瓦特、焦耳、原电池。电是没有火的光，是炽热的寂静，开关“轻轻一按，打开和关上发出同样的声响”[1]。古希腊时代，人们便发现琥珀与羊毛摩擦时会产生火光，电灯的出现正是当时这一伟大发现的延续。但是古希腊时代，人们的知识积累还远远不够，他们只能草草得出结论，认为琥珀也有灵魂，因为“它看上去是有生命的，并且能够对远离它的其他事物产生吸引”[2]。在古希腊人眼里，琥珀是赫利阿得斯留下的眼泪。赫利阿得斯是法厄同的姐妹们，在法厄同溺死的河边哭泣不已，神出于怜悯，把她们变成了白杨树。

虽然琥珀可以产生静电的属性众所周知，但是生活在约公元前600年的哲学家泰勒斯（Thales）是世界上第一位在著作中提到琥珀可以摩擦起电的人。据说，古希腊人会站在电鳗上面治疗痛风。至于他们到底有没有将琥珀用于任何实际或宗教用途，终归只能靠猜测，正如在巴格达附近发现的，人们早在公元前200年前后就开始使用古代电池。每一只5英寸高的黏土容器里，都放着一根包在铜圆筒里的铁棒。只要在其中装满醋、葡萄汁或柠檬汁，就能产生几伏的电能。考古学家还在这些电池附近发现了针状物，所以这些电池所产生的电流很可能会被用于针灸。此外，这些电池还可以进行串联，从而产生更大的电镀电荷。说不定神像雕塑里也有电线连接，这样一来，小小的电击就能激发祈祷者的敬畏之心。

电的现代发展历程可以追溯到1600年的伦敦。当时伊丽莎白一世的外科医生威廉·吉尔伯特博士（Dr. William Gilbert）在《磁论》（*De magnete*）一书中指出，并不是只有琥珀才能在摩擦时产生火花，玻璃、宝石、树脂、硫黄、封蜡还有其他的十几种物质，都可以通过摩擦产生火花。吉尔伯特把这些物质产生的火花统称为“electric”（电）。这个单词源自拉丁文中的“*electrum*”，而“*electrum*”又来自琥珀对应的希腊文单词

“*elektron*”。作品发表几年后，吉尔伯特就去世了。尽管在随后的几年里，其他科学家得知了他的发现并进一步完善，把钻石、白蜡和石膏也加入可以产生“电”的物质行列，但是这些努力始终只停留在清单层面。直到马格德堡（现位于德国）的市长奥托·冯·格里克（Otto von Guericke）发明了第一台静电发电机，转机才真正出现。格里克将直径约 6 英寸的固体硫黄球装在木框里，用连接手柄进行转动。当他转动手柄并快速摩擦机身时，这台静电发电机不仅能发光，产生火花，而且还能吸附轻小物体。

格里克指出，静电的吸附和排斥作用是同时存在的。他常常会用旋转的地球仪推动羽毛穿过客厅，引导它们前进，直到它们落在客人的鼻子上。这一切都让朋友和客人觉得非常有趣。在此后的几十年里，“电”被视为一种“能”，但它仍然是一个谜，更多的用途是用来取悦宾客。人们对“电”了解的加深只能依靠娱乐环节中一些特殊的小插曲。

18 世纪初，英国人斯蒂芬·格雷（Stephen Gray）发现，只要摩擦玻璃管的底部，它的软木塞就会带电。由此，他发现了电的传导性。通过实验，格雷还发现有些物质具有绝缘性：

> 他用一圈圈包装绳，将一条长长的麻绳水平悬挂起来，却发现无法导电。随后，他改用丝绸线圈将麻绳悬挂起来，

并成功地通过长达765英尺的线绳把这种“有吸引力的能”传送了出去。起初，格雷认为丝绸线之所以具有导电性，是因为它们足够纤细。可是，当他试图用一根更细的丝绸线来代替断裂的线圈时，却没有成功。最后，格雷得出结论，线圈之所以可以导电，并不是因为它们纤细，而是因为它们本身具有导电性。[3]

掌握这些知识后，格雷便开始了他的“悬挂男孩”实验。随后几年里，这个实验在英格兰各地的会客厅里逐渐流行起来。他用粗绳吊起小男孩——除了头、双手和几个脚趾外，小男孩的全身都包裹着具有绝缘性的衣服。男孩一只手拿着挂有象牙球的魔杖，另一只手自由地伸展开来。当格雷用一个通电的玻璃管对准孩子裸露的脚趾时，男孩的头发立刻全部竖了起来，他身下地板上成堆的铜叶也开始向着魔杖上垂挂下来的象牙球，以及伸展的手和脸部的方位升起。随后，格雷会邀请观众站在某种导电材料上触摸男孩，感受电击的刺激。

不管是硫黄球，还是之后的玻璃球，都只能产生电，而无法储存电。储电成功的第一个记录可以追溯到1745年。来自德国卡明的埃瓦尔德·冯·克莱斯特（Ewald von Kleist）在写给朋友的信中，提到了一个实验：

把一枚钉子或一段铜丝放入小药瓶里，并使其带电，就能够产生显著的通电效果。但前提是药瓶必须保持干燥和温暖。通常，我会事先用手指沾些粉笔末来擦拭药瓶。如果往瓶里滴入一点水银或几滴酒，实验会更加成功。而一旦药瓶和钉子离开带电玻璃，或者离开它所接触的原导体，瓶中就会喷出火焰，而且燃烧时间很长，长到我可以拿着它走上60步左右，把它带到另一个房间，然后用它来点燃烈酒。但如果它还带着电，那么当我用手指或手中的一块金子去碰钉子，我就可以感受到电击，手臂和肩膀都会不住地发抖。[4]

荷兰莱顿（Leiden）的科学家改进了冯·克莱斯特的装置，成为后来人们所熟知的莱顿瓶。设计最为完备的莱顿瓶，通常由一个装满水的玻璃容器组成。容器的外层和内层是金属箔，底部则是金属屑。它的顶部是一个软木塞或木盖子，盖子上插着导体，即一根金属棒，通常由黄铜制成，顶端放有一个金属球。一条金属链从盖子上垂到瓶子里。实验者可以将电荷从旋转的球体转移到金属棒顶端的球体上；然后电荷再沿着金属棒和金属链传导到水中和箔片上。正如历史学家菲利普·德雷（Philip Dray）指出的那样，因为莱顿瓶可以保存电荷数天之久，这使得实验者“得以把电荷一步步进行转移，而不仅仅是将其视为摩擦实验中物体之间刹那出现的闪光”[5]。

莱顿的第一批实验者中有一人宣称，瓶子里的能量足以让他全身颤抖。“我建议你千万不要单独尝试，”他在给同事的信中写道，“就算为了整个法兰西王国我也不会再次尝试。我好不容易走过一遭鬼门关，很庆幸因为上帝的恩典活了下来。”[6]但是在接下来的几十年里，许多欧洲人和美国人都进行了尝试。男人对小动物和鸟类实施电击，甚至连自己和妻子也不放过。他们开始流鼻血、发烧、抽搐、变得虚弱。可即使这样，他们仍然继续进行着实验。在路易十五的凡尔赛宫里，为了观察电流的传播距离，让－安托万·诺莱特（Jean-Antoine Nollet）神父将电流施加在180名手拉手的士兵身上。当他看到士兵们都齐刷刷地跳了起来时，不禁心满意足。后来，他又在750名加尔都西会修士身上做了同样的实验。他们之间串着电线，队伍长达5400英尺。当接通电流时，所有人同时跳了起来。

在其他实验中，实验者会先让铃铛响起，然后再点燃朗姆酒，让火花射向镀金的相框。他们会采用与格雷“悬挂男孩”相同的方式，将一名年轻女子悬挂起来，从而产生“电吻”。他们会邀请观众中的男士来亲吻她的脸颊，有时电荷量大到足以让人咬牙切齿。尽管进行了这么多实验，但电仍然是“一个巨大的未知国度，我们所知道的不过是些皮毛罢了”[7]。这些实验者所做的事也不过是儿戏，始终没有人在电的实际应用方面有所建树。

本杰明·富兰克林是18世纪最孜孜不倦的“电工”（electrician）之一，“电工”这个词就是由他创造的，当时的电学实验者也因此而闻名。他“有点懊恼，因为他们迄今为止还不能以这种方式产出任何对人类有用的东西”[8]。他至少受过一次以上严重的电击，以致太了解电的真正威力。他在给波士顿一位朋友的信中解释道：“最近做了一次电学实验，说什么我也不会做第二次了。”

> 两天前的一个夜晚，当我准备用两个大玻璃瓶的电流攻击一只火鸡时，玻璃瓶里的电流（相当于40个普通药瓶的电流）不经意间穿过了我的胳膊和身体。……在场的同事……说闪光非常强，同时伴有枪声般响亮的噼啪声。而我的身体瞬间失去了所有知觉，我看不到，也听不到他们说的那些话。我也不曾感到自己的手被击中，虽然我后来发现在我被火焰击中的地方出现了一个圆形的肿块，有半颗手枪子弹那么大。从这件事我们可以得知电传导的速度似乎比声音、光的速度或动物的感观还要快。[9]

通过无数次的实验，以及撰写大量与电有关的著作，富兰克林终于对电有了进一步的了解，也解开了不少关于它的谜团。

菲利普·德雷指出，富兰克林“是第一个发现（莱顿）瓶里的电荷并不像其他人认为的那样储存在水中而是储存在玻璃瓶里的人。玻璃作为一种电介质，它可以储存并允许电流通过，但并不导电”[10]。也许最重要的是，富兰克林与斯蒂芬·格雷和阿贝·诺莱（Abbé Nollet）一样，怀疑大自然中的闪电和实验室里产生的电荷是同一种物质。然而，当时大众的普遍看法是，闪电（天火）是大自然中特有的现象，是上帝意志的体现。而暴风雨中教堂和修道院高高的尖塔和钟楼常会遭到闪电袭击，也让这样的观念进一步得到强化。英国的一部教会史曾记载道：“在英格兰，几乎没有一座大型修道院，不是被从天而降的闪电击中并烧毁的。”[11] 在许多人看来，这种破坏本来可以通过在暴风雨中敲响教堂钟声来避免。然而，这种做法无疑只会加速无数敲钟人的死亡。

富兰克林提出了一种抵御闪电破坏建筑的新方法。“有些东西……实验中的尖锐物体可以吸引电火，也可以将其传导出去，”他写道，“这背后的原理非常有趣，效果也确实很不错。……所以我认为，房屋、船只甚至塔楼和教堂都可以通过这种方法有效避雷。”[12] 当富兰克林开始提倡在建筑物上安装避雷针时，他受到了来自教会领袖的巨大阻力。他们声称避雷针是对神明的亵渎，并警告说这样会从天上引来闪电，造成地震。然而，富兰克林并没有气馁，他继续研究避雷针的作用。终于，他最著名的实验诞生了，该实验证明了闪电和莱顿瓶里的电荷是同一种物质。

1750 年 7 月，富兰克林提议建造一个岗亭。岗亭的大小足以容纳一个成人，有一根尖尖的杆子从里面升起指向天空。其中要有一个电支架，如果它

> 能够保持清洁和干燥，那么当雷云从低空经过时，站在上面的人可能会被电到并产生火花，并且杆子也会将电火从云层中引向他。如果你担心这个人会遇到危险（尽管我认为不会有任何危险），那么就让他站在岗亭的地板上，然后把一端固定在导线上的电线圈靠近杆子摆放，让他用蜡柄拿着电线圈。这样一来，如果杆子带电，火花就会从杆子传到电线上，而不会影响到他。[13]

1752 年 5 月，在富兰克林进行实验之前，一位法国物理学家按照他的建议成功地进行了实验。次月，富兰克林在对法国事件一无所知的情况下，用一只丝绸风筝、一根麻绳和一把钥匙做了一个类似的实验，事后富兰克林详细描述了实验的过程：

> 只要雷云来到风筝上空，尖端的电线就会从雷云中引出电火，风筝连同所有的细绳都会带电，麻绳上松散的细

绳丝会向四面突出，并被接近的手指所吸引。当雨水浸湿风筝和细绳，能自由地传导电火时，你会发现手指一接近，电流就会从钥匙上大量导出。这时，你可以用这把钥匙给莱顿瓶充电，也可以凭借这样的电流点燃烈酒，并进行其他电学实验。原先这些实验通常是通过摩擦玻璃球或玻璃管来完成的。由此也可以证明我们所谓的“电”其实与闪电是同一物质。[14]

自从发现琥珀摩擦可以产生火花以来，人类就一直在思考“能”这个问题。为了将神圣的力量与这种“能”联系在一起，电被上升到游戏般的科学和娱乐领域之上的高度。正如菲利普·德雷所指出的，“富兰克林所得出的结论，让电加入重力、光、热和气象学的行列，成为哲学家对大自然宏伟运作的解释的一部分”[15]。然而，在富兰克林做完风筝实验的半个世纪后，即 18 世纪末，在一个由阿尔冈灯照亮的世界里，人们对电的理解几乎没有任何进步，部分原因是受到莱顿瓶的限制。莱顿瓶储存的能量有限，所以在某种程度上限制了实验发展的步伐。

18 世纪末，意大利的亚历山德罗·伏特（Alessandro Volta）对路易吉·加尔瓦尼（Luigi Galvani）的结论提出质疑。加尔瓦尼把青蛙挂在铁栅栏的铜钩上，并认为青蛙的抽搐是由动物体内自带的电所引起的。但伏特则认为抽搐是因为铜和铁之间接触产生的电所引起的。他发明了第一块现代电池，证明了自己的理论。在 1800 年写给伦敦皇家学会的一封信中，他描述道：

> 我手头有几十个直径大约一英寸的铜板、黄铜板或质量更为上乘的银制小圆盘，比如硬币，以及同等数量的锡板，或者是更好的锌板，形状和大小都大致相同。……我还准备了足量的纸板或布盘……用于吸收和保持足够的水分。……我把一块金属板，例如银板，水平地放置于桌子或其他底座上；然后在这块金属板之上，再放置一块锌板；接着，我又在第二块金属板上，放置一个湿润的圆盘；其上，再放一块银板；紧接着，再放一块锌板；后面再在这块金属板上继续叠加湿润的圆盘。我始终……朝着同一个方向叠加。……经过多次反复的叠加和组合，一个高度足够、可直立的柱子就形成了。[16]

只要液体和各种金属之间的电化学持续相互作用，电就会持续存在。伏特创造了持续不断的电流。正如 19 世纪帕克·本杰明（Park Benjamin）所写的那样，伏特的发明“使电变得可控。他将闪电的来去无踪转化为相对缓慢但力量强大的电流，这就注定了未来某一天电能够把一个人所说的话从世界的一端带去另一端，并产生仅次于太阳光的耀眼光芒”[17]。

伏特的“电堆”立即引起了欧洲和美国科学家的兴趣，其中汉弗莱·戴维爵士最感兴趣，他是第一个发明矿工安全灯的人。19 世纪初，他在伦敦皇家学会担任化学家。戴维致力于完善伏特电堆，并最终在该机构的地下实验室中制造出了大型电池。他用这些电池进行了一系列实验，这其中包括对第一盏电灯的演示。1802 年，他通过向铂金灯丝注入电流，成功地使其发光，尽管只有一瞬间。1809 年，借助迄今为止最大的由 2000 组电池板组成的电池，他打造了第一盏保持常亮的电灯，即伏特电弧。他用一根木炭棒作为电导体，让电流通过；然后用另一根木炭棒与第一根木炭棒接触，火花便从第一根木炭棒跳到了第二根。当他把两根木炭棒拉开时，一道耀眼的蓝白色弧光跃过它们之间炽热的空气。光不仅仅是由电弧产生的，炭棒也发出了炽热的光芒。

戴维从未将伏特电弧应用于实验演示以外的场合，持久实用电灯的发明还要再等上几十年的时间，因为科学家们还需克服相当多的困难，才能完成这项发明。戴维的木炭电极不仅燃烧速度快且不均匀，而且随着木炭的燃烧和电极之间的间隙变大，电灯会发出噼啪声，然后熄灭。科学家们必须开发出可以缓慢而稳定燃烧的电极，且彼此之间的距离要保持恒定。然而，更大的挑战在于发明一个比当时的电池更持久的电力系统，而弧光灯照明的普及还离不开可靠的发电机，就是我们通常所说的发电机。而这要到 1831 年之后，也就是迈克尔·法拉第（Michael Faraday）发现电磁感应原理的那一年，才可能成真。

早期的弧光灯依靠电池和小型蒸汽发电机运行，但正如沃尔夫冈·希弗尔布施所说，这比煤气灯还倒退了一步，因为当时根本不可能实现广泛的相互连通的照明系统。它们的使用仅限于户外工作区和灯塔，或用于特殊的表演和景观布置，例如 1856 年沙皇亚历山大二世的加冕典礼，当时“悬挂在克里姆林宫旧钟楼上的弧光灯照亮了整个莫斯科，镀金的穹顶在神秘的光辉中闪闪发光，与近在咫尺的古老大教堂的典雅拱门形成鲜明的对比，整条莫斯科河如银河般闪烁”[18]。

到了 19 世纪 70 年代末，俄国发明家保罗·雅布洛奇科夫（Pavel Yablochkov）对弧光灯进行了重大改良。在他的设计中，炭精棒由石膏绝缘材料隔开，直立并排放置；“电蜡烛”从顶部点燃，然后向下燃烧。雅布洛奇科夫将四根炭精棒捆在一起放置在玻璃球里，并设计了一个调节器，这比露天燃烧效率要高得多，当一根炭精棒自行熄灭时（它可以持续燃烧大约两个小时），下一根炭精棒会自动开始燃烧。电灯靠当时改良的发电机运转——比利时人齐纳布·格拉姆（Zénobe Gramme）发明了一种蒸汽发电机，其功率足以点亮数排路灯。雅布洛奇科夫的“电蜡烛”首先照亮了公共大厅和百货商店，然后在1878年，第一盏弧光灯出现在伦敦和巴黎的歌剧院大道上。弧光灯比传统的煤气灯要亮得多，一盏就相当于大约800支蜡烛同时发出的光亮，所以它们之间的间隔可以拉开到150英尺左右。从亮度上来说，1盏弧光灯可以取代6盏煤气灯。

在弧光灯出现之前，街道照明一直发展缓慢，窗户上油腻的蜡烛让位于油灯，接着是煤气灯，再然后一步步地加以出色改良，夜生活逐渐丰富起来。旧式灯光退到了远处的街道和鲜为人知的街区，与新式灯光相比，它们被忽视和贬低。但是，一盏盏路灯就是一艘艘光船，沿着街道的走向，每根柱子都会投下属于自己的一片光环，并逐渐向外晕开变暗。人们进进出出，路灯是街景不可或缺的一部分：街道上的灯与家、咖啡馆和餐馆里的灯交相呼应，与黄昏对话，再与黑夜交谈。

弧光灯从根本上改变了这一切。它们比以往的任何人造光都要亮得多，亮度从500烛光到3000烛光不等，光的质量也不尽相同。即使站在燃烧效率最高的油灯和煤气灯下，眼睛也像平常在黑暗环境中那样，用视杆细胞来看东西。然而，弧光灯与日光非常相似，以至于人眼可以像白天一样使用视锥细胞工作。这些灯的光线是如此强烈，以至于它们必须悬挂在比原本的煤气灯和油灯高得多的地方，高于人的视线，任光线从高处倾泻而下，投射在大片区域上。街道不再是由一盏盏灯串联起来，“光与光首尾相连”。相反，光线打在墙上，进入房屋，明亮到人们可以看见墙上的苍蝇，甚至可以在远离光源的街道上阅读报纸。男人和女人“突然发现自己正沐浴在阳光般明亮的光线之中。事实上，说是太阳已经升起也会有人信以为真。这种幻觉如此强烈，以至于鸟儿都从睡梦中醒了过来，开始歌唱。……女士们打开了遮阳伞……保护自己免受这神秘新太阳的照射”[19]。

对某些人来说，新式灯光太过灼人。罗伯特·路易斯·史蒂文森（Robert Louis Stevenson）在伦敦和巴黎看到第一盏弧光灯后写道：

> 现在，一种新的城市之星每晚都在闪耀，它是可怕的、神秘的并且令人厌恶的，堪称噩梦之灯！像这样的灯光只该用来照亮谋杀和公共犯罪，或者照亮精神病院的走廊，让一切变得更加恐怖。只要看一眼弧光灯，你就会爱上煤气灯，因为后者带来的是适合吃饭的温暖家庭氛围。你可能会想，人类或许应该满足于普罗米修斯为他们偷来的火种，而不是带着风筝去深邃的天空探索，去捕捉和驯服风暴中的野火。[20]

但大部分人不会这么快就否定弧光灯。他们一直以来都想获得更加充足的照明。如今，拥有了充足的照明，他们又开始测试弧光灯所能照亮的范围，世界各地大大小小的城市都在推进公共弧光灯系统的发展。在美国，发明家查尔斯·布鲁斯（Charles Brush）在雅布洛奇科夫发明“电蜡烛”的同时改进了弧光灯，布鲁斯率先用他的系统照亮了中西部中等城市的中心。第一个地方是印第安纳州的沃巴什，在布鲁斯安装系统之前，沃巴什只有 65 盏煤气灯能够提供照明。布鲁斯在镇中心的法院大楼上方悬挂了 4 盏 3000 烛光的弧光灯，发电机则由打谷机的发动机驱动。在 1880 年 3 月 31 日阴沉的雨夜，弧光灯被点亮："当法院的钟敲响第 8 下，成千上万双眼睛仰望着法院上空漆黑的夜色，看到头顶上的一个位置迸发出火星，小而稳定，并在几秒钟后，变得越发耀眼，刺目到令人无法直视。……人们肃然起敬，仿佛面对着超自然的力量。”[21] 弧光灯不仅耀眼，而且价格也更为低廉，这是一种双重的奇迹，因为光的亮度不再与成本正相关："该市拥有的 65 盏煤气灯（并不够用）每年需要花费 1105 美元，这还不包括维修和保养的费用。布鲁斯的灯在照明效果上与在全镇均匀设置 500 盏煤气灯的效果持平，而它每年的费用还不到 800 美元。”[22]

人们对沃巴什照明系统的热情远远超出了城市界线，布鲁斯和其他弧光灯制造商很快在克利夫兰和其他较小的美国城市也建立了弧光灯系统，其中包括丹佛、圣何塞、弗林特、明尼阿波利斯和底特律，最后甚至在商业中心建立了顶部装有弧光灯的光塔。但这些路灯往往没什么装饰性。例如，圣何塞的光塔高出城镇地面 200 多英尺。6 盏弧光灯可以在商业区上空发出相当于 24000 烛光效果的伞状光。但是，这座由钢管建造的光塔横跨两条主干道的交叉口，看起来就像建在监狱广场周围的栅栏。弧光灯的支持者认为它们不仅是保障公民安全和增加商业活动的一种手段，更是历史上与都会概念毫不相干的偏远地区也能建立新城市的机遇。历史学家大卫·奈（David Nye）断言，对于这样的城镇，“照明作为进步和文化发展的迷人象征出现了”[23]。

沃尔夫冈·希弗尔布施也认为，弧光灯塔更加民主：

> 用弧光灯塔照亮的城市，仿佛一座鲜活的人人平等的乌托邦。事实上，这正是支持这种照明方式的主要论据之一。密歇根州弗林特市议会指出，引入塔式照明系统的决定是合理的，“这样一来……光线覆盖了整个空间。……把它称为穷人之光也丝毫不为过，因为它那具有穿透力的光一直能照到很远的地方，让城市郊区与更靠近市中心的地方获得同样的照明……灿烂之光将穿透城市到达最遥远的地方”。[24]

最终，过度的照明显得有点多余。当然，充足明亮的灯光总有它的诱惑力，例如华丽的时代广场，沙皇的加冕礼，但这样的辉煌与街道的日常格格不入。人们发现，灯光照不到的地方也有其价值和乐趣。最初接受弧光灯塔的政府决定拆除它们，并尝试更温和、更传统的照明：不同于白天的光线，夜间的照明可以为人们导航，但也保留了神秘感和隐蔽性；光并没有主宰人类，而是和他们共存于这个世界上。当时的人们不仅拒绝了弧光灯，还拒绝了弧光灯塔的功能外观。在明尼阿波利斯市中心，布鲁斯打造了一个“电月亮”，它是一个由8盏弧光灯组成的高高的柱子，市议会“效仿了其他先进城市的做法，取消了笨重的铁柱子，取而代之的是在所有的主要商业街道上安装一根设计华丽的带有5盏灯的装饰性灯柱”[25]。为了增加美观性，该市在新灯柱上还安装了悬挂式花篮。

虽然小城市在照明上有过大胆冒进的尝试并撤换了弧光灯，但在纽约，弧光灯的命运略有不同。纽约人早已习惯了相对明亮的光线；可即便如此，弧光灯的亮度还是令人吃惊，一开始就让人们感到不安。1880年末，布鲁斯在原先采用煤气灯照明的街道上安装了第一个弧光灯照明系统。虽然他的灯柱不是什么指挥塔，但它们的高度是煤气灯的两倍，“仅一盏灯，就相当于下面半打煤油灯的10倍亮度”[26]。《纽约时报》报道：

> 当耀眼的电火花出现的那一刻，人们的目光全从商店的橱窗转向了灯光。四面八方都传来钦佩和赞许的声音，同时还估算着这一发现对煤气公司的影响。……像所有的电灯一样，强烈的白光，对于不习惯注视的人和视力不好的人来说，多少减少了光带来的乐趣。然而，这种情况会随着时间的推移和持续的使用而得到改善，通过使用打磨的瓷器或有色玻璃来加强和柔化光线，可以达到各种效果。就像昨晚一样，眼睛在猛烈的白色喷射流的耀眼光辉上停留了一会儿后，转向路灯和商店橱窗所呈现的柔和的金黄色。[27]

随着时间的推移，瓷灯罩确实弱化了光线，弧光灯将在未来几十年内以这种更加柔和的形式照亮城市的街道。但弧光灯也让人们适应了全新的亮度水平。相比之下，19 世纪初的煤气灯，曾经以其柔和的亮度和美感让城市居民着迷，如今却显得暗淡而无用，就像煤气灯刚出现时的油灯一样。到 19 世纪末，纽约的煤气灯虽然已经变得越来越明亮可靠，却被视为过时的照明。一篇 1898 年的报纸文章评论道："自从电灯在街道上普及开来，几乎没有一个煤气灯社区不抱怨自己被剥夺了应有的照明权。偶尔还会听到有人抱怨说，某些煤气灯并不比煤油灯好，其中还有人断言，煤气灯的照明能力在不断下降。"[28]

7
白炽灯

即使有灯罩，弧光灯发出的光芒依然太过强烈，不适合家用，而且它们的功率无法降低，以至于 19 世纪的科学家会说这些组件是“无法拆分的”。那么，该如何让电灯照明对家庭来说正好适合，亮度相当于 10~20 烛光的煤气灯呢？这是一项挑战，与冰河时期人类所面临的挑战没有什么不同，那时的人类通过制作（和在拉斯科发现的一样）燃烧脂肪的灯具，驯服了火。

科学家们花了将近 80 年的时间来“拆分”电灯。1802 年，汉弗莱·戴维爵士在皇家学会上让铂金灯丝瞬间发光，而在此后的几十年里，德国、英国、法国、俄国和美国的几十名实验者都纷纷致力于开发白炽灯泡，但他们在用碳、铂铱合金或石棉制成的灯丝上似乎遇到了无法克服的难题，他们将这些灯丝封闭在真空中，或用氮气包围。在所有实验中，碳很快就消耗殆尽。抗氧化的铂金，在加热到白炽状态时会熔化，而且价格昂贵。有几位实验者成功地用铂金在真空的灯泡中制造出了短暂的光线，最持久的是威廉·格罗夫（William Grove）在1840年点亮的灯泡，维持了英国剧院一整场演出的时间，尽管它光线昏暗而且价格高昂。

到19世纪70年代，科学家们在整个世纪中遇到的所有与白炽灯有关的问题都依然存在，但该领域依旧有很多试图使灯泡保持真空和制造耐用灯丝的人，其中有美国的海勒姆·马克沁（Hiram Maxim）、摩西·法默（Moses Farmer）、威廉·索耶（William Sawyer）和阿尔邦·曼（Albon Man），以及英国的圣乔治·莱恩－福克斯（St. George Lane-Fox）和约瑟夫·斯旺（Joseph Swan）。30年来，斯旺一直在尝试制造白炽灯，1878年12月纽卡斯尔化学学会的会议记录中提到，他“描述了最近进行的一项关于制造光的实验，方法是让电流通过一根封闭在氧气耗尽的球体中的细长炭精棒。……炭精棒被急剧加热，以至于发出了巨大的光芒”[1]。然而，斯旺的光只是短暂的，玻璃灯泡很快就被烟尘覆盖。

1878年夏末，托马斯·爱迪生（Thomas Edison）加入了这场苦战。“这一切都发生在我眼前，”他后来说，“但还没有发展到令我却步的程度。我发现眼前已有的成果还无法应用于实际。强烈的光线还没有被分流，柔和到可以进入私人住宅。”[2]爱迪生知道，他不仅要为灯丝找到一种耐用的材料和理想的形状，而且还必须制造出一种合适的绝缘材料，思考如何快速、高效、彻底排空玻璃灯罩中的空气。他还必须发明一种有效的电力传输系统，这意味着他需要研制出可行的开关、线路以及一台高效的发电机。制造发电机是一项高难度的挑战（早期的电气设备，如电报和电话，可以靠电池运行），他在去工程师威廉·华莱士（William Wallace）位于康涅狄格州的弧光灯及发电机工厂的途中找到了这个问题的解决方案。在那里，爱迪生看到了华莱士的“telemachon”，一台足以同时点亮 8 盏弧光灯的发电机。这台机器彻底激发了他的灵感。一位陪同爱迪生旅行的《纽约太阳报》（*New York Sun*）记者注意到爱迪生“从机器跑到灯面前，又从灯那儿跑回机器。他像孩子一样趴在桌子上，进行各种计算。他估算了机器和灯的功率，在传输过程中可能出现的功率损耗，该机器在一天、一周、一个月、一年中可以节省的煤的数量，以及这种节省对制造业的影响”[3]。爱迪生宣称：“现在有了一台（华莱士的）机器用来发电，我就可以随心所欲地进行实验。”[4]

爱迪生面临的挑战不仅仅是技术上的。与该系统相关的一切都需要具有成本效益，且对一般用途足够实用，设计上要与原有的照明形式相似，以便于公众使用，这意味着新式灯需要比 19 世纪后期占主导地位、用于城市室内照明的煤气灯更加清洁、更加高效、更加经济。正如与爱迪生一起工作的数学家弗朗西斯·厄普顿（Francis Upton）所写的那样，“有一种错误的观点在流传，人们认为发明这种新式照明的目的是取代日光，而不是取代煤气灯”[5]。但是，爱迪生其实是把煤气照明当作参考模型和竞争对手的。在早期的装置中，他将电线穿过现有的家用煤气管道，并将现有的煤气装置进行改造，与他的灯一起使用。他开发了一种根据当时的煤气表来确定每户电费的方法，而且他还设想了一种像煤气一样的系统，各相邻点位相连，并由中心站供电，这意味着系统的成本效益将取决于用户的密度——小范围内的高使用量。

从一开始，爱迪生就明白他的系统是一个城市系统，在得到了纽约的资金支持和当地媒体的密切关注后，他便将纽约视为他工作最重要的试验场：他计划在曼哈顿安装自己的第一个商业中央照明系统。天气晴朗时，他可以在距此大约 30 英里外的新泽西州门罗公园实验室看到地平线上的这座城市。在门罗公园实验室，他进行了第一次电灯实验。门罗公园曾是一个失败的房地产开发项目，只有山上的几栋普通房子和宾夕法尼亚铁路线上的一个哨卡，但当爱迪生在纽瓦克实验室里感到拥挤不堪时，他开始寻找一个新场地。他发现门罗公园与世隔绝，而且有大量廉价的土地可以用来建造他的试验场。

当你乍一看到理查德 · 费尔顿 · 奥特考特（R. F. Outcault）画的 1880~1881 年冬季实验室及其周围环境的情形时，你会有一种与世隔绝和安静封闭的感觉。它像是一座进入冬眠的农场，格局也几乎一模一样。大院笔直地矗立在空旷的田野中，周围有一圈篱笆围着。旁边的一条道路消失在地平线边缘的林地中。前景中的图书馆兼办公室类似于一栋普通的两层木板房，而它后面的木板实验室，除了每层有个小门廊外，看上去就像一间细长的谷仓。实验室旁边还有一个棚子，上面支着一架梯子。

尽管它有着传统而不起眼的外表，但它却是美国最大的私人实验室。这幅画作中还包括一家红砖机械厂，厂区后面有一个烟囱，电线杆上的电线横跨附近的田野，还有一列火车停在道路远处的哨卡旁。对任何外部观察者来说，这里发生的一切都是新奇而令人困惑的。大卫·特兰布尔·马歇尔（David Trumbull Marshall）回忆道："当我还是个孩子的时候，"

> 因为还是个小男孩，所以没人管我，我可以在门罗公园实验室里漫步。……我记得看见过瘦高个儿的劳森（Lawson）先生点燃炉子来碳化灯丝。……我记得在机械厂外面的院子里看到过一些人……费力地用绷带缠绕铜线并用沥青浸泡。……我记得我走进实验室围墙南边的小铁匠铺，在那里发现一个铁匠（他）正在用铜做东西，他告诉我"这是一项非常特别的任务"。……我记得铁匠铺旁边有一个小棚子，里面有许多煤油灯在燃烧，火苗故意升得很高，这样火苗就会冒烟并留下烟灰。……我记得阿尔弗雷德·莫斯

（Alfred Moss）和我发现垃圾堆的那一天。……我们以为我们挖到了金矿。一块块绝缘铜线、玻璃管、黄铜以及其他许许多多掉落在地上的东西，被扫到一起扔了出去。[6]

在爱迪生的“发明工厂”里，铁匠、电工、机械师、技工、模型制作者、玻璃吹制工和数学家可以说是应有尽有。“他那些关于铁的创意被制作成形状各异的模具，分散和堆积在各处；车工车床高高地堆在地板上，房间里充斥着刺耳的金属刮擦声，”一名记者写道，“楼上……像药店般，墙上摆满了成千上万各种尺寸和颜色的瓶子。……长凳和桌子上摆放着各种类型的电池、显微镜、放大镜、坩埚、蒸馏罐、布满灰尘的熔炉以及化学家该有的所有仪器。”[7]

据《纽约先驱报》报道，那里的人们整晚工作不休：

晚上6点，机械师和电工在实验室集合。爱迪生已经到了，他穿着一套蓝色法兰绒衣服，头发没有梳理，挡住了他的眼睛，脖子上围着一块丝绸手帕，手和脸有点脏。……机器的嗡嗡声淹没了所有其他的声音，每个人都在自己特定的岗位上工作着。一些人正在制作形状奇特的电线，它们是如此的精致，以至于一次不小心的触摸看上去都能毁掉它们。其他人正在大力地锉削着看起来奇奇怪怪的黄铜片；还有人正在调整他们面前的球形小装置。每个人似乎都有明确的分工，各不相同。[8]

爱迪生把大量的注意力集中在寻找灯丝的最佳材料上。他的结论是，灯泡的灯丝必须由高电阻材料构成。“灯对电流的阻力越大，”他解释道，“在给定的电流下，你能获得的光就越多。”[9]在之后数月，他的团队尝试并排除了许多材料，例如碳、铂、硅、硼，然后又回到了碳，虽然这种材料很难保持稳定，但它具有很大的电阻。他们碳化了钓鱼线、紫檀木、山核桃木、云杉、椰子纤维和无数其他物质，把细丝塑造成盒子、螺旋形、圆形、马蹄形，以及奇特的豆芽形和花体旋曲形，在一叠笔记本上记录下每一次实验。只要看一眼其中的几个条目，你就能窥知他们实验范围的广度和深度：

（4 月 29 日）从福斯（Force）碾磨的薄冬青上切下的木环，按照以前切割纸板的方式来切割，由范·克利夫（Van Cleve）进行碳化，测量后放入灯中准备启用。电阻为 125 欧姆和 194 欧姆。

（5 月 14 日）碳化。我们精心准备了几种韧皮纤维模具，并在木材周围成型用于碳化，但事实证明，木材是非常不合适的，在实验过程中，每个模具都遭到了破坏。范·克利夫正准备再做一些实验。

（5 月 20 日）碳化。范·克利夫通过将木条固定在有槽的镍板中，对 3 个弯曲的木环模具进行了碳化；他得到的木条非常完整，形状也很好，且拥有韧皮纤维。他用 103 伏的电流对 4 盏韧皮纤维灯进行了测量和测试；它们能提供 30～32 烛光的照明，每匹马力大约为 6 烛光。它们被连接到实验室的主电线上，在最初的几个小时里，其中 3 盏灯的夹子和玻璃都断裂了，但从始至终，纤维都能完好无损地保留在球体中。这表明纤维碳化后很强韧，但是想要与之形成良好的接触并非易事。[10]

1879 年 10 月 22 日，爱迪生最信任的助手查尔斯·巴奇勒（Charles Batchelor）将一根碳化棉线制成的马蹄形灯丝放入一枚真空的手吹玻璃灯泡中，并将其连接到一串电池上。灯泡在凌晨 1 点半开始发光，一直到第二天早上还在发光。下午 3 点，他连接了更多的电池来增加电力，巴奇勒注意到，灯泡变得和当时 3 盏煤气灯或 4 盏煤油灯一样亮，约 30 烛光。一个小时后，在一个深秋的下午，玻璃灯泡破裂了。整个燃烧过程持续了超过 14 个小时。

在门罗公园工作的每个人都知道，在电灯具有商业可行性之前，系统的所有细节都需要进一步改进，这其中包括发电机、开关、灯泡和灯丝，为此他们最终将注意力转向了竹子。尽管如此，到了 12 月，爱迪生已经能够向资金赞助方演示他的系统。

与此同时，他还向记者朋友埃德温·福克斯（Edwin Fox）展示了自己的系统，福克斯为一篇之后要刊登的长文做了笔记，该系统计划于新年前夕正式公开演示，而这篇文章原本也打算在该系统正式公开演示后发表。但是，当这一消息纷纷出现在其他报纸上时，福克斯的《纽约先驱报》决定在12月21日就刊登整版报道。“爱迪生发明的电灯看起来不可思议，是由一张很小的纸条（实际上是碳化的线）做出来的，一口气就能把它吹散，”福克斯写道，“但当电流通过这张小纸条时最终产生了明亮、美丽的光。”[11]

报道发表后，成千上万的人亲自去看爱迪生的发明。习惯了煤气灯照明的富有的纽约人，乘坐马车从他们的城市来到这里。其他人则乘坐火车，在短暂而寒冷的下午赶到。仅靠煤油灯照明生活的农民从黑暗的乡下骑着马赶来，拖着一车骑在干草包上的孩子。在门罗公园实验室里，他们相互推挤着观看未来之光，而这光亮将在数年后降临到富人身边。农民以及农民的孩子可能这辈子都无法在自己家里看到它，但也许就在此刻，在它的历史展开之前，这份惊奇对他们来说是平等的。轻轻点击一下，光就从真空玻璃中绽放开来，再也不需要与火焰相连，也不需要耐心调整和照看；光不会晃动、倾斜、滴落、发臭或消耗氧气，也不会点燃工厂里的布屑或收割中的干草。人们可以放心地把孩子一个人留在有灯泡的房间。

当然，它的美丽和光辉在某种程度上也与门罗公园的环境有关，这个地方对大家来说一定既熟悉又陌生。熟悉是因为这里有铁匠和玻璃吹制工，也有手拿笔记本的数学家和电工。陌生是因为正值深冬，在这样一个遥远的、与世隔绝的地方，光在此时此地拥有了最大的意义。更深邃的黑暗和发光的“纸条”之间的对比，只会让那些在场者在见证他们从未想象过的东西时感到更加震撼，而这个东西会改变阴影的质量和光的品质，并改变家庭的夜晚气氛。

人群日夜不断涌来，以至于几天后，爱迪生不得不谢绝参观者进入实验室。但他让灯一直亮着，这样来的人就可以从院子里看到它们。当他在新年前夕再次开放实验室，并正式演示他的照明系统时，又有数千人来到门罗公园，观看实验室中的25盏灯，财务室和办公室中的8盏灯，以及街道上和附近房屋中的20盏灯。《纽约先驱报》报道：

> 这种灯经历了各种各样的测试。其中一位发明者把一盏电灯放在一个装满水的玻璃瓶中，并接通电流，小小的马蹄形灯丝被浸没在水中后，会像在空气中一样发出明亮稳定的光。……另一项测试是以极快的速度反复打开和关闭其中一盏灯，模拟实际房屋照明中30年时间里打开和关闭灯的次数，结果发现灯的亮度、稳定性或耐用性都没有明显的变化。[12]

第二年冬天，爱迪生通过地下管道成功地将电力系统扩展到门罗公园周围。随后，他将自己的业务转移到了曼哈顿的珍珠街（Pearl Street），目的是搭建一座实用可行的中央供电站，向周围街区提供电力。在他完成珍珠街供电站的几年时间里，他将白炽灯作为独立的直流电（DC）系统，首先安装在哥伦比亚号游轮上，然后再扩展到全国各地的工厂。那些容易发生火灾的工厂（如糖厂），立即对爱迪生的系统产生了兴趣，因为这种灯不会产生火焰或火花，纺织品制造商、平版印刷商和油漆制造商也是如此。在他们的工厂里，更好的光线会让高质量的工作更容易完成。

一名记者参观了马萨诸塞州洛厄尔的梅里马克纺织厂（Merrimack Mills），爱迪生于1882年初就在那里安装了照明系统，他描述了灯光带来的显著变化：

> 站在房间的一端，望着一长排的织布机，每台织布机都有自己的小灯，装在织物上方约3英尺处，人们首先被灯光的质量所惊艳，然后被它完美的稳定性所震撼。……几乎不产生热量是其另外一个宝贵品质。……房间的温度会因煤气照明而升高10~12摄氏度，但262盏电灯却完全不会让温度升高。走近织布机，检查正在进行的工作，花式格子织物的每一道线、每一行图案，都清晰可辨；不完

美的地方也很快被注意到，并得到补救，这种光线对于操作人员来说已经完美到不能再完美。[13]

就成本而言，机器不间断运行是最为划算的，而电灯被证明是如此高效，以至于它们的使用成功延长了工作时间，自16世纪机械钟问世以来，工作时间已不再取决于自然光。爱迪生的成功有助于全面建立三班倒的工作制，工厂的工作时间也彻底摆脱了自然光的限制。

在爱迪生为梅里马克纺织厂安装好设备的几个月后，他的白炽灯系统首次引入私人住宅——银行家和金融家J. P. 摩根（J. P. Morgan）位于麦迪逊大街的褐石大厦。白炽灯系统对商业来说，是一个福音，但对一栋房子来说，却太过复杂，而且每千瓦时高达28美分的费用只有非常富有的人才能承担得起。摩根的女婿兼传记作家赫伯特·萨特利（Herbert Satterlee）回忆道："安装它非常麻烦，要在马厩下面挖一个地窖……在那里安装用于驱动发电机的小蒸汽机和锅炉。……在房子里原本的煤气装置中穿入电线，然后用电灯泡代替原来的煤气燃烧器。当然，发电机经常发生短路和故障。"[14]爱迪生的发电机以煤为燃料，喷着浓烟，噪声很大，还散发出带有恶臭的烟雾。邻居们抱怨说，当锅炉在下午启动时，他们的房子都在颤抖。另外，设备

的启动和维持仍然依靠人工。有时，当发电机发生故障或电线短路时，房子就会陷入黑暗之中。此外，发电机

> 必须由一名专业的工程师负责，他每天下午3点钟来上班，启动发电机，这样在冬天下午4点以后，电灯就可以打开。工程师晚上11点下班。但不知不觉的，人们经常忘记查看时间，以至于客人还在家，或者正在打牌的时候，灯光却熄灭了。如果主人想举行聚会，那么就必须做出特别的安排，让工程师在下班后继续加班。[15]

事实证明，摩根是一位很有耐心的顾客。即使他书房地毯下的电线曾引发一场大火，烧毁了整个房间，但是在重新装修时他仍然坚持使用这套系统。并不是爱迪生每一个富有的客户都如此大无畏，或对这种产品浓重的工业化特征感到满意，毕竟煤气灯系统不需要在家中设置锅炉或燃烧器，它与那肮脏的原料隔着几英里长的管道。铁路巨头威廉·H. 范德比尔特（William H. Vanderbilt）的妻子就拒绝在她新铺设好线路的家中使用电力，因为她害怕生活在锅炉之上。

与此同时，爱迪生在曼哈顿珍珠街建造中央供电站的计划也进展缓慢，部分原因是挖掘并铺设地下电线的任务非常艰巨。爱迪生坚持将电线埋在地下，这不仅是为了效仿煤气管道，还

与他喜欢低压直流电胜过高压交流电的原因相同：安全性。在曼哈顿商业区，甚至在1880年弧光灯路灯出现之前，许多小公司就已经沿着城市街道的电线杆，为电报、电话、警报器和股票报价机铺设电线。这些电线垂挂在街道上空，压在头重脚轻的横杆上，紧紧地固定在建筑物的侧面。每家公司都分别负责维护自己的线路。一旦疏于维护或被风雨破坏，松动的电线就会下垂或从电线杆上垂挂下来，这样的情况并不少见。而这些公司倒闭后，并没有拆除他们的电线，这也让都市空间进一步恶化。起初，这些电线只是烦人，但并不会致命，因为大多数服务都是靠电池来供电的。但是正如历史学家吉尔·琼斯（Jill Jonnes）所观察到的：

> 随着新型户外弧光灯的出现，这一切都发生了变化。……这些灯的运行需要电压高达3500伏的交流电，这使户外的电线变得非常危险。布拉什电力公司（Brush Electric Company）建了3座中央发电站，并通过串联到现有的低压电网电线来传输高功率电力，电压通常高达2000~3000伏。爱迪生不想和这些混成一堆的电线扯上任何关系。[16]

所以当他苦心研究如何在地下铺设电线时，一个竞争激烈、缺乏管理的照明市场正在整个城市蓬勃发展。弧光灯公司为街道、大型公共建筑、剧院和酒店大堂提供照明，而白炽灯公司则为建筑物内部构建单独的系统。例如，到1880年末，海勒姆·马克沁已经为曼哈顿的商业保险公司（Mercantile Safe Deposit Company）成功地安装了白炽灯系统。煤气灯公司通过尝试制造更亮、更高效的煤气灯来应对电灯，这一努力最终催生了韦尔斯巴赫灯（Welsbach lamp）的出现。韦尔斯巴赫灯的燃烧器——从本质上来说是本生灯（Bunsen buner）——被一个精细编织的棉织物灯罩包围，棉灯罩得先浸渍在氧化物溶液中，然后烘干。尽管这种燃烧器像传统的煤气燃烧器一样消耗氧气并且会使房间过热，但在1890年首次展示时却发出了炽热的白光。尽管它不太稳定，但是它发出的光线令人印象深刻。宣传时，这种灯被称为“不带电的电灯”。

最后，爱迪生在1882年夏天完成了他的电灯系统，足以照亮珍珠街部分街区，其中包括《纽约时报》的办公室。同年的9月4日，他打开了该系统，那些在报社工作的人似乎对此特别感激：

> 这是一盏灯，一个人可以坐在下面书写几个小时，而不会意识到他周围有任何人造光。……光线柔和，令人赏心悦目，几乎就像在白天写作一样，没有一丝闪烁，也几乎不会发热而使人头痛。时代大厦的电灯也经过了全面的测试……由那些在夜间工作多年、用眼过度的人对电灯进行整晚的测试，他们依靠双眼就足以知道一盏灯的好坏。最后，他们决定一致支持爱迪生电灯而不是煤气灯。[17]

起初，街上的人几乎没有注意到这种适度的光线。《纽约先驱报》报道：

> 昨晚，整个曼哈顿下城的商店和商业场所中出现了一种陌生的光。原本煤气灯发出的昏暗闪烁的光——通常被丑陋污浊的球形灯罩所压抑和削弱——如今被一种稳定的强光所取代，明亮而柔和，照亮了室内，并透过窗户固定而坚定地照射出去。从室外看，这些光点就像悬挂在喷射装置上的火焰，随时都可能落下。许多匆匆赶路的人没有看到它们，但那些偶然瞥到的人的注意力立刻就被吸引了过去。……白炽灯测试非常稳定，发光的马蹄铁使用效果非常好。[18]

在短距离传送低压电方面，直流电效果出色，但它有一定的局限性。首先，传输大约半英里的距离后，电流会迅速减小，如果不花钱买粗的铜线，照明可能就无法支撑。其次，虽然直流电可以提供稳定的 110 伏电压，足以满足电灯用户的需求，但如果要输出更大的电流用于电机运行，就无法使用相同的线路。除了这些内在问题之外，中央供电站的谈判往往也很复杂，因为利益不同的各方必须达成妥协。尽管珍珠街供电站最初取得了成功，但截至 1884 年底，爱迪生只建造了 18 座中央供电站（相比之下，他为个人家庭和企业建造的独立电力系统多达数百个）。

事实证明，对爱迪生系统造成真正威胁的是交流电供电站，它通过电线将高压电流输送到变压器，变压器将电力调整到较低的电压，然后输送到家庭和工厂中。交流电可以适应不同的电压，因此该系统能够为电灯和其他机器供电，而且供电站可以通过细铜线将稳定、强大的电力输送到比直流电系统半英里半径更远的地方。随着发展的需要，交流电系统还可以继续向外扩展。

也许没有人比乔治·威斯汀豪斯（George Westinghouse）更了解交流电的优势了，他于1886年在匹兹堡成立了西屋电气公司（Westinghouse Electric Company），随后与发明家尼古拉·特斯拉（Nikola Tesla）签约，帮助他的公司开发交流电系统。特斯拉又高又瘦，一双蓝眼睛炯炯有神，对阳光非常敏感，甚至从桥下走过都会让他不舒服。他曾说："我看到桃子都会发烧，如果屋子里有一块樟脑，我就会非常不舒服，当我听到一个单词时，它所指代的物体的形象就会生动地呈现在我的视野中，有时我甚至无法区分我所看到的是真实的还是想象的。"[19]他似乎生活在狂热中。散步时，他经常通过数自己的脚步来平静自己的心灵。无论这种狂热是多么沉重的负担，但这对他的创造力来说是必不可少的。他可以完全只靠头脑制造一台机器，甚至包括它最微小的细节，了解它们如何工作，并且知道它们需要如何改进。他不需要动笔把它们写在纸上或制作模型，就可以对那些细小的零部件进行修改。

20多岁移民美国后，特斯拉曾为爱迪生短暂工作过，但爱迪生似乎从未真正承认过他是天才，并拒绝向他支付承诺的奖金，此后特斯拉离开了爱迪生的公司。但早在他们闹翻之前，特斯拉就觉得是爱迪生对直流电的执念阻碍了他在研究上的进步。当他提出交流电的想法时，爱迪生呵斥道："别跟我胡扯。这很危险。我们在美国已经建立了直流电。人们喜欢直流电，无论如何我都要用它。"[20]

爱迪生曾公开谴责交流电。他宣称"它的危险随时可能出现"[21]，同时还声称它不可靠，不适合中央供电站系统。他开始将交流电称为"刽子手电流"，并推广了一系列高调的动物电击演示，包括狗、小牛，最后是大象，来证明其致命的力量。后来，他还公开支持将交流电用在第一把电椅上。西屋电气公司的交流电和爱迪生的直流电之间的竞争就这样公开而激烈地展开了，这就是众所周知的"电流之战"。

起初似乎有公众因为焦虑站在爱迪生这一边，尤其是纽约市发生的一系列事件强化了高压电线的危险性后。1888年冬天，一场暴风雪使这座城市陷入瘫痪："风有时大到似乎能让指南针打转，男男女女像洋娃娃一样被风刮得东倒西歪。雪很干燥，刮到脸上带有刺痛感……就像被许多玻璃碎片一样切割着。它附着在胡须上冻结起来，直到男人脸上的毛发（被）吹成了闪闪发光的微型冰山。"[22]暴风雪期间，全市的电线都断了。"电线杆的长臂上挂满了电线和电缆，被风无情地扯动和扭曲。屋顶上的固定装置，以及和它们纠缠在一起的大堆扭曲断裂的电线，从四面八方映入眼帘，松散的末端被风吹动着，像鞭子一样在空中呼啸而过。……电报、电话和电灯线出现断裂，这对行驶而过的车辆和行人来说都很危险，而电线杆一旦倒塌则会造成更大的危险。”[23]

这场灾难给市民和政府官员都敲响了警钟，而在接下来的几个月里，又发生了一系列“电线致死”事件，包括一名小男孩顽皮地跳起来触摸一根悬空的电线而触电身亡。1889 年秋天，一名电报公司员工在维修线路时死亡，一群纽约人目睹了他的惨死：“这个人似乎全身着起火来。蓝色的火焰从他的嘴里和鼻孔里冒出来，火花在他的脚上飞舞。”[24] 公众的强烈抗议随之而来，市长命令几家负责第 59 街以下 3/4 城市照明的公司熄灭路灯，并在再次点亮前修复线路。黑暗笼罩了这座习惯了灯火通明的城市。据《纽约时报》报道：

> 这座城市的面貌宛如乡间。……在联合广场、麦迪逊广场、市政厅公园和其他空地附近，景色变得特别凄凉和压抑。相比之下，百老汇大街、第五大道、麦迪逊大街和第七大道这样的主干道就像无尽的黑暗隧道。……而爱迪生的电力系统在百老汇和大道上的所有商店以及穿过城市中心区的所有公共场所照常工作，这些地方的电线都是埋在地下

的。……在没有照明的地区，所有警察局都接到命令，要求他们派出双倍的巡逻力量；巡警也收到特别指示，要求他们在岗时格外警惕盗贼，保护民众的生命和财产安全。[25]

威斯汀豪斯反驳了爱迪生的观点，并试图通过坚持建造良好的线路来向公众保证安全性。他写道："关于电流事故，纽约市的死亡记录显示，1888 年，电车事故死亡者，64 人；汽车和货车事故死亡者，55 人；煤气灯事故死亡者，23 人。与其他任何原因造成的死亡相比，因电流事故死亡的人数（5 人）可以说微不足道。"[26]

不管它看起来有多危险，多功能的交流电都是一个快速扩张的国家和经济活动所需要的理想电流。尽管在大多数人的心目中，电力仍几乎等同于光，而且越来越多生产和销售电力的公司仍然被称为"电灯公司"而不是"电力公司"，但电力的机械用途已经开始出现：电力开始驱动工厂和家庭的各种设备和机器。到 1891 年，交流电系统开始受到青睐；全国交流电供电站的数量几乎达到了直流电供电站的 5 倍。后来，乔治 · 威斯汀豪斯击败了爱迪生的通用电气公司，成功签下 1893 年芝加哥哥伦比亚世界博览会的供电合同，该博览会旨在庆祝哥伦布抵达美洲 400 周年。特斯拉的多相交流电系统将为当时世界上最伟大的灯光盛会供电，而交流电在博览会上获得的风头将让直流电成为历史。

8
炫目的辉煌：白城

电力占据了一个美国人生活的一半。[1]

——休伯特·豪·班克罗夫特《世博会之书》

1893 年举办的哥伦比亚世界博览会是当时规模最大的世博会，它在最不被看好的土地上举行。一位观察家指出："在开始施工时，这里是一片沼泽，是低洼地、水和山丘的组合。"[2]另一位观察家称其为"一处凶险的沼泽，经常洪水泛滥……在这里，长势不佳的橡树和桉树，形状歪扭，给风景增添了荒凉的色彩"[3]。在三年多的时间里，成千上万的人砍伐树木，挖出淤泥并用手推车运走；将距离芝加哥市中心 6 英里的密歇根湖畔的 600 多英亩土地重塑为海角和岛屿，并建起高架桥、桥梁、道路和铺有硬化路面的林荫大道。无数熟练的工人和劳动者使用超过 18000 吨的钢铁，在一片宽阔的潟湖和广场周围建起 14

幢巨大的建筑，创造了世博会的核心场馆——名誉宫（Court of Honor）。

尽管里面的每幢建筑都由不同的建筑师设计，但总规划师丹尼尔·伯纳姆（Daniel Burnham）要求所有的建筑都要用新古典主义风格的拱门、塔楼和尖顶来装饰；所有的飞檐都要高出地面 60 英尺；所有的建筑都要刷成白色。一位观察者指出，这种颜色是“深象牙色或略带烟熏的海泡石色”[4]。伯纳姆设想，这种风格统一的建筑将创造出一场美轮美奂的世博会，让人联想到威尼斯，却没有威尼斯的尘垢、未经处理的污水和废墟。他甚至从意大利进口了 60 艘贡多拉，沿水路载客。而名誉宫之所以被称为“白城”（White City），其中部分原因就是那浅白色的建筑在草原夜晚闪闪发光的景象。

从来没有一个地方拥有这么多的照明，而且都是通过电发出的：20 万枚白炽灯泡沿着建筑的边缘排列，数不清的白炽灯泡照亮了庞大的内部展厅；12 英尺高的柱子上 6000 盏弧光灯在道路和人行道上夹道排列。光线在潟湖中闪烁，在喷泉中跃动；在贡多拉的波浪和密歇根湖的水流中闪闪发光。由于这里没有倾斜的电线杆和下垂的电线，因此并没有明显携带电流的东西，这反而使这样的光辉显得更加不可思议：为了不破坏建筑的美丽和统一，所有电线都铺设在地下。

彩色的灯光也在闪耀着。屋顶上，蓝色、绿色、红色和紫色的探照灯扫过城市和河道；彩色灯泡照亮了喷泉，“景致令人眼花缭乱，变幻莫测的灯光让人心跳加速”[5]。每天晚上，主办方都会在不同的地点燃放烟花。一位参观者回忆说：“十几枚烟花筒同时发射，一起在空中绽放，空气中满是红色、蓝色和绿色的点点星光……并在片刻后慢慢沉入水中。”[6]白炽灯、弧光灯、探照灯、烟花，单是其中任何一种光都足以让19世纪的人大吃一惊，而它们交相辉映的场景简直让人目不暇接。一位评论家写道：“每个部分在整体中都各自发挥着自己的作用，让这场奇妙的表演升华为名副其实的仙境，此时此刻，这一切似乎已然超越了物质。”[7]

自从1851年伦敦水晶宫博览会以来，世博会的发展已经走过了漫长的道路。原本世博会在黄昏时就会关闭，直到1867年巴黎世博会的举办，世博会才在夜间开放。博览会上，煤气灯和油灯“被奢侈地使用着……提供着高质量和独具特色的音乐和戏剧，餐馆和咖啡馆照常营业，总体上尽可能地营造欢乐和喜庆的氛围。然而，时间、金钱和劳动力的铺张浪费都无济于事，在天黑后迫使人们留下来只会让活动不好收场，因为光线不足时，人们也没心情在黑暗中娱乐”[8]。直到19世纪80年代，博览会上的晚会才开始取得成功。最值得注意的是，在1889年的巴黎世博会上，官方使用了1000多盏弧光灯和近9000盏白炽灯（不包括私人布置的灯光）来照亮场地。

白城不仅拥有比1889年世博会更多的灯光，而且它的灯光甚至比这个国家任何一座真正的城市都要多。每天，世博会灯光消耗的电量是附近芝加哥城市照明用电的3倍。世博会还需要电力作为机械动力。一条装有座椅的移动人行道将乘船从密歇根湖前来的人们运送到世博会的中心；电动船和贡多拉一起，运送人们穿过博览会中心雕像林立、喷泉点缀的人工湖；世界上第一座摩天轮将坐在普尔曼车厢里的乘客带到264英尺的高空，在那里，他们可以看到整座城市，以及密歇根湖、伊利诺伊州、印第安纳州和密歇根州的乡村风景，然后再被带回地面。

如果那些已经习惯了电灯和煤气灯的芝加哥人都会被这种“几乎让人眼花缭乱的光辉所震惊”[9]，那么，对于许多来自密西西比河流域和周围各州的小村落和农场的游客来说，他们家中只能用油灯和蜡烛照明，看到眼前辉煌的灯光他们心里会怎么想？那些来自各地农村的人又会做何感想？正如一位刚从波兰来到这里的年轻女孩所感叹的那样，“除了煤油灯照明，我以前从没见过其他灯光，来到这儿就像突然来到了天堂一样”[10]。乡村游客知道，未来发展的希望在城市——年轻人已经离开农场几十年，以家庭自给自足为基础的农村生活已经不再是典型模式。对他们来说，世博会不仅令人眼花缭乱，而且与芝加哥或任何其他19世纪末的美国城市形成了鲜明对比，令人感到安慰，因为这座充满了奇怪、讽刺、辉煌、优雅和荒谬的白城也是一座梦幻之城，一座没有现实负担的城市：一座没有工厂或廉价公寓、摩天大楼、畜牧场、屠宰场、垃圾堆、煤灰或税务员的城市。它的熔炉靠从40英里外通过管道输送而来的石油运转，锅炉工穿着白色的制服。每天晚上，游客们扔在地上的垃圾都会被捡起来运走。

建筑师路易斯·沙利文（Louis Sullivan）认为，拥有100多万人口的芝加哥是当时极具代表性的美国城市，它的发展和繁荣“得益于外部的压力，例如森林、田野和平原的压力，铜矿、铁矿和煤矿的压力，以及那些从四面八方涌入芝加哥寻求财富的人的压力”[11]。除了畜牧场、火车站、烟囱和工厂以外，芝加哥还可以吹嘘自己拥有20多幢摩天大楼（比当时任何其他城市都多），30多条铁路和数百位百万富翁。广告贴在有轨电车的两侧，大型广告牌随处可见。作家兼编辑威廉·迪恩·豪威尔斯（William Dean Howells）建议说：“有人可能会说，芝加哥只不过是一个新的纽约，极端版的曼哈顿，是纽约用来说服美国人相信大都市就应该是巨大、喧闹和快节奏的。”[12]电线杂乱地堆在街道上空。高架铁路叮叮当当地响着。尘垢和煤烟落在这座城市数不清的穷人和工薪阶层居住的破旧房屋和红灯区。“‘无秩序’这个词是用来形容芝加哥的，”H. G. 威尔斯（H. G. Wells）宣称，“这是一种仓促粗鲁、冲动无理的资源开发方式。”[13]

奇怪的是，芝加哥的大部分城区其实是从1871年那场毁灭性大火的灰烬中崛起的。更奇怪的是，在世博会召开前60年，当成千上万的煤气灯已经排列在伦敦和巴黎的街道上时，芝加哥只不过是一个由不到4000名法国和印第安居民组成的贸易村，家庭和商店仍在使用油灯和蜡烛照明。这里曾经是草原波塔瓦托米人（Prairie Potawatomi）的家园，他们被称为“火地人”，他们通过放火焚烧树木和旧草来保持草原的活力，换句话说，家园的活力依靠硬木和软木之间摩擦产生的微小火焰来维系。

也许他们生火的方法和曾经居住在伊利诺伊州西部的印第安黑脚族差不多。大约在白城时期，博物学家乔治·格林内尔（George Grinnell）写道：

> 在那些依然在世的人的记忆中……火曾经被装在“火角”里从一个地方运送到另一个地方。这是一只水牛角，它像火药角一样用绳子吊在肩上。角里有潮湿的朽木，开口的一端装有木塞。早上离开营地时，携带火角的人会从火中取出一小块还在燃烧的活煤，放在火角中，然后再在煤上放置一块朋克（punk，黑脚族人会收集这种生长在白桦树上的真菌，并使其保持干燥），并用塞子塞住火角。朋克在这个几乎密不透风的空间里燃烧，每两三个小时，携角者会检查火角，如果它快要灭了，就把另一块朋克放进角里。第一批到达营地的年轻人会在不同的地方收集两三

> 堆木头，一旦有携带火角的人到达营地，他就会用火角中的火种点燃这些木头堆，稍加吹拂和照看就会燃起大火。之后再用第一堆火来点亮其他的火堆，当女人们到达营地并搭好帐篷后，她们走到这些火旁，把带着火的煤块带回小屋并生火。以煤借火的习俗一直持续到水牛几乎消失之前，至今有时还能看到。[14]

在哥伦比亚世界博览会上，美洲原住民的展品放在人类学大楼内或附近。根据历史学家罗伯特·雷德尔（Robert Rydell）的说法："参加展览的美洲原住民是受到虐待和嘲弄的受害者。伤膝河大屠杀过去才三年，人们认为印第安人会给白城所体现的价值观带来末日般的威胁。"也许，口头威胁还不是他们不得不忍受的最糟情况。雷德尔指出："达科他族（Dakota）、苏族（Sioux）、纳瓦霍族（Navajos）、阿帕契族（Apaches）和各个西北部落的展品都在大道乐园（Midway Plaisance）或附近，这无疑是对他们的一种侮辱。"[15]

大道乐园是一个一英里长的娱乐区，一直通往白城的入口。被组织者视为"野蛮和半开化"的文化与食品特卖、摩天轮混杂在一起：摩尔风格的清真寺、突尼斯村庄、埃及神庙、售卖贝拿勒斯铜器和嵌入式金属制品的印度集市、南海岛民的茅草屋，还有驯鹿拉着雪橇绕圈表演的拉普兰人聚落。博览会的官方历史记录写道："在这里，我们有机会看到各色各样的人，穿着奇装异服，住在奇怪的房子里，以不可思议的灵活性从事我们不熟悉的行业和艺术。这些大道乐园的居民有3000人，他们来自世界各地。"[16]

即使在未来，大道乐园的小酒馆和游戏摊位也将会是最明亮耀眼的地方，但在1893年，与博览会的其他区域相比，最初的大道乐园只需要很少的电力照明，可即便如此，大道乐园在晚上依然非常受欢迎。当来自芝加哥的游客沿着购物街走向白城的入口时，他们可以在观看拳击、赛驴、选美、骑骆驼、肚皮舞以及阿尔及尔街头常见的击剑的同时，品尝印度薄饼和酸奶、Cracker Jack*、白菜卷、汉堡包或蒸蛤蜊。他们可以聆听德国铜管乐团、苏门答腊锣演奏者、中国钹演奏家或达荷美手鼓演奏者的演奏。

官方历史记载，这座达荷美村庄居住着69人，"其中21人是亚马逊战士"。"观光者……被亚马逊人表演的野蛮战争舞蹈迷住了。"[17]这场展览尤其让曾经当过奴隶的非裔美国作家兼讲师弗雷德里克·道格拉斯（Frederick Douglass）感到难堪。"它好像是为了羞辱黑人而存在的，"他写道，"而且达荷美人在这里展示的也是为了表明黑人是令人厌恶的野蛮人。……我们必

---

* 爆米花混合花生再裹上一层糖衣后而具浓厚糖蜜风味的一种零食，为百事公司生产。

须承认，从表面上看，自南北战争以来，美国有色人种确实得到了解放，但也遭到了越来越多的、令人恼火的抵抗。”[18]南北战争结束近30年后，美国的黑人人口超过了750万，但世博会的规划委员会中却没有一个黑人。芝加哥第一家黑人报纸的编辑费迪南德·L.巴尼特（Ferdinand L. Barnett）说：“当发现有着海豹和冰川的阿拉斯加在国家专员的任命中被忽视时，总统能相对容易地给这一遥远之地指派一个代表。然而，当换成有色人种时，情况完全不同。当他们被忽视、完全没有代表的事实摆在总统面前时，总统发现自己无能为力。”[19]

黑人不仅在规划委员会中没有代表，而且在世博会上也几乎没有正式的代表出席。这座白城共展示了超过6.5万件的展品，在其中一位观察者看来，这些展品就像是“一家大型干货店的商品与博物馆藏品的大杂烩”[20]。它包括日本茶室、宗教裁判所的地牢和电椅；海葵、章鱼、鲨鱼、鲶鱼和鲈鱼；巴赫的古钢琴、莫扎特的斯皮耐琴和贝多芬的大钢琴；几乎所有已知的水果和蔬菜种子；困扰农作物的害虫和用来对付它们的杀虫剂；超过100种烟草制品和坚果展品；用盐雕成的自由女神像；一座35英尺高的脐橙塔——每隔几周就需更换一次脐橙，塔的顶端是一只填充的鹰；由小麦、燕麦和黑麦制成的自由钟；用泡菜做成的美国地图；以及一块22000磅重，由铁皮包裹的奶酪。在这些琳琅满目的展品中，非裔美国人只有几件黑人学校的展品；乔治·华盛顿·卡弗（George Washington Carver）的一幅画；埃莫尼亚·路易斯（Edmonia Lewis）的海华沙（Hiawatha）雕塑；以及一名曾是奴隶的戴着红色方巾的“杰迈玛（Jemima）阿姨”，她正在 R. T . 戴维斯（R. T. Davis）磨坊公司的展位前翻动煎饼。

为了反对和抗议黑人在此次盛会中毫无尊严，弗雷德里克·道格拉斯、反私刑活动家艾达·B. 威尔斯（Ida B. Wells）、欧文·加兰·佩恩（Irvine Garland Penn）和费迪南德·L. 巴尼特出版了一本小册子《美国有色人种不参加哥伦比亚世界博览会的原因》（*Why the Colored American is not in The World's Columbian Exposition*），其中详细介绍了黑人的成就，他们建立的大学，以及他们在医学、法律和艺术方面取得的成就。道格拉斯在他的序言中写道：“我们热切地希望展示我们取得人权的最初 30 年里，黑人男性和女性取得的一些成果。若我们失败了，这也不是我们的错，而是我们的不幸。这些简短的故事，不仅记录了我们的成功，也记录了我们一次次的尝试和失败，以及一次次的希望和失望。我们衷心地希望这本书能够解除人们对我们冷漠和懒惰的指控。……因此我们要把这本书送给所有人阅读。”[21]

非裔美国人为在白城占有一席之地而进行的斗争，也预示着电灯使用在他们生活中的不平等现象。虽然世博会期间，家用电灯仍然是少数非常富有的人才能获得的奢侈品，但它在整个名誉宫无处不在，使人们产生了它在日常生活中也十分普遍的错觉。然而在此后几十年，电力线路才会铺设到普通城市和郊区家庭，然后再过几十年，才会进入农村家庭。黑人社区将会是城市中电力到达的最后一站，而此时电力在白人社区似乎已成为理所当然的事情，农村黑人将会比农村白人等待更长的时间。他们等待电灯的时间越长，电灯就会变得越亮，越成为现代化的象征，差距也就越大，因为对于电力来说只有“有”和“没有”的区别。电线沿着街道延伸——或不延伸——进入家庭；电灯照亮了整个窗户（而油灯无法做到）。因此，有电和没有电的家庭之间的区别就像大道乐园和名誉宫之间的鸿沟一样明显。

然而，在那个家用电力几乎对每个人来说都遥不可及的时代，在电力大楼展区中闲逛的游客比任何其他展区都多，尤其是在晚上，这是白城最明亮的地方。参观者走过本杰明·富兰克林的雕像——“他的目光仰望着低垂的云层，一手握着风筝，另一手拿着全世界都读过的钥匙”[22]——看到通用电气公司的展览，展出的是由爱迪生发明的留声机和电影放映机——不间断地放映着英国首相威廉·格莱斯顿（William Gladstone）在下议院演讲的短片。除此之外，参观者还可以浏览到 2500 盏爱迪生白炽灯的样本——“没有任何两盏是一样的，有很多颜色，亮度从 1/2 烛光到 300 烛光不等”[23]——以及其他在不同阶段制造的灯具，还有爱迪生在寻找白炽灯时碳化的灯丝和发电机的样品。在这一切的中心，矗立着爱迪生的“光之塔”（Tower of Light），这是一根 82 英尺高的柱子，由数千盏闪烁着各种图案的微型彩灯组成。它的顶端是一枚由切割玻璃制成的巨大白炽灯泡。

发明电灯的尝试可能持续了近一个世纪，数十名实验者和电工技师参与其中，但美国人总认为爱迪生是电灯的唯一发明者，他将永远在大众的想象中占据一个特殊和感性的位置，这一点也很明显地体现在电力大楼的开幕式上。一位观察家写道：

> 爱迪生的光之塔和它底部的古典风格亭子以其冷酷、纯粹的轮廓之美展现在人们面前。但只持续了几秒钟；因探照灯的强光聚焦在它们身上，使其黑暗的表面闪烁出耀眼的光芒。然后，顶部的水晶灯泡迸发出火光，像王冠上的钻石一样闪烁。最后，整根柱子都披上了紫色的光袍，就像火柱一样……成千上万的声音呼喊着他的名字，这位创造这些奇迹的人。[24]

除了通用电气的展览，在国内外电气制造商的展览中，参观者还看到了数不清的展品，这些展品在20年前是不可想象的，其中包括发动机、焊接设备、外科手术和牙科器械。“人们可以在标有‘危险’的铁路模型中近距离地研究电力信号公司的系统；可能还有一套用电动机器裁剪的衣服，或者一张坐在上面，靴子就会被刷子刷得锃亮的椅子。这里还有一台电动孵卵器，里面有几枚正在孵化的蛋。”[25] 人们对电气化厨房感到惊讶，在那里，烹饪用的明火燃气灶可以瞬间打开，水龙头里的水只需转动一下旋钮就能流出来，衣服和餐具可以用机器来清洗。而电力不仅描绘了未来的愿景，似乎也重新定义了历史。实景模型描绘了过去的文明被电力改造后的场景，例如埃及人“将电线卷浸入绝缘浴池中，并将芝加哥的典型灯具、发电机、马达、电池和其他电器带到他们的女王面前”[26]。

对电力和光的掌控只是电魅力的一部分。电的神秘和表面上的野性又是另外一回事，而那正是尼古拉·特斯拉的专长。电力大楼西屋电气公司展区的特斯拉展品中，就有特斯拉那枚旋转的“哥伦布蛋”，几乎所有看到它的人都无法理解。这是一枚在旋转磁场中转动的铜蛋。闪电在两块绝缘板之间噼啪作响，各种球和圆盘在房间的不同地方同时旋转。一位目击者回忆说：“当电流开启，所有的东西都动了起来，呈现令人难忘的奇观。特斯拉先生有许多真空灯泡，灯泡里的小金属盘被枢轴地安装在珠宝上，当（一个）铁环通电时，它们就会在大厅的各处旋转。”[27]

特斯拉还展示了各种放电灯，它们都是从盖斯勒管发展而来的，盖斯勒管是19世纪中叶德国波恩的物理学家和科学仪器制造商海因里希·盖斯勒（Heinrich Geissler）发明的。盖斯勒将一个玻璃圆管抽成真空，并在两端连接上电极，然后往圆管中填充稀有气体混合物，如氖和氩。这些气体将电流从管子的一端传导到另一端，并在此过程中产生了可见的彩色光。特斯拉将这种灯管做成线圈、圆圈和正方形，并拼出著名电学家的名字，他最喜欢的塞尔维亚诗人的名字，以及“光”的英文“light”。

比他所有的设备更吸引人的是特斯拉本人，他由于整年无休止地工作而身体虚弱，脸颊凹陷。当他在世博会做演讲时，就连教授们都盯着他即将在演示中使用的大杂烩设备看，可以说是“把所有的‘特斯拉动物’混在一起”[28]。特斯拉在演讲公告中宣称，他将让10万伏的电流通过自己的身体，“而不会造成丝毫损伤，当我们回忆起在纽约新新监狱处决杀人犯所使用的电流从未超过2000伏的事实时，这个实验就显得更加奇妙了”[29]。这一公告吸引了大批观众成群结队争相进入礼堂，尽管演示只对国际电学大会（International Electrical Congress）的成员开放。

虽然低频电流意味着必死无疑，但是系着白领带和穿着燕尾服的特斯拉使用了高频电流，这种电流从他的身体表面穿过，而不会穿过体内。他解释道：

> 你所观察到的从我手中发出的光线是由高达20万伏的电压，以相当不规则的间隔交替而来的。有时振幅可达每秒100万次。虽然振幅相同，但振动速度是原来的4倍……所以并不会把我烧死。……然而，若条件发生变化，这种能量的百分之一就足以杀死一个人。……因此，可以传递到人体内的能量取决于电流的频率和电压，如果两者都非常高，那么大量的能量便可经过人体而不会引起任何不适。[30]

那些有幸可以亲眼见证的人惊讶地看到特斯拉在舞台上被光吞噬，却仍保持清醒。《时代》杂志的一名记者写道："在经历了如此惊人的测试（顺便说一句，在场没有人着急地让他再演示一次）之后，特斯拉先生的身体和衣服在一段时间内仍然继续发出微弱的光线或碎裂的光晕。"[31] 在人们的想象中，他仍是被光笼罩着的样子。爱迪生的成功是靠不间断的实验和错误一点点取得的，他的照片往往是与自己的团队合影，或者可能是在实验室的桌子上打盹，背景里堆满了瓶子、试管和工具。特斯拉最著名的照片则都是他独自一人拍的，不知何故总是充满了电。其中有一张双重曝光的照片，描绘了他平静地坐在空空如也、洞穴般的科罗拉多实验室里，锯齿状的光线穿过他上方和周围的空气。

尽管特斯拉的展品都颇为震撼，但他在博览会上的最大成就却位于机械馆：12 台完全同步的多相发电机，每台约 10 英尺高，重 75 吨，将电流输送到场地的每个角落。吉尔 · 琼斯指出，大厅里“充满了震耳欲聋的机械碰撞声和呼呼声……还散发着难闻的油烟味。……西屋电气公司展厅里的巨大引擎运行着更大的发电机，并通过地下管道将每台特斯拉双电机产生的 2000 伏交流电输送出去”[32]。但是，吸引人们注意力的并不仅仅是机器。西屋电气公司的传记作者弗朗西斯 · 劳普（Francis Leupp）写道：“这些机器是当时同类机器中最大的，它们的配电盘引起了人们的广泛兴趣。”[33] 配电盘由上千平方英尺的大理石制成，位于一个可通过螺旋楼梯到达的陈列室中，控制着 25 万盏白炽灯。“使参观者最为惊讶的，也许是看到这个精巧的机械装置是由一个人来操作的，而这个人通过电话或信使与场地各处保持联系，只需转动一个开关就能满足各种要求。”[34]

温斯洛 · 霍默（Winslow Homer）为白城画的《哥伦比亚世界博览会的夜间喷泉》（*The Fountains at Night, World's Columbian Exposition*）[35] 是转动开关就能控制光线质量最有说服力的证明之一。几个世纪以来，艺术家们一直用温暖、柔和的颜色描绘夜晚，世界消失在阴影中，观众可以感受到光线在不断减弱。但是在霍默的作品中，光明让人感觉是无穷无尽的。不同于古老的光芒：向下流动的水横跨整个画面，光使其完全变亮——光不是来自黑暗——与此相反，雕像和贡多拉及其桨手和乘客都显得暗了许多。明亮的白色斑点点缀着弗雷德里克·麦克蒙尼斯（Frederick MacMonnies）喷泉中那些昂扬马匹雕像的额发、前额和鼻子，还有快速划过湖面的贡多拉上一位观展者仰着的面庞。感觉好像船会瞬间冲出画框而消失，但光线永远不会改变，或许是因为，现在这幅作品被挂在了其他好几幅19世纪的油画中间，而放大了这种感觉。霍默的《喷泉》被浓郁的红色、棕色和绿色光晕包围着；被纯粹的日光下的或黄昏中的牧场和沼泽所包围；被油灯灯光下经清漆和时间调和过的水果、木材和面孔所包围，霍默的《喷泉》因其黑色、白色和灰色，以及它庄重的张力，与房间里的其他东西格格不入，仿佛他画的是凝视着未来的眼睛。

当哥伦比亚世界博览会在6个月后回归黑暗时，拉普兰人将自己与达荷美人、肚皮舞者和吞剑者之间的距离拉大。这些用“拐杖”（混合了黄麻纤维和水泥的熟石膏）覆盖的建筑，一直以来都只是由支柱和支撑物编织而成的网状结构，只能维持一个夏天和秋天的时间。芝加哥市长和白城的建筑师丹尼尔·伯纳姆都主张烧掉场地。市长说：“我相信，如果我们不能保存这些建筑……那么我赞成用火把它烧掉……让它升上明亮的天空，进入永恒的天堂。”[36] 尽管一些建筑是在1894年的一场意外火灾中被摧毁的，但博览会的大部分建筑是被拆除的。据《科学美国人》报道：“目前，世界各地都有世博会的‘碎片’，分布在欧洲、亚洲、非洲、南北美洲和大洋洲。”[37] 一些石膏饰品作为纪念品被出售；一些玻璃进了温室；回收的钢材被送往匹兹堡的熔炉。旗杆最终捐给了学校和修道院。而本杰明·富兰克林的雕像在宾夕法尼亚大学找到了归宿。

世博会的东西可能已经散落到全球各地，但名誉宫的辉煌和无限的光明不会被遗忘。似乎从那之后，美国人开始在他们的城市中追求越来越多的光，追求超大规模的电幕和电子广告牌，这一切都因乔治·威斯汀豪斯的下一个项目而有了更大可能。早在白城的最后一批石膏被卖掉之前，西屋电气公司就把注意力转向了尼亚加拉大瀑布，在那里，在尼古拉·特斯拉发电机的帮助下，他们开发了第一条广泛使用的长距离输电线。

9

为远方带去光明的尼亚加拉大瀑布

1842年，查尔斯·狄更斯参观尼亚加拉大瀑布时，那里早已挤满了游客。酒馆、观景塔、楼梯和旅馆遍布两岸，但是它们的存在并不能让他的惊奇感减少半分：

> 我惊呆了。我无法理解眼前这浩瀚的景象。直到我来到Table Rock观景台，天哪，这奔腾的碧水啊！它正带着全部的力量和威严展现在我眼前。再然后，我发现自己就站在离造物主咫尺之遥的地方。这一壮观景象给我带来的最直观也是最持久的感受就是平静。内心的平静安宁：对逝者的平静回忆，关于永恒的安息和幸福的伟大思考，不带有一丝忧郁或恐惧。尼亚加拉大瀑布一下子印刻在了我的心上，它如此美丽，永恒且不可磨灭，直到它的脉搏停止跳动。[1]

或许在狄更斯的心中，尼亚加拉大瀑布从未变过。为了保持自然美景以吸引游客，纽约州下令禁止工业发展影响瀑布周围地区。但是，尼亚加拉大瀑布的开发潜力实在太大，绝不可能在工业时代保持不变。19 世纪的巨头们相信，只要他们能够找到利用水力的方法，水力运作指日可待。用发明家威廉 · 西门子（William Siemens）爵士的话来说：“全世界所有的煤加起来所产生的能量，都比不上这座大瀑布尚未开发的自然水能。”[2]

尼亚加拉大瀑布 160 英尺高的白云岩和页岩悬崖并不是大瀑布中地势最高的地段。但这里的宽度超过 3500 英尺，仅次于非洲南部的维多利亚瀑布。汇入尼亚加拉河的湖泊有苏必利尔湖、休伦湖、密歇根湖和伊利湖，这些湖泊占据了世界上 20% 的淡水资源。当瑞典旅行家彼得 · 卡尔姆（Peter Kalm）在 1750 年看到这条河的时候，几乎所有的河水都会从瀑布激荡而过，然后穿过大大小小的峡谷，再汇入北美洲第五大湖——安大略湖。彼得写道：“最伟大和最坚固的船只在这里也会被一次又一次地颠覆。水的流动速度似乎比箭还要快。当所有河水涌到瀑布边时，统统都会径直落下！看到眼前这一幕，你一定会感到不可思议！没有人看到此景不会感到惊骇。”[3]

当卡尔姆前往尼亚加拉崎岖不平、郁郁葱葱的乡间时，葡萄藤、花朵、苔藓和松树被瀑布升起的雾气浸润湿透。除了古老营地的篝火和易洛魁人（Iroquois）的运输和贸易道路之外，这里几乎没有人类踏足的痕迹。这里的河水太宽太急，以至于船只无法通行。这对该地区的部落来说无疑是一个难题，尽管他们有时会在瀑布底部捕到死去的鱼，这种坠落对所有被水流困住的野生动物来说都是致命的。卡尔姆写道：

> 有几位法国绅士告诉我，鸟类只要碰到瀑布的水汽或烟雾，就会掉落下来，丧命于水中；要么是因为翅膀湿透，要么是它们被瀑布的声音吓了一跳，在黑暗中不知所措四处乱窜。人们经常看到成群的天鹅、大雁、鸭子、水鸡、水鸭等以这种方式死去；它们在瀑布上方的河里游泳，然后被越带越低，直到水流速度变得极快，它们再也游不回去，最后被水流冲下悬崖，失去生命。他们还发现了好几种死鱼，还有鹿、熊和其他试图越过瀑布上方水面的动物；其他体形较大的动物通常会被摔得支离破碎。[4]

和该地区的原住民一样，18 世纪定居在纽约州北部的欧洲人和美国人也发现尼亚加拉河的力量实在太大，以至于难以开发利用。砍伐树木、在田地和果园耕种劳作的同时，他们也在小溪和河流上筑坝，为锯木厂、磨坊和梳棉机提供动力。瀑布上方的河边有一座村庄（有一间小酒馆和一户铁匠，还有几家住户），靠着一条狭窄的运河为锯木厂和磨坊提供动力，但这一切在 1812 年的战争中都被大火烧为废墟。就这样，一个叫作尼亚加拉的新社区，最终在之前村庄的废墟上建立了起来，那里的几个小磨坊仍然依靠运河提供的动力进行运营。

事实证明，想要进一步利用尼亚加拉大瀑布的力量是一项异常复杂的任务，需要数十年的长期努力，还有巨大的资本投入以及对未经试验的新技术的大笔投资。这项事业始于 1886 年，当时负责纽约州运河系统的工程师托马斯·埃弗谢德（Thomas Evershed）构思了一个计划，在保护区上游的瀑布建造一个水轮发电系统。他设想通过一系列的支运河来转动由磨坊和工厂组成的工业联合体内数不清的水车。然后再通过 2.5 英里长的隧道直接穿过尼亚加拉镇，将水送回瀑布下方的河流里。但是，即使埃弗谢德可以向聚集在瀑布附近的数百家工厂出售电力，他依然无法承担这项工程的高额成本。为了获得利润，他必须找到一种方法，将尼亚加拉的电力传输到 20 英里以外的布法罗（一个当时有着 25 万人口的城市），为那里的制造业、电车系统以及公共和家庭照明提供电力。但当时，无论是交流电还是直流电，它们的电力输送距离都不超过几英里。

埃弗谢德在吸引投资者参与高风险投资时遇到了困难，三年后，他发现自己的资金紧张，筹措过程也遇到了很大的困难。于是，他将这个项目交给了纽约的银行家爱德华·迪恩·亚当斯（Edward Dean Adams）。亚当斯计划沿着瀑布建造一座中央供电站，而不是修建一系列的支运河，从这里将电力输送到该地区的各个工厂，并最终输送到布法罗。虽然这个计划和埃弗谢德的想法一样未经验证，但亚当斯是一位受人尊敬的金融家，他成功吸引了一批当时最富有的商人进行投资，包括 J. P. 摩根、约翰·阿斯特（John Astor）和威廉·范德比尔特。

1890 年 10 月，亚当斯开始研究尾水渠（tailrace），它能将水流从涡轮机中带走，这对于当时的设计来说是必要的存在。这项工程的代价和支出都是庞大的。“1300 名工人夜以继日地凿击着小镇下方 160 英尺的坚硬岩石，”尼亚加拉历史学家皮埃尔·伯尔顿（Pierre Berton）指出，“这条马蹄形隧道宽 18 英尺，高 21 英尺，长 7000 英尺，需要挖掘 30 万吨的岩石，用 2000 万块砖头来砌衬，还要用 250 万英尺的橡树和黄松来作支撑。”[5] 然而，即使工程已经开始，亚当斯还是不知道如何才能远距离输送电力。他举办了一场电工技师和工程师的国际竞赛，试图找到一种远距离传输电力的方式。使用交流电和直流电的计划相继被提出，但他最终没有收获任何可行的建议。

为了高效且经济地长距离传输电力，任何系统都必须依靠高电压，即电流增加，但电阻保持不变。但是电压如果太高，就意味着无法直接供给电灯或电力发动机使用，因此必须进行转换。换句话说，当电流离开发电机、进入线路时，电压必须升高，而到达家庭或工厂之前电压又需要降低。虽然直流电不能转换（变压器依赖于振荡磁场，而直流电只能单向流动），但交流电是可以做到这一点的。虽然交流电的变压器已经被设计了出来，但是它毕竟还没有经过长距离传输的测试。唯一能够证明其可行性的是1891年德国建造的实验系统。该系统将电力从劳芬传输到法兰克福，总距离超过100英里，目的是为电气展览上的机械和照明设备供电。另外，就是科罗拉多州特柳赖德金王矿（Gold King Mine）的一台特斯拉多相发电机，可将电力传输到2英里外，以保证粉碎机中的电机正常运转。

1893年10月底，基于交流电在哥伦比亚世界博览会上取得的成功，亚当斯同乔治·威斯汀豪斯签订了一份合同，委托他在尼亚加拉建造第一批发电机组。于是，威斯汀豪斯找特斯拉帮忙。自十几岁看过大瀑布的钢版雕刻后，他就一直惦记着尼亚加拉。他后来写道："我在脑海中描绘了一架巨大的水车，水车就在瀑布旁转动。我告诉叔叔，自己要去美国实施这个计划。30年后，我终于在尼亚加拉实现了自己的构想，不由地为大脑那深不可测的神秘惊叹。"[6]

到1895年，亚当斯在斯坦福·怀特（Stanford White）设计的洞穴式砖制发电站（又称"电力大教堂"）内安装了3台5000马力的特斯拉多相发电机（为白城供电的发电机为1000马力），每台重达85吨。它们经过无数次测试，并被反复校准和重置，同年8月，"运河的入口闸门打开，河水涌入其中一条压力管道（penstock），涡轮机开始转动，接着 2 号发电机也开始运行，源源不断地将交流电快速输送到匹兹堡还原厂（Pittsburgh Reduction Plant，附近的一家铝制品工厂）”[7]。在成功输送了电力后，特斯拉预言：“尼亚加拉大瀑布和布法罗将会携手，守望相助，共同构建一座伟大城市。团结起来，它们将造就世界上最伟大的城市。”[8]

第二年，刚过 1896 年 11 月 16 日的午夜，尼亚加拉发电站的开关被拉起，电流通过变压器升压，沿着 26 英里的电缆流动，随后再通过变压器降压，输送给布法罗的有轨电车。一名记者评论道：“电力专家表示，电力传输的时间是无法计算的，这是上帝的闪电之旅，注定要为人类所用。”[9] 几个月后，尼亚加拉发电站供应的电力，为布法罗的街道、家庭、商业和工业带去了光明。

在这里，电力从其源头被解放出来，脱离了地形和河流，抽象之余，仿佛不受任何限制。“人类想去哪儿，”一位观察家后来写道，“铜线就跟到哪儿。”[10] 但是，长距离输送电力的技术，也带来了各种新的挑战。电力公司需要不断改进电力的输送方法，以适应用户的需求，或者强迫用户适应供应商的预期。社会将需要把那些没有获得电力覆盖的居民所经历的不利处境也考虑在内，世界各地的用户也不得不接受与这难以用语言解释的事物共处。《布法罗问询报》（*Buffalo Enquirer*）宣称：“我们已经和大瀑布绑在一起！”[11] 这也意味着大家越来越多地与一些连伟大发明家都摸不着头脑的东西紧密相连。“电是什么？”当时一位作家问道，“这是一个没有人能够清楚回答的问题。……制造发电机的人和操作发电机的人清楚地知道如何发电，就连站在爱迪生发电机旁边的爱迪生本人也只能告诉你‘怎么样’能发电，却无法解释‘为什么’能发电。数千年来，这种巨大的能量一直蕴藏在宇宙之中，等待着 19 世纪的人类去发现，去揭秘”。[12]

即使是特斯拉自己，也没能把电的原理完全说清楚：

> 现在，我必须告诉你一段奇怪的经历，它对我后来的生活产生了影响。我们遇到了前所未有的干冷天气。在雪地里行走的人们会踏出一条发光的小径。当我抚摸猫咪马卡克的背部时，它身上发出了一片光，我的手则擦出一阵火花。我父亲说，这只不过是电，就像你在暴风雨中看到的打在树上的东西一样。我母亲似乎很惊慌，让我别和猫咪玩了，可能会引发火灾。我试着进行抽象思考。大自然是吗？如果是，是谁在抚摸它的背？我断定，这只能是上帝。我无法描述这一奇妙的景象对我幼稚想象力的影响。日复一日，我问自己什么是电，但始终没有找到答案。80 年过去了，我仍然问着同样的问题，却始终无法回答。[13]

电是信仰之光，或许正在取代信仰。文学家和历史学家亨利·亚当斯（Henry Adams）是这么理解发电机的真正意义的。“对亚当斯来说，发电机成了无限的象征。他逐渐习惯于眼前一排排巨大的机器，仿佛40英尺高的发电机展现了一种道德力量，就像早期的基督徒感受到的十字架的力量一样。就连地球那亘古不变、日复一日的转动，似乎都不如眼前这个巨大的轮子让人印象深刻，它以某种令人眩晕的速度旋转着，而且几乎不会发出任何声音。”[14] 为什么不呢？前一刻我们的世界还是黑暗的，下一刻就变得辉煌璀璨。几乎没有人知道这是如何办到的，而且这种光，与长年累月的动物油脂和煤炭无关；这盏灯，不需要我们做任何事情，不需要为火焰或灯芯烦心，也不需要担心油脂的品质；这种光，有着自己特定的轨迹，与工业时代的精密仪器一样，可定时、调校、调音和键控，一切遵循着固定的节奏；这种光是由爱迪生和特斯拉这两个性情迥异的“巫师”召唤出来的；要不是那些黑暗角落，这种恒定光芒的存在也就无从佐证。

当然，这种光要求我们在信任的基础上向前迈进。尼亚加拉大瀑布取得的成就只是一个开始：电网后来被认为是20世纪最伟大的技术成就。新的“巫师们”会让我们进一步从现实的存在中抽离出来，我们也要相信数据、文字和日常工作不会在一瞬间从眼前消失。1906年，当H. G .威尔斯站在现场看着大瀑布时，他突然明白一些基本东西已经发生了变化。不仅精神上的东西融合到了工业中，而且一些荣耀似乎也从大自然中被夺走。他写道：

> 尼亚加拉大瀑布电力公司的发电机和涡轮机，给我留下的印象远比风之洞（Cave of the Winds）更加深刻。在我看来，它们确实比倾盆大雨旁偶然出现的空气旋涡更壮观、更美丽。机器使意志可见，把思想转化为简单和带有命令性的事物。它们干净、无声，而且非常强大。早期机器时代的喧嚣和骚动都已成为过去，这里没有烟雾，没有煤渣，没有任何污垢。车间里……涡轮机轻声地嗡嗡作响，几乎与世隔绝。……令人眼花缭乱的干净配电盘，以及它的小手柄和杠杆，是帝国的中心。数百万训练有素、吃苦耐劳的工人的力量加在一起，也不及它。[15]

PART III

所以，如果现代人穿越回一间过去的老房子，我们肯定很快就会坐立不安。无论房屋内部的装饰陈设有多么古朴华美，先辈们眼中极致的富足对我们而言却总是远远不够的。

——费尔南·布罗代尔

《15至18世纪的物质文明、经济和资本主义》[1]

10

新世纪，最后的火焰

在家里，我们探讨发电机、发动机、电车、电灯、电话和电池时的样子，和我们谈论面包、黄油、肉品、牛奶、冰块、煤炭和地毯时别无二致，随意得很。

——埃德温·J. 休斯敦《日常生活中的电力》(1905)[1]

当时，家中的日常对话经常会涉及各种形式的电力。但当 H. G . 威尔斯于 1906 年站在尼亚加拉大瀑布旁边时，依然只有人口稠密的城区才拥有电力覆盖。而在这些地区，也几乎只有商业、工厂和富有的房主才能够使用电力。尽管大多数人仍然在家里使用非白炽灯，但他们已经习惯在公共场合使用电灯，而且几乎所有的灯都要比过去更便宜、更高效。例如，1865 年，煤气的售价为每千立方英尺 * 2.5 美元，而到了 19 世纪末，煤

* 1000 立方英尺≈ 28 立方米。

气的价格变成了每千立方英尺 1.5 美元左右。同样的，1865 年，煤油的售价为每加仑 55 美分，而到了 1895 年，这一价格跌落到了每加仑 13 美分。只有 19 世纪末人们鲜少使用的批量生产的动物油脂蜡烛开始涨价。19 世纪早期，20 美分的价格就可以买到 1 磅动物油脂蜡烛，而在 1875 年，1 磅动物油脂蜡烛的要价高达 25 美分。

因此，20 世纪初，大多数美国家庭的照明都比过去改善了很多。要知道，在 1800 年的美国，每年花费 20 美元，每晚只能获得亮度相当于 5 支蜡烛持续点燃 3 小时的家庭照明，即一年约 5500 烛光小时。在当时的许多房主看来，用这么多光，无疑算得上是一种奢侈。但是到了 19 世纪中叶，人们同样花费 20 美元，却可以购买到 8700 烛光小时。1890 年，同样的价格可以购买 7.3 万烛光小时。而到 1900 年，这个预算可以让一户家庭平均每晚照明 5 小时（不包括电力），亮度相当于 154 支蜡烛或 28 万烛光小时。[2] 如果当时的人们得知矿工曾不得不借着腐鱼的磷光进行工作，而花边女工需要借助水来放大火焰的光影，方便制作复杂的花边图案，他们一定会觉得非常不可思议。

值得记住的是，便利的照明条件和亮度的快速提升仅限于工业化国家。世界上仍有数百万人对电、煤气灯甚至煤油一无所知。从古至今，他们的照明方式都没有发生什么变化。或许，再没有哪个地方比高纬度地区更能彰显传统照明的意义了。在那里，因纽特人和其他北方民族——他们的村庄被分散在冰天雪地里，人口数量远少于周围的动物——要在日光稀少的情况下，一连生活数个月。理查德·纳尔逊（Richard Nelson）描述了当时居住在阿拉斯加内陆的科尤育空印第安人（Koyukon）：

> 他们在一个装有灯芯的浅口碗中燃烧熊油，或者一根接一根地燃烧劈开的木材，来照亮房屋。熊油十分少见，而木材也很不方便，所以，在隆冬时节，暮色降临后家里常常漆黑一片。面对黑暗中漫长的清醒时光，人们纷纷爬进温暖的被窝，倾听故事。……这些故事被留存在深秋和初冬。因为当白昼开始延长，它们就成了禁忌。毫无意外，讲述者在说完每个故事的时候，都会补充一句，告诉大家冬天随着她的故事又变短了一些："冬天才刚刚开始，而我现在会让它变短。"[3]

对于那些生活在格陵兰岛、加拿大和阿拉斯加最北端的沿海村庄居民来说，隆冬时节里唯一的自然光源是星星、月亮和北极光，而唯一的淡水资源被封存在了冰雪之中，因此石灯对于生存来说是必不可少的。生活在格陵兰岛的因纽特人，将

“大熊星座称为“*pisildlat*”，意思是灯脚或放置灯具的板凳”[4]。

林线以北只有偶尔的浮木可以用来生火，人们几乎完全依赖海豹油充当燃料，这是一种比驯鹿脂肪或其他陆地动物脂肪更为有效的燃料。女人们小心翼翼地用象牙勺刮擦海豹皮，不放过海豹尸体上的任何一滴油，从灯唇上滴下的油也要保存起来。这些石灯是用皂石雕刻的。灯的具体大小和形状因村而异，但大都是椭圆形的，长一两英尺，边缘很厚。把干苔藓、柔荑花序或泥炭放在手掌中，擦上一点脂肪，来回摩挲，搓成纤细的灯芯，缠绕在石灯边缘处。石灯是可以倾斜的，目的是向灯芯输送更多的燃料。有时，人们会把一块海豹脂肪挂在碗上，这样一来，当它熔化时，就会给石灯提供和补给更多的燃油。

如果数个家庭共用一个防雪棚，那么还是和平常一样，每个家庭都会配备各自的灯具，保证家庭成员不受冻，并足以烹饪食物。除此之外，灯发出的热量还可以用来烘干衣服和靴子，并用于鞣制兽皮。炊具上冉冉升起的蒸汽能使木条和骨头弯曲，便于制作雪鞋和木箱。最重要的是，它能给人们提供饮用水。人类不能吃雪来补充水分，因为雪中的水分含量不够高，无法保证在人的核心体温降低到致命水平前不出现脱水。那些生活在最北部的人，不得不将雪融化后，再作为饮用水。他们要么直接把雪放在火焰上融化，要么把它放在火焰附近融化，操作方法是把一大块雪或冰平放在倾斜的平板上，让融化的雪水慢慢流进一个容器中。

灯燃烧时发出的热量，不仅可以让冰屋入口处的冷空气变得不那么冻人。而且，向上升腾的热气也会通过天花板上的通风口飘散出去，这样一来，冰屋的墙壁就在热量传导下不断地解冻和复冻。而当人们把兽皮挂在内墙上防止滴水时，灯就会释放出足够的热量，家庭成员光着身子坐在冰屋里也不会感到寒冷。可是一家人挤在那狭小低矮的冰屋里睡觉，醒来时浑身都是灯燃烧产生的烟尘，而且可能会因为缺氧而头疼。20 世纪 60 年代末，当沃尔特 · 里德陆军研究所的科学家在检查一具阿留申人（Aleut，阿留申人也使用海豹油灯）的木乃伊时，他们发现这位阿留申人的肺部覆盖着一层厚厚的黑色物质。其中一位科学家说："如果他有吸烟的习惯，那么我断定，他肯定是那种一天抽三包烟的老烟鬼。"[5]

尽管烟雾弥漫，但灯对家庭来说仍然意义重大。在物资匮乏时期，为了有足够的燃料生火，他们宁可为此挨饿。家里的火种几乎从来不会熄灭，通常由家中的女人负责小心翼翼地守护和照看。她们每天大部分时间都待在火堆旁。除了做饭、准备兽皮，还要缝制冬衣和晾晒衣服。要知道，几英寸高的火焰是很难维持清洁和无烟状态的。19 世纪晚期，人类学家沃尔特 · 霍夫（Walter Hough）指出："只有部落中的老妇人，才能妥善地照看灯火。她们所做的准备工作，足以让灯在几个小时内发出稳定的火焰，而通常这种程度的火焰能维持半个小时就已经很难得了。在因纽特人的传统中，女人常常会从墙壁的钉子上取下一根鹰的羽毛，用来搅动冒烟的灯，目的是让火焰更加明亮。”[6]沃尔特在书中其他地方还写道：“在因纽特人的语言中，再没有比‘一个没有灯的女人’更能形容女人的苦状了。一个女人死后，她生前所照看的灯通常会被放在她的坟墓之上。”[7]

对于那些生活在20世纪早期欧洲和美国城市的人来说，环北极地区的居民对皂石灯的重视可能和那火焰的微弱光亮一样难以理解。在这些城市里，无论多么明亮的明火，都容易被人轻视，充其量只能激起一丝怀旧之情。正如散文家兼评论家瓦尔特·本雅明（Walter Benjamin）所知道的那样，所有的进步和发展，从扭曲的抹布到辫子状的灯芯，从阿冈灯的稳定火焰到煤油灯和煤气灯清澈明亮的光芒，这一切很快就会成为历史，而光的神秘终将尘封在记忆之中。20世纪30年代，本雅明在回忆起他童年的那盏灯时写道：

与我们需要电缆、电线和开关的照明系统不同，那个时候你可以随身携带着灯……穿过整个公寓，并且不时

> 伴随着灯罩内管子的咔嗒声和玻璃球撞上金属环的叮当声。……这是沉睡在古老世纪辛苦劳作中的海浪造就的黑暗音乐的一部分，而现在的19世纪空无一物。它摆放在那里，如同一个没了生命、冷冰冰的巨大贝壳。我把它捡起来，举到耳边。你猜我听到了什么？……是无烟煤从煤斗倒入炉膛时发出的嘎嘎声；……抑或是灯从一个房间搬到另一个房间时，灯管在灯罩中的碰撞声，玻璃球在其金属环上的叮当声。[8]

很快，大多数人就会忘记如何点灯，以及如何控制火焰。他们变得有点怕火，正是因为火焰看起来十分明亮，再加上燃烧时所释放的气味和粉尘，以及几个世纪以来照明的意义，让它本身看起来十分危险。可是从危险性的角度来说，一束火焰怎能与电相提并论呢？那可是咄咄逼人、一接通就畅行无阻的电啊！意大利未来派诗人菲利波 · 马里内蒂（Filippo Marinetti）宣称："让我们杀死月光！"之所以这么说，是因为他认为，在现代社会的速度和辉煌面前，自然世界可以说无关紧要。贾科莫 · 巴拉（Giacomo Balla）在1909年的油画《弧光灯》（*Arc Lamp*）中也传达了这样的观点。人造光主宰一切，甚至路灯的铁制底座也放弃了它的牢固性。它只是一个幽灵，被圆形的、辐射状的、脉动着的能量发出的咝咝声所笼罩，并从电弧中迸发出绮丽的色彩。光的锐利力量和活力冲击着柔和、汹涌而敏感的夜晚，不给黑暗留下一丝丝空间。黑暗只能试图在油画的角落里占据一处小天地。对于苍白的新月来说，就更是如此，它无助地掩藏在背景中，虽然明亮，却没有光芒，被人造光的光亮夺去了风采。

11
闪闪发光的东西

事实一直如此：电力无法储存。它必须按需生成，并在产生后的瞬间被消耗掉。供应商必须不断调整，以适应社会需求的起伏和波动，而且发电厂也必须有足够的能力来满足所有客户在一天中任何给定时刻的需求。在电气化扩张的最初几十年里，维持这种平衡尤其困难。1910 年，爱德华·亨格福德（Edward Hungerford）在以纽约的煤气和电力工厂为主题撰文时，描述了天空中最微小的变化是如何造成用电量激增的：

> 过去，看守者驻扎在中世纪城市的屋顶上，对突如其来的陌生人发出警告。而如今，现代城市的屋顶上也有“守望者”。每当气压计出现波动时，他们就会爬上楼顶，用高倍望远镜扫视着地平线上遥远的角落，寻找远处的乌云。乌云在遥远的天空中看似无害，但近在咫尺时却有着

巨大威力，所以要密切关注它的动向。……天空的“守望者”通过电话迅速发出警告。慵懒正午的嗡嗡声戛然而止。发电站里的人们从昏昏欲睡的午休中醒来。他们迅速回到自己的岗位，将新的燃料放入100台倾斜的锅炉中……把控全局的“值班长”（chief operator）命令打开其他闲置的发动机和发电机。……当乌云最终停留在城镇上空，无数双手伸向台灯时，供电压力已经得到满足。灯光……像5分钟前一样稳定而明亮，虽然需求量增加了5倍。[1]

在亨格福德的时代，电厂也确实制造了自己的“乌云”，因为并非所有的能源生产都能像尼亚加拉大瀑布那样干净。在远离任何可利用的水力资源的地方，电厂通常依靠燃煤炉来加热水，从而产生蒸汽推动发电机的涡轮旋转。而交流电的主导地位意味着，在纽约这样的城市，曾经遍布城市各处的数百家当地小工厂现在被整合成了几家巨型发电厂。到1910年，位于第38街和第一大道占据了两个街区的纽约爱迪生公司的电厂取代了曼哈顿的400家小型发电厂，并为曼哈顿和布朗克斯区提供近90%的电力。这家发电厂运行着152台锅炉，一年内需消耗50多万吨的煤。该电厂产生的污垢和烟尘不断侵扰着附近的家庭和企业，不仅让人呼吸困难，还会损坏家具和窗帘。该厂因多次违反煤烟排放规定和煤渣公害被卫生部罚款，于是也有了它自己的“守望者”。据《纽约时报》报道，在一项正在进行的调查中，“每当发现卫生部的人试图拍摄烟囱时，电厂就会在屋顶上安排‘守望者’，只要摄影师出现，他们就下令停止供煤”。[2]

无论燃料来源如何，电力公司都一直在追求电力的稳定性，因为当一家电厂的输出不变时，它的效率和利润是最高的。20 世纪早期，电力公司极力招徕工业和商业客户，因为这些客户不仅在可见时间内会使用大量电力，而且通常位于集中片区，这意味着在线路上的投资很少。电力公司特别需要这样的客户，因为他们的需求正好可以填补电车和路灯等市政电力消耗的时间空隙，这两者在清晨和白天会消耗大量的电力。

在 20 世纪头几十年里，电力公司仍然被称为“电灯公司”，且多为私营。另外，由于电力服务尚未被视为每个公民应有的权利，所以电力公司觉得没有义务向每个家庭输送电力。而且在它们看来，家庭照明所使用的电灯会加剧系统的压力，因为人们会在黄昏的用电高峰期打开电灯。它们还没有想到要促进洗衣机、烘干机、真空吸尘器和熨斗的销售，以增加白天的家庭用电量。至少在 20 世纪的最初几年，电力公司几乎不相信普通家庭会对这些东西感兴趣。因此，到 1912 年，也就是爱迪生门罗公园实验的 30 多年后，只有 16% 的美国家庭连接到了中央供电站，而且其中大多数是在富人和中产阶层居住的地区。

即使在接通电力的家庭中，那些想要使用电器的人也面临着许多障碍。家庭电路的布线不规范，也很简陋，只能用于照明。插头的样式和类型因制造商而异，人们必须拥有正确的插座才能为小型电器供电。如果一个家庭购买了一只需要绝缘电线的炉子，或者一台高于正常功率运行的冰箱，他们将不得不升级家里的线路。直到 1926 年，仍有评论员指出："电器是唯一在被购买者带回家时，不能随时随地、随心所欲使用的东西！"[3]

许多早期电器的质量和设计也不尽如人意。一位男士在回忆他母亲的第一个熨斗时，说道："那是一个多佛牌（Dover）熨斗。尽管有着外观普通的、未电镀的铁底板和镀镍的外壳，但新熨斗看起来非常漂亮，性能也非常好。……当我们把熨斗外壳内的连接线直接连接到终端的电线上，熨斗就因瞬间的高温而烧毁了。"[4] 当时的电器没有安全标准和保修。所以，当设备发生故障时，正如它们经常发生的那样，我们也找不到提供维修服务的地方。留给一个使用者的是什么？通常只有一本"所谓的说明书，八年来从未在任何紧急情况发生时帮助过我们。……机器是否停止运转，引擎是否无法启动，是否有神秘的'火花'、'烟雾'、无法解释的'敲击声'，我们翻遍这本小册子来寻求帮助，但一无所获"[5]。

即便如此，电器的奇迹感和神秘感仍然鲜活地存在着，尽管不切实际，遥不可及。制造商们仍然继续在世界博览会上展示电力的前景，并在配备了洗衣机、烘干机、洗碗机、电暖炉和冰箱的样板屋中展示电力的无限可能。像《日常生活中的电力》(*Electricity in Every-Day Life*)、《电力烹饪、加热、清洁等：家用电力手册》(*Electric Cooking, Heating, Cleaning, Etc., Being a Manual of Electricity in the Service of the Home*)这类书籍不仅向读者简要介绍了电力的历史，而且还解释了电力会怎样彻底改变人们的生活。一位作者惊叹道："想象一下，我们能让光为我们所用，烹饪美味的肉排和薄饼！"[6]这些书籍不仅宣称电力可以为妇女节省时间，而且还鼓吹它可以替代家政服务。随着工人越来越多地选择在工厂从事更有利可图的独立工作，而不是家政工作，家政服务变得稀缺。一位电器使用的支持者声称："没有任何一项可以通过机械——依靠马达运转——来执行的家政工作不能交给电力来完成，电力会心甘情愿地完成这项苦差。"[7]

杂志文章宣称，有了电的生活会带来难以想象的便利。1904年，《科学美国人》刊登了《家庭用电》(Electricity in the Househdd)的文章，其中描述了电熨斗、烤炉、烤面包机和谷物锅炉，以及暖锅，作者声称："旅行者会发现这种炉子特别有用。它可以放在大衣口袋里。"[8]他还描述了缝纫机，它的速度"可以非常精确地调节。操作者可以采取任何轻松、舒适的姿势来操纵它，因为它只需要把布料放在针下就可以了。"[9]在文章的插图中，一位社交场合着装的女性，半转过身，不看自己手头的工作。她的双腿随意地交叉在一边，左手将布料引向针头，另一只手则自由地搭在椅背上。她可能在和朋友聊天。作者断言:“即使是残疾人，也能安全地操作这台机器。”[10]

在20世纪头几十年里，电灯泡被认为是一种能够发出光亮、与过去有着千丝万缕联系的谜团。最早的平面广告比较直截了当，只是简单地说明了电灯泡的功率和尺寸。广告中通常会附有灯泡、灯座和灯丝的线图。后来，广告开始变得讲究，特别是在1911年开发出更亮、更高效和更耐用的钨丝后。当时，通用电气仍是世界上最大的灯泡和灯具制造商，它推出了一个全新的商标：马自达，以波斯语中光之神阿胡拉·马自达（Ahura Mazda）命名。马自达灯泡的一些广告中描绘了一个躺着的女人，她身披飘逸的长袍，伸出的那只手高举着灯泡，目光则凝视着灯泡中升起的光辉。灯泡本身在没有任何电线和插座连接的情况下发着光，甚至连灯丝都不太明显，这仿佛在暗示新式照明与老式照明并没有太大的不同，因为广告中丝毫没有暗示照明已经与不断发展的工业电网紧密联系在一起的现状。

随着塞缪尔·英萨尔（Samuel Insull）在芝加哥开始采用电力需求计量表，电力线路最终进入了城市和郊区的中产阶级社区。政府鼓励使用这种电表，因为这样一来电力公司向用电量超过最低限额的用户收取的费用就会有所下降。作为芝加哥联邦爱迪生电力公司（Commonweath Edison）的总裁，英萨尔预见到了国内电力需求的增长，他积极寻找郊区客户，为他们的家庭提供价格实惠的线路。历史学家哈罗德·普拉特（Harold Platt）指出，英萨尔“对所有顾客来者不拒，其中最底端的客户也许就是普通家庭和主妇。在一次著名的宣传活动中，他带来了1万个通用电气公司的熨斗，免费赠送给每一个愿意签约服务的人”[11]。

家里通上电之后，人们首先会购买小电器，而这并不完全是因为它们比大电器更便宜，更容易带回家。在那个街角商店蓬勃发展的时代，主妇几乎每天都要购物，送奶工也每天按时上门，所以冰箱并不是那么重要。同样，冰箱的出现也促使冰柜制造商改进产品，冰柜工人则加强送货上门服务。至于炉灶，煤气已经彻底改变了城市主妇的烹饪方式。她们不必再装载燃料或照看火焰，每个单独的燃烧器都可以通过开关操作，因此她们可以一次使用一个燃烧器，而不用为了一罐汤或一罐豆子而加热整个炉子。那时，锡罐已经开始投入使用，尽管还没有一套标准来规范它。正如克里斯汀·弗雷德里克（Christine Frederick）所观察到的，“锡罐在被打开之前，简直是用黑暗密封起来的神秘之物”[12]。

主妇知道她们想要什么，正如英萨尔所预见的那样，大多数人率先购买了电熨斗。电熨斗的广告中总有一位心满意足、衣着光鲜的家庭主妇毫不费力地用熨斗熨烫家人衣服的画面。这与过去的家务劳动形成了鲜明对比，因为没有什么比“熨斗”更能象征传统家务劳动的东西了，原先表示熨斗的单词是“Sad-iron”，而“Sad”在过去表示“沉重”或“密集”。传统熨斗由铸造金属制成，通常重达四五磅，有些甚至重达10磅。熨斗越重，就压得越重，工作效率也就越高。在熨烫衣服的日子，主妇会在煤气炉或柴炉上加热4~6个熨斗。在使用其中一个热熨斗之前，她会先把底部擦干净，再用蜂蜡擦拭，并在一块旧布上先试一试，以确保它不会太烫而烧焦布料。然后，她才会使用它来熨烫一件星期天要穿的衬衫，同时注意不把任何烟尘沾到干净的衬衫上，并防止自己烫伤或把衣服烫破。一旦停止加热，熨斗就会迅速冷却下来，她不得不立刻把它放回炉子，换上一个热的，重复着擦拭、打蜡、试温的步骤。需要熨烫的皱巴巴的棉衣和床单堆积如山，以至于这项工作需要花费一整天的时间。在熨烫过程中，即使是盛夏，主妇也要站在火炉旁边。而电熨斗的出现，一下子代替了家里所有的熨斗，不仅节省了时间，而且更干净，更可靠，因为熨斗始终保持着恒定的温度。

继电熨斗之后，主妇最常购买的是真空吸尘器。电力有时被称为“白煤”，它的魅力在于，所有随之而来的工作和生产过程中的污垢都存在于人们看不见的地方，因此人们可以相信“看不见和未知的电力是绝对清洁的”[13]这一说法。虽然电力不会在家庭中产生如煤气灯或煤油灯造成的烟雾或残余物，但由于钨丝的烛光亮度大幅增加，使污垢变得更为显眼，一看到污垢就必须处理。

> 长久以来，女性一直负责清除污垢，看不到任何可以得到解放的迹象，也没有任何希望，刚打扫完又得重新开始。……真空吸尘器有着巨大的价值，可以将女性从她们与污垢长期错误的关系中解脱出来。吸尘器只需在普通家庭中每周使用大约两小时，就可以将污垢完全清除。如果使用旧式的扫帚，则至少需要半天。吸尘器需要更多的维护，使其持久运作，女性即使穿着晚礼服也可以像穿戴围裙和帽子一样轻松完成操作。但是两者所需的心力大致是相同的。[14]

这对所有人来说都是一个福音，除了扫帚制造商。扫帚制造商只能为传统清洁方式进行牵强的宣传，针对扫帚提出以下观点："她们放任自流，认为扫地是一件苦差事，现代人认为扫地是卑微的劳动，令人不愉快和不情愿。这是多么大的误解啊！在许多情况下，医学界建议女性应当从事家务劳动，尤其是扫地，这些家务劳动可以让她们远离疾病。扫地是一项非常有益的运动。"[15]但这样的宣传就像是荒野中的哭泣声，毫无回响。

在这片新的荒野中，没有什么比时间更复杂的了。但是，尽管时间——大家对它的痴迷程度不亚于“清洁”——具有抽象性和可塑性，但我们却无法直接面对它。在20世纪头几十年里，富裕家庭的女性通常被认为有很多空闲时间。《女性家庭杂志》（*Ladies' Home Journal*）宣称：“事实上，如今某类型的女性最需要的是某种‘能束缚她’的任务。我们的社会结构才会变得更好。太多的女性无所事事，很危险。”[16]但也正是这些女性感受到了充分利用时间的压力。家政学运动已经站稳脚跟，其支持者主张提高家务劳动的效率。正如弗雷德里克·泰勒（Frederick Taylor）在1911年提倡工厂应该提高效率一样：“物质的浪费是显而易见的。笨拙、低效或缺乏科学指导的运动……几乎不会留下任何看得见摸得着的东西。”[17]

电器可以帮助女性提高家务劳动的效率，并带来解放的美梦。但家政学的倡导者却认为，高效的工作本身就是一种解放。“尊贵的家庭主妇要求从盘子、浴缸和炉灶中解放出来的呼声得到了回应。现在的问题是，她将在新的道路上走多远，以及在这场共同的使命中能够培育的文化素养有多少。从音乐的角度来看，她可以根据时间、曲调和节奏来调整自己的日常生活。在艺术方面，我们正尽一切努力为这个家带来应有的氛围。”[18]

是的，电器为女性节省了时间。用古老的方式洗衣服需要花费一整天，传统的洗衣日是在“蓝色星期一”。但自从有了电动洗衣机，主妇可以在一周中的不同时间洗衣服，穿插在其他家务中完成，今天洗一些，明天洗一些。但对一些主妇来说，电力的到来带来了比以往更多的工作。电器的出现给那些依赖家政服务来帮助自己完成任务的主妇带来了更大的压力。虽然洗衣的苦差已经不复存在，但是伴随洗衣所形成的交谊社区也消失了。从前在后院洗晾衣服的主妇们，可以在洗衣服的时候和雇工或邻居闲聊。如今，电动洗衣机和干衣机将她们限制在独立的房子里。新的效率也创造了新的期望。《女性家庭杂志》评论道：“如今的家庭主妇可以在工具的帮助下完成家务，所以我们每天都在挖掘祖母留到春天大扫除才会清理的灰尘。以前有九个孩子的母亲每周给孩子洗一次澡，现在有两三个孩子的母亲每天都给孩子洗澡。现在的我们不再会因为闲置的馅饼架或空空如也的饼干罐而不安，只会因为缺少维生素或热量摄取不足而发愁。”[19]

电灯现在只是让生活变得更便利的众多事物之一，它似乎也确立了现代的含义。这些事物与我们对未来的想象密不可分，就像 F. 斯科特 · 菲茨杰拉德（F. Scott Fitzgerald）笔下的盖茨比*，在不平静的黑暗中，面向海湾中唯一的绿色灯塔一般。

---

* 《了不起的盖茨比》中的主角。

盖茨比——年轻时叫吉米·盖兹（Jimmy Gatz）——试图改造自己："早上6点起床；6点15分至6点30分，练习哑铃和爬墙；7点15分至8点15分，学习电学等知识。"[20]

然而，电灯也给家庭带来了一些独特的变化。尽管煤气灯将火焰固定在了每个房间的特定点上，但壁炉架上的煤气灯，仍像煤油灯一样，提供着源源不断的温暖让人们可以聚集在一起。一位英国主妇回忆道："当晚上打开煤气灯时，整个房间都沐浴在柔和的黄光中。在艾达姑妈的煤气灯罩周围是一圈由长水滴形的水晶组成的装饰，它们在光线下跳动着，就像数千颗小星星。"[21]当煤气灯和煤油灯消失后，家中最后的中央炉火也消失无踪。电灯无处不在，但从此人们也无处聚集；每个人都坐在各自的电灯光环中。无焰之光带来了无数以前无法想象的可能性，因为它可以放在明火无法到达的地方。例如，一本关于家庭用电的指南建议："客厅里，一只从内部照亮的彩绘花瓶的吸睛程度可能会与墙上的画作不相上下，其颜色在白炽灯下和在日光下几乎没有不同，而不同色调的乳白色球形灯具却可以将各处的亮度调和得和谐柔美。……阳台上的灯光无视风的存在而闪耀。在温室里，不同颜色的吊灯在树叶间若隐若现，营造出非常漂亮的效果。"[22]

然而，电力也带来了一种全新的"壁炉"：收音机，它也是最受欢迎的电器之一。全家人聚在一起，收听着打破了家庭和世界之间隔阂的声音——来自四面八方，给他们带来了音乐、新闻、天气、农场报告和福音。作家埃尔文·布鲁克斯·怀特（E. B. White）在谈到他所居住的社区时说：“当他们说‘收音机’时，他们指的并不是一个箱子、一种电现象或演播室里的播音员，他们指的是一种无处不在、有点像神的存在，这种存在已经进入到他们的生活和家庭中。这是一个强大的充满吸引力的偶像。毕竟，教会只给了一个遥远的救赎承诺，而收音机却会告诉你明天是否会下雨。”[23]

到 1920 年，35% 的城市和郊区家庭都已经通电。电车和汽车的出现鼓励许多中产阶级家庭从城市搬到郊区新建的社区，那里也提供电力服务。与此同时，许多贫穷的城市社区，来自南欧和东欧的移民以及搬迁到城市的农民的家园，仍然无情地处于黑暗之中。他们和阿留申群岛岛民一样，都期待着电灯很快来到他们身边。当时的社会调查，例如来自宾夕法尼亚州匹兹堡和马萨诸塞州劳伦斯的调查，不仅评估了拥挤不堪的城市社区日益恶化的状况，还调查了自然光的缺乏、糟糕的污水处理和供水系统，以及牛奶供应的卫生问题。但这些调查都没有提到电力的短缺，因为即使是社会学家也没有想到，用电可能会成为每个公民的权利。

对于生活在城市的许多移民和黑人来说，电力生活可能与他们只有咫尺之遥：贫困社区或许就藏身于城市最富裕繁华的街区之中。在华盛顿特区，它们就这样隐藏在众目睽睽之下：

> 绕着这片街区的外围走一圈，你会发现它没有什么特别的。这里有两幢高大的公寓楼，一座参议员的故居，一家华丽的俱乐部会所，几间时髦的旅馆和一些三四层的私人住宅。你可能会注意到这里有四条狭窄的车道，它们从广场的四边不规则地向内延伸。来自其他城市的游客会误认为这些通道仅仅是为了清除后院的垃圾。但是沿着这些偏僻的小路走上100英尺，你会发现自己来到了一个全新而陌生的社区的边界……小木屋或砖房的后门正对着宫殿式住宅的后门和独立院落。[24]

爵士乐作曲家和钢琴家比利·斯特雷霍恩（Billy Strayhorn）的传记作者大卫·哈伊杜（David Hajdu）是这样描述匹兹堡霍姆伍德的，这是斯特雷霍恩长大的地方："白人在主街上的住宅一般都是面积大、设备齐全的两层排屋，而黑人家庭则生活在他们身后的小巷里，住着没有粉刷和通电的低矮棚屋。"[25]

这些街区不仅光线昏暗，而且许多妇女为了维持生计所做的工作，比如洗衣服，也非常原始。晾衣架和洗衣盆堆满整个院子。查尔斯·韦勒（Charles Weller）记录了20世纪初伦敦的小巷生活，他描述了一名妇女“在前厅没有烟囱的烟灯下熨烫衣服……再将白色、气味清新的衣服放入有盖的篮子中，以便运送”[26]。当韦勒走近另一名妇女时，他注意到“这个大汗淋漓的女人正忙着洗衣服，没有谈话的闲暇。她很愤怒。‘是的，’她说，‘你们这些家伙让我们付那么多房租，我们不得不努力刷洗，给你们洗衣服和擦地来挣钱；如果能得到足够的额外收入，做些烘玉米饼和熏鲱鱼给小孩吃，我们就很高兴了。’”[27]

女演员兼蓝调歌手埃塞尔·沃特斯（Ethel Waters）从小在费城的红灯区长大，她记得：“每一天都是一场混战，一场为了生存而进行的艰苦斗争。当人们处于这种情况下，小孩子的问题就显得不重要了。最重要的是吃饭和住宿。我们都不觉得自己是社会中的弱势群体或受害者。我们所认识的其他家庭过得比我们好不到哪里去，所以每天的生存斗争似乎是普遍的。”[28]对她来说，光的概念，充足的光，无论是火焰还是电力，以及它在夜晚的美丽，都有着无法用语言表达的意义，这一点不亚于菲茨杰拉德笔下的盖茨比。那些享受着充足光线的人似乎过着美好的生活。根据沃特斯的说法，“整个街区最美丽的景象出现在黄昏时分，那时体育馆的灯光被打开。我会站在街上，敬畏地看着那些华丽的、擦得锃亮的家具，以及坐在窗前穿着低胸晚礼服或和服的漂亮女人”[29]。

12
独自在黑暗中

它们发音读作“工装裤”（overhaul）……能迅速、简单地仰卧着完成穿与脱的动作——与其他衣服截然不同，就像在给一只疲惫不堪的动物套上和卸下挽具。

裤腿像烟管一样圆（尽管有些妻子被告知要弄皱它们）。

绑带穿过腰部两侧，加上交叉的带子和锡扣，使其更像挽具。

——詹姆斯·艾吉《现在，让我们赞美伟大的人》[1]

由于缺乏电力，生活在城市中人口密集的贫困社区，其实和美国农村没什么分别。在20世纪头30年，他们几乎不期望电力会很快来到身边。农村电气化是一个昂贵且劳动密集型的命题。乡村线路必须比城市线路更坚固，才能经受住漫长的路线和风霜雨雪的考验。由于沿途的地形和土壤类型（其中包括黏土、沙子和石头）千差万别，所以很难串接起来。人们必须把路线上的树木修剪掉。此外，由于农村线路每英里最多只有1~3个客户，而且他们又是谨慎、吝啬的农民，与城市每英里几十个客户相比，电力公司推断，在所有其他市场得到充分开发和利用之前，农村电气化开发的价值不是很大，如果真有那么一天。

这也并不是说在农场用电有多么难以想象。在19世纪最后几十年里，尤其是在欧洲，科学家们曾试验过电动的犁、耙、脱粒机、水泵和挤奶机。他们建造了电动篱笆、电动保温器、电动羊毛剪以及电动马刺。他们设想，电力能防止霜冻，给土壤施肥，为奶牛挤奶，并铲除杂草。电灯将延长收割的时间，增加发芽率，孵化鸡蛋，帮助母鸡在冬天下蛋，并在春天为小鸡保暖。电力带来的水源会刺激作物生长。有人说，有一天，农民“会成为一名技术高超的电工，他将从农场的中央配电板上指挥卷心菜、胡萝卜、土豆和其他作物的发芽和生长”[2]。自从特斯拉的发电机和变压器在尼亚加拉和布法罗之间建立了第一条长距离输电线后，一个电气化的乡村世界似乎更有可能实现。早在1895年，《乡村绅士》(*The Country Gentleman*)杂志上的一篇文章就预言：“现在正赶着牛回家的赤脚男孩，当他到达人类的庄园时，将会愉快地用电动三铧犁翻动一整个儿蒙哥马利郡农场的土地，这并非没有可能，因为他的身后是尼亚加拉大瀑布的强大力量。”[3]

然而，转向1920年的美国农村，当地的做法与这种进步想象却完全背离。当时，美国大约有650万座农场。其中只有不到100万座农场与中央供电站相连，而这些农场大多位于东北部城市附近的小州，或者西海岸，农田灌溉的需求促进了电力的发展。与电网相连的农民可能需要支付两倍于城市居民的费用。缺电只会加剧农村人力的流失。在过去的一个世纪里，年轻男女陆续离开农场；到1920年，农村人口减少到了史无前例的状况，美国历史上第一次，生活在农场和2500人以下的小城镇人数少于城市和郊区的人数，后者占比54%。真正生活在农场的人（不同于生活在小城镇的人）占美国人口的不到1/3，这意味着流向农村地区的教育、卫生和社会服务的资金越来越少。

这种情况在未来十年只会进一步恶化。第一次世界大战期间，对食物的大量需求激励农民增加耕地面积，提高产量。当战后需求下降时，市场崩溃了，农民从作物上获得的收入也直线下降。由于要偿还抵押，农民不愿意减少产量，而作物的持续过量生产只会导致价格持续走低。1929年股市崩盘的十年前，许多农村地区就已经陷入了萧条。

在灯光无法到达的地方，农场生活中那无休止的、令人筋疲力尽的工作有增无减。“无休无止，劳心劳力，一直都是这样。”[4] 只有不到 3% 的农民拥有拖拉机；大多数人依然在使用牛马耕作，这意味着他们要将一部分土地用于饲养草食动物，每匹马需要 5 英亩的燕麦和干草。没有电的情况下，农民不得不亲力亲为给牲畜挑水，为奶牛挤奶，有时是在黑暗中，因为在谷仓里使用明火太过危险。“你可以在黑暗中给奶牛挤奶，但谷仓周围有很多事情是你无法在黑暗中完成的。”一位农村电气化的支持者回忆道：“提着灯笼，在一个堆满可燃物品（干草和灰尘等）的谷仓周围工作，这太可怕了。”[5] 一位来自得克萨斯州的农民评论道：“冬天的早晨是如此黑暗，以至于你可能会误认为自己正处于一个盖子紧闭的盒子里。”[6]

收购牛奶并进行装瓶贩卖的人要求提货前牛奶必须保存在 50 华氏度以下。如果不是这样，他们就会拒绝接收，说这只适合喂猪。在没有制冷设备的情况下，农民们不得不把牛奶拉到小溪或井里冷藏，或者用冰块包装。新英格兰的夏天比较凉爽，农民可以在冬天切割冰块并将其储存在锯末中，但是南方农民就不得不购买昂贵的冰块，即使埋在锯屑中，冰块在极热的天气下也会很快融化。

缺乏中央供电站对不同农场的影响不尽相同。经济更富裕、思想更进步的农民尽可能地实现了现代化，而不依赖于电网。一些人借助蒸汽机、风车和水车来发电，到 1912 年，随着以汽油为动力的德尔科发电机的出现，有更多的农民受益。尽管运行成本很高，但德尔科发电机能为谷仓提供多个小时的照明，或者用于抽水和运转机器。几乎所有拥有发电机的农民都将其用于农场工作，而家里却不会使用。当一半的城市和大城镇社区都已通电时，几乎所有的农村家庭仍然依靠煤油灯照明。

在农场，电力对日常生活的影响甚至比城镇更大，因为城镇家庭在通电之前就已经与市政煤气、供水和污水处理系统连接起来。城市中的妇女可以利用仆人、洗衣店、面包店、商店和肉店的优势。而对于农场妇女来说，拖动一个 4 加仑、重达 32 磅的水桶，就已经是一项非常艰巨的任务。“我每天都要打水……一天不止一次，基本在两次以上；哦，我已经搞不清多少次了。我需要用水来擦地板、洗衣服和做饭，这是一项艰苦的工作。我总是在打水。”[7]一位得克萨斯州的农妇评论道。另一位农妇则说：“你看到我的肩膀有多圆了吗？那就是打水的结果。”[8]

除了打扫房子和做饭，农妇还需要将水果和蔬菜装入罐头，这意味着在盛夏时节，她们几乎每天都要搬运木材或煤来生火，守在热炉子旁。桃子熟了，玉米也熟了，还有豆子和西红柿，它们在高温下很快就会腐烂。但烹饪、收割和装罐还不是最繁重的工作。“除了结婚的头五年，我一直住在农场里，我感觉跟在监狱里差不多，因为工作是如此辛苦，而且永远做不完。最难的是洗衣服。”[9]一位农妇如是说道。洗衣服不仅需要搬运和添加热水，她还需要把全家人的衣服浸泡在锌桶里，并用洗衣板搓洗。一位农妇回忆说："当我成家后，有很多次都是凌晨3点起床洗衣服。"[10]她们还要加热更多的水进行漂洗，并用手拧干所有的衣服，或者将它们放入烘干机或绞干机中，最后再挂起来晾干。还有一位农妇回忆道："洗完衣服的时候，整个脊背都已经直不起来了。我告诉你，这是我一生中永远不会忘记的事情，我永远不会忘记我的背在洗衣日有多疼。"[11]然后，农妇们又要花一天时间，用她们的铸铁熨斗来熨家里所有的衣服。再一次，加热炉子，拖来足够的木头让炉子燃烧一整天。

至于照明，农妇们仍然不得不每周擦拭一次或两次煤油灯的灯罩，还要处理火焰产生的烟尘。随着时间的推移，油灯的亮度增加了。有着精致灯罩的阿拉丁灯（Aladdin Lamp）被宣称能够发出与60支蜡烛相同的光亮，虽然效果不错，但操作起来仍然很烦琐。美国前总统吉米·卡特（Jimmy Carter）写道：

我们的人造光来自煤油灯，而在一个无人的房间里留下一盏燃烧的煤油灯几乎是一种犯罪。唯一的例外是前厅，那里有一盏大约5英尺高的阿拉丁灯，它的石棉灯芯奇迹般地提供了足够明亮的照明，供人们在大范围内阅读。当我们离开吃饭的时候，会把火调小，既节省了燃料，也避免灯的火焰过大，使脆弱的灯芯被厚厚的烟灰熏黑。当这种情况发生时，我们就不得不长时间小心翼翼地控制火焰大小，同时在近乎黑暗的环境中等待煤烟散尽，以便我们能够再次阅读，这是一次不幸的事故，总要有人为此负责。[12]

对母亲们来说，煤油灯还伴随着另一个危险："要知道，你可不能把一个会走的婴儿留在有灯或蜡烛的房间里。所以，你要么让孩子待在黑暗中，要么就和他待在一起。"[13]

在电出现之前过这样的生活，与被剥夺了电的使用权而不得不过这样的生活是有区别的。到了20世纪20年代，农民们非常清楚他们与另一个世界的隔阂。他们被称为"乡巴佬""乡下佬""笨蛋"。一些提倡乡村生活的人，尽管他们理解将电网扩展到农村是必要的，但他们对电网带来的变化也感到担忧。他们把电看作"这个充满白炽灯的爵士工业时代的一部分，永不满足，但热情澎湃，(他们)只是不想远离白光，离自己近一点，或多或少有点孤独。"[14]但大多数农村家庭都没有这样的忧虑，他们开始对没有电感到不满，每当他们去到一个城市或从住在那里的朋友和亲戚那里听到消息时，这种不满就会加剧。农村的免费送货上门服务把目录和杂志送到了他们家中，还带来了电熨斗、洗衣机和电灯的广告。尽管人们仍然无法解释电的含义，但电的存在被理想化为善良的仙女。广告中的女性干干净净，化着妆，穿着当时的时髦服装，戴着耳环，穿着高跟鞋。她们像舞者一样笔直地站着，一只手优雅地推着吸尘器。广告中的现代厨房完全没有杂乱感，而且是白色的，明亮的白色：搪瓷电炉和烤箱以及嵌入式橱柜闪闪发光，丝毫看不出农妇每天都与煤烟和灰烬做斗争的痕迹。

但这不仅仅是为了简单和干净。通用电气公司的广告把电气生活和成为贤妻良母画上等号。1925 年的一则广告宣称："这是对成功母亲的考验，她知道应该把重要的事情放在第一位。她不会把属于孩子的时间用来扫地……不会让家里陷入黑暗而剥夺孩子们晚上的舒适时光。按照现代标准，照亮一个房间的成本每小时不到 5 美分。……当然，任何家务劳动都不应该分散她的注意力，因为可以用电来完成，而且每小时只需几分钱。"[15] 对一个农妇来说，对这些现代事物的渴望毫无意义。即使她们能够获得这些东西，但没有中央供电站提供电力，它们毫无用处。这是一种新的社会隔阂。

也许许多女性最渴望的不是东西本身，而是自由时间。一位农妇评论道："在这个时代，农妇需要的是电。有了电，当房子被照亮，奶油被分离和搅拌完成，洗衣、熨烫、清扫、缝纫也都由电来完成，这样她就可以从照看灯具，清理罐子、平底锅等长久以来的苦差事中解脱。这样，她就可以有时间参加社交活动和改善她的思想。"[16] 而另一位说："我们希望有机会像城市的姐妹一样生活，而不是被逼着像农民或奴隶一样生活。”[17]对于男性和女性来说，除了农活之外，他们只是不希望被排除在外。年轻人尤其如此，他们声称：“在我们发现之前，一切都已经发生了。与世界其他地方相比，我们已经回到了原始时代。”[18]

无论是在得克萨斯州、宾夕法尼亚州、艾奥瓦州、缅因州和亚拉巴马州，还是在科罗拉多州，对于那些从20岁到30岁再到40岁都一直在等待电到来的人来说，有的只是时间，不停等待的时间。也许在之后的岁月里，随着时间的流逝，这些声音会变得更加坚定。随着白天过去，最后一件杂务也完成，田野和树林中度过的日间生活告一段落，人们回到室内。黑暗划定了自己巨大的基本轮廓。一家人围着桌上的煤油灯。煤油——曾经似乎是“几个世纪以来人们梦寐以求的燃油”[19]——已经成为过时和与未来隔绝的象征。詹姆斯·艾吉（James Agee）在《现在，让我们赞美伟大的人》（*Let Us Now Praise Famous Men*）中写道：“煤油灯与电相比，就像步行和骡子对于汽车和飞机一样，或者就像犁过的黏土对于人行道一样……这些日常事实和鸿沟有着不可估量的强大力量，在许多方面对身心都有着不利的影响。”[20]

艾吉所写的佃农在电力线路铺设之前很久就发现了电力垃圾的用途。在亚拉巴马州的一个乡村墓地，他看到了用松木墓碑标记的坟墓，这些松木床头板会随着时间的推移而风化。然而，坟墓及其周围的装饰会比木头更耐用。有些坟墓的边沿围着白色的蛤壳，有些女性的坟墓则会用牛奶玻璃制成的盘子、黄油碟和篮子来装饰。还有些坟墓上放有这些人一生中从未拥有过的东西。艾吉写道："在某座坟墓的正中央，一枚烧坏的灯泡被拧进了泥土里，而另一座坟墓，墓碑前面的黏土斜坡上，有个马蹄铁，边缘紧挨着墓碑；一枚坏掉的灯泡竖立在坟墓的中央。而其他两三座坟墓上，则放着蓝绿色的玻璃绝缘体。"[21]

电力线路向乡村的延伸本可以不如此缓慢。历史学家大卫·奈指出，"美国的街道照明迅速发展，远远超出了功能需求，包括用灯光打造广告和公共建筑的奇异景观。相比之下，在斯堪的纳维亚、德国和荷兰，观赏用照明发展得很慢，但每家每户的电气化被认为是一个理想的政治目标，并且在 1930 年前就已经实现了 90%"[22]。在那些政府将电力建设视为一项社会和政治责任并发挥积极作用的国家，农村电气化往往发展得更快，但在没有资金和基础设施来发展长途线路的情况下，只有政府的重视也不能确保成功。

当弗拉基米尔·伊里奇·列宁（Vladimir Ilyich Lenin）为经过多年革命和战争的苏联制订长期经济复苏计划时，电气化是该计划的核心。苏联马克思主义者认为，它将“在城市和农村之间建立联系，从而有可能提高农村的文化水平，甚至在这片土地上最偏远的角落，克服落后、无知、贫穷、疾病和野蛮”[23]。但是在1920年，苏联城市甚至连电力基础设施都还没有。当电气工程师格列布·M.克日扎诺夫斯基（Gleb M. Krzhizhanovskii）“展示了一幅苏联电气化后的照明蓝图，来说服第八届苏维埃代表大会批准国家电气化计划时，莫斯科的发电量很小，以至于点亮蓝图上的灯泡就会导致城市部分地区陷入黑暗”[24]。由于政府没有足够的资金为这个幅员辽阔的国家建设基础设施，农村电气化远远没有达到列宁的期待，尽管电灯泡后来被称为“伊里奇之光”，并成为苏联宣传现代化的象征。

但也有很多国家发展农村电气化的成功案例。1924年，宾夕法尼亚州农业委员会农村电力委员会的顾问哈罗德·埃文斯（Harold Evans）发表了一份关于全世界农村电气化的调查报告。他讲述了瑞典、法国、荷兰、新西兰、加拿大和其他国家的情况。以瑞典为例，它在第一次世界大战期间被迫切断了煤炭和石油供应，并立即转向电力生产以获取动力。埃文斯写道：“十年前，农村电气化在瑞典几乎不为人知，然而到了今天，950万英亩耕地中，有40%覆盖了电力。……这种快速发展是通过许多不同机构一起实现的，其中最重要的是瑞典中央国有电力系统、较大的私营电力公司和农民合作社。”[25]

加拿大于 1910 年开始利用尼亚加拉大瀑布的水力来发电。政府控制了大部分电力，到 1911 年，安大略省决定优先向农村输送价格合理的电力。虽然占地 40 多万平方英里的安大略省部分地区，像美国的有些农村地区一样，直到大萧条和第二次世界大战后才看到电线，但政府的意图是确保大部分农村地区比美国农村地区更早实现电气化。埃文斯指出，“安大略省每单位人口的发电量是美国的两倍多，而且增长速度也比美国快得多”[26]。尽管在 1924 年，只有大约 3% 的美国农场与中央供电站相连，但他仍然相信，到 20 世纪 30 年代初，美国将有一半的农场实现电气化。

事实上，当托马斯·爱迪生 1931 年 10 月去世时，美国只有不到 10% 的农场与中央供电站相连。据《纽约时报》报道，当他于 10 月 21 日黄昏下葬时，门罗公园首次成功试验白炽灯泡 52 年后，他的遗孀可以从新泽西州西奥兰治的墓地看到，“远在曼哈顿，他的智慧给世界带来的灯光让天空熠熠生辉”[27]。为了向爱迪生致敬，赫伯特·胡佛（Herbert Hoover）总统要求在太平洋时间晚上 10 点，也就是太阳完全落下的时间，全国同时熄灯 1 分钟，陷入黑暗。全国各地的广播电台也会宣布这一时刻。“胡佛先生让每个公民都来参与这一分钟的黑暗，他指出，即使电流只是停止一瞬间，也可能在这个国家的某个地方造成死亡。

总统宣称：‘这证明了这个国家的生命和健康对电的依赖，这本身就是爱迪生先生天才的纪念碑。’”[28] 然而大多数农户没有收音机，收听不到这个消息，他们本身就处于半黑暗状态，只能围坐在煤油灯周围。

13
农村电气化

1908 年，西奥多·罗斯福（Theodore Roosevelt）总统委托乡村生活委员会前来调查美国农村地区日益恶化的生活质量。当委员会公布其报告时，它的结论是："在美国的农场上开发小型电厂比我们驾驭尼亚加拉更重要。"[1] 但是，直到 20 世纪 20 年代，当宾夕法尼亚州长吉福德·平肖（Gifford Pinchot）进行了"大型电力调查"（Giant Power Survey）后，才有政府机构，无论是联邦政府还是州政府去广泛研究电气化对美国农村意味着什么。该调查表明，农村电气化将使工厂有希望迁出城市中心，不仅可以缓解城市拥挤和居民过多的负担，还可以使农村生活现代化，并"把女性和苦役分离开来"[2]。另外，调查显示，电气化能以廉价和清洁的方式做到这一切。平肖提出了一项主要基于燃煤发电厂的能源强化计划，让他所在州的农村地区实现电气化，但宾夕法尼亚州立法机构在公共事业公司的压力下，未能批准该计划。直到 20 世纪 30 年代，随着罗斯福新政的实施，广泛的农村电气化才开始成为现实。

农村现代化一直是罗斯福在担任纽约州州长期间关注的问题，当时他在佐治亚州沃姆斯普林斯的乡村度假区意识到了电力分配的不平等。他回忆说："当我的小别墅的第一张月度电费账单寄来时，我发现电费是每千瓦时 18 美分，大约是我在纽约海德公园住宅电费的 4 倍。这让我开始了长期的研究，研究合理的电力收费，以及让电力进入农村的整个课题。"[3]

1933 年，罗斯福创建了田纳西流域管理局（Tennessee Valley Authority，TVA），作为旨在减轻大萧条影响的一系列措施的一部分。TVA 监督田纳西河及其支流的开发，它们流经整个田纳西州以及肯塔基州、弗吉尼亚州、北卡罗来纳州、佐治亚州、亚拉巴马州和密西西比州的部分地区。这些地区是美国最贫穷的农村地区，由于大量的棉花生产、粗放的耕作方法和过度利用，那里的土壤资源早已被消耗和侵蚀；频繁的洪水淤塞水道；几乎没有农村社区或农场拥有电力。TVA 项目的核心是在田纳西河及其支流建造一系列大坝和水库，用于防洪、航行、灌溉、娱乐和发电。州、县、市政府部门和农民合作社将首先获得生产的电力。然而，该地区的公共事业公司对这些项目表示强烈反对，并提起了许多诉讼，指控政府通过出售电力与他们直接竞争是违宪的，但最高法院最终支持 TVA 项目的合宪性。

TVA 进行了综合的区域规划，因为罗斯福相信，只有综合流域内的各种条件，才能永久地改善河谷居民的生活质量。他认为电力不仅能使人们的生活现代化，而且也是一种道德力量，能够提高人们的公民意识，加强社区内部的联系。罗斯福坚持："电力实际上是次要的问题。"

> 我们在那里要做的，是为大约 350 万人建立一个分水岭，他们几乎都是农村人，我们正试图让他们成为不同类型的公民。……你还记得前几天开车去惠勒大坝（Wheeler Dam）的情景吗？当时你经过亚拉巴马州的一个县，那里的教育水平几乎比任何美国其他县都低。……他们从来没有过机会。你所要做的就是看看他们住的房子。……所以 TVA 的主要目的是改变和提高河谷居民的生活水平。……如果能让这些人获得廉价的电力，你就能加快提高生活水平的进程。[4]

TVA 建立了试验和示范农场，并通过大学实验站和推广服务向农民传授良好的农业规范，例如正确施用优质肥料，在山坡上修筑梯田以防止水土流失，以及种植覆盖作物。TVA 还制订了一系列方案，向农村妇女传授营养、食物安全处理和环境卫生的知识。TVA 还鼓励成立电力合作社：将某一特定地区的农民联合起来，共同支付将线路延伸到农场的费用。合作社的所有成员，无论是住在发电站附近还是住在偏远的农村地区，都将支付相同的费用。1934 年 6 月，当 TVA 地区的第一家农村电力合作社即密西西比州的奥尔康县电力协会开始运转时，罗斯福说：

> 奥尔康县的人们……做了一件非常有趣的事情。那里有一座很大的城镇科林斯（Corinth），当地居民可以每千瓦时 2 美分（这一价格并不准确）的价格购买家庭电力。但是，如果他们将电线接到农场，他们就不得不向农民收取每千瓦时 3 美分的费用。换句话说，农民得支付更多。……而科林斯人做了什么？……他们自愿同意接受并支付每千瓦时 2.5 美分的费用，这样农民就能够以每千瓦时 2.5 美分的价格购买电力。这是一件很不寻常的事情。这就是社区规划。[5]

TVA 的覆盖面很广，尽管它在某些地方比其他地方更容易被接受，但对那些有能力负担费用的人来说，拥有电力的生活显然是诱人的。该局的一名主管大卫·利连撒尔（David Lilienthal）带着所有参与者的理想主义，于 1935 年 10 月在他的日记中写道：

在费耶特维尔（Fayetteville），来参加阿德摩尔附近变电站开幕式的农村居民有1万人之多。……在演讲之前，我有机会在法院的院子里走一走，看到了，也听到了他们的谈话。当在法院院子里的看台上向人群讲话时，我注意到人们对农村电气化项目的热情……这真的令人惊讶。……不知何故，TVA的电力有种魔力。我们真的激起了公众对电力的想象。[6]

建造一个庞大的水坝系统意味着沿河的许多城镇、定居点和农场将被淹没。为了建造第一座大坝，即建在田纳西州东部克林奇河和鲍威尔河交汇处下方的诺里斯大坝（Norris Dam），TVA通过征用土地的方式，购买了5个县大约240平方英里的土地。山谷陡峭，森林被砍伐，田地被几代人的精耕细作所侵蚀和耗尽。年轻人早在几年前就离开了，搬到城市去找工作，因为即使在人口稀少的山区，土地能够养活的人也是有限的。但是随着经济萧条的加深，这些搬迁者慢慢地回到了家乡，他们的回归给这片土地带来了更大的压力。

许多家庭世代生活在这里，居住在由农民和佃农以及十字路口的商店和教堂组成的与世隔绝的小社区里。有些人从未到过诺克斯维尔（Knoxville）。农民们大多自给自足，他们也会额外生产一些鸡蛋、黄油和蔬菜，在当地商店以物易物，换取咖啡、盐、面粉和犁具。埃莉诺·巴克尔斯（Eleanor Buckles）写道，这样的商店“即使没有顾客也会爆满”。

> 盒子、箱子和桶，还有自制的家具、篮子、编织品、雕刻品，以及以物易物的狐狸皮，全都挤在一起。一箱箱的鞋子、一袋袋的饲料和一匹匹的布料从架子上溢出来，堆满了地板。后面放着理发椅，周围是供坐的箱子和木桶。……天花板中央的汽油灯发出耀眼的白光，满是灰尘的横梁上悬挂着的铁链和马具，投下的影子在墙壁上晃动着。[7]

人们在独立的个体之间创建了一个不可替代的相互依存的系统。他们互相帮助照顾病人，为邻居敲响丧钟。

> 不需要通信设备，人们就可以听到几英里外的钟声。他们敲响丧钟的方式与众不同。他们会先拉一下绳子，保持几秒钟，然后再让它回到原位，而不是让钟自然响着。每个人都认得丧钟的声音，他们知道社区里有人去世。当然，整个社区都会来帮忙准备食物，帮助和完成任何需要为这个家庭做的事情。[8]

3000多个家庭被迫离开他们在诺里斯盆地的土地。TVA付给他们相应的“市场价值”，但没有人觉得这样便已足够——事实上也是如此：社区将会分散；他们将搬到陌生的地方。最后，大多数人只能极不情愿地离开。诺里斯盆地被洪水淹没时，约翰·赖斯·欧文（John Rice Irwin）还是个孩子，他记得：

> 我猜他们觉得这样做是为了他们所在地区的利益。……我相信，当后来看到TVA的成就时，他们会对这一点特别有感触。我认为这有点类似于过去的参军，你知道的。他们不想去，心里十分害怕，因为有可能会丧命，但他们同时又觉得这是义务。……很难描述他们对这片土地的依恋，他们的情感投入，以及他们将不得不离开这一切，来到其他地方的事实。你知道，这不仅因为他们在那里度过了一生，而且因为从祖父母记事起他们就生活在那里了。[9]

在水库蓄水之前，外来者的人数比以往任何时候都多，他们来到了这里，包括工程师、搬迁工、作家、摄影师。刘易斯·海因（Lewis Hine）在洪水淹没那里之前为那里的生活留下了经久不衰的影像，女人们在院子里用锌盆洗衣服，孩子们在木屋学校里乖乖地坐成一排。欧文指出：“那里的人们觉得他们在照片中被描绘成了与世隔绝、无知的山民。我不知道TVA在这之中扮演了什么角色，这些照片是不是来自 TVA，或者两者皆是；但这是我记得的最严厉的批评，我认为比其他任何事情都重要。”[10]

任何可能漂浮到水面并堵塞大坝的材料，如木墙、屋顶、铁皮都被拆除或拖走。烟囱、混凝土和石头被原封不动地保留了下来；水可能会漫过它们。3000 户人家的 5000 名逝者被挖掘出来，重新埋葬在地势较高的地方。当水位上升时，最好的土壤，即底层土壤，连同尘土飞扬的院子、林地和小溪一起被淹没。水沿着山脊蔓延，流入山谷，从那时起，通往山谷的道路成了平静的水面。

TVA 原本就没有能妥善安置这些人的计划。大多数人分散在整个县，来到和他们被迫离开的土地一样的边缘地带。年轻人可能比老年人容易些，因为老年人在晚年几乎没有机会适应一个新的社区。

TVA 确实在距离诺克斯维尔大约 20 英里的地方建了一座城镇。田纳西州的诺里斯受到 19 世纪末英国花园城市运动的影响，该运动试图通过宣扬建立温和的、可步行的、自给自足的、充斥着保护性绿地的城镇，使工业城市人性化。在诺里斯，每一间通电的雪松木屋都有一个面向邻居的门廊，并且离商店、教堂、邮局和其他服务机构都只有几步之遥。该镇四周是林地。

人们的想象中，住在那里的人会有广泛的机会学习农业、艺术和贸易。

但就像TVA本身一样，愿景是一回事，现实又是另一回事。最早建造的建筑是大坝工人的宿舍，后来建造的房屋被参与大坝建设的专业人士占用。诺里斯从未安置过那些被剥夺权利的人。几乎没有当地家庭，无论是以前的地主还是佃农，定居在诺里斯，黑人也不被允许在这里居住。克兰斯顿·克莱顿（Cranston Clayton）写道："黑人是绝对被排除在外的。"

> 黑人甚至不能住在镇子的郊区，住在自己的小屋里。……南方城镇至少会允许外来人口居住在河边或铁路旁肮脏的棚屋里。但这里政府的做法更糟糕，完全把他们排除在外。这种打击更加令人沮丧，因为它是由美国政府造成的。黑人视政府为最好的朋友，如果不是唯一的朋友的话，联邦法院大概是黑人感到作为美国公民能够保护自己的唯一机构。诺里斯是在政府拨款的基础上建造的。这个项目得到了国家的支持，因此应该在一定程度上不受地方偏见的影响。[11]

全国有色人种协进会（The National Association for the Advancement of Colored People，NAACP）对TVA进行了多次调查，

指控其在雇用和安置黑人方面存在歧视。当 NAACP 公布其调查结果时，TVA 对指控的回应是，他们无法找到足够多的黑人熟练劳动力来填补这些职位。诺里斯案中的歧视从未得到纠正。最终，它将成为诺克斯维尔的“近郊居住区”。

至于诺里斯大坝周围地区的电气化问题，许多搬迁者不愿意或无法给他们的房子通电，大多数人直到第二次世界大战后才有电可用。巴克尔斯写道：“一个疫病肆虐、贫困潦倒、在被烧毁的土地上种植单一作物的地方无法负担电力，也无法购买工厂生产的产品。”[12]

罗斯福政府在 1935 年成立的农村电气化管理局（Rural Electrification Administration，REA）并没有直接参与社会工程，它是在 TVA 项目实施两年后成立的；它有着更直接的使命，那就是为全国的农村居民输送电力。REA 的第二任局长约翰·卡莫迪（John Carmody）回忆道：“我们都在摸索着前进。”[13] 第一任局长莫里斯·库克（Morris Cooke）设想，REA 将直接向电力公司发放低息政府贷款。有了这笔钱，公共事业公司将延长他们的电力线路，向农村提供大范围的电力供应，作为对优惠利率的回报，他们将降低农村客户的费用。

但是私营公共事业公司仍然看不到农用电力的潜力，特别是在 20 世纪 30 年代初经济不稳定的年代。那时，美国大多数电力公司都与大型控股公司密不可分，这种模式是几十年前由塞缪尔·英萨尔开创的，他在为芝加哥郊区带来电力的同时，还系统地收购了该地区外围的小型电力公司的控股权，并将它们与其他资产合并。控股公司被公共事业公司的稳定性所吸引，他们可以用这种稳定性来担保其他风险更高的投资，但这种做法将公共事业的财务安全与这些其他投资捆绑在了一起。大型控股公司不仅比独立的公共事业公司更不稳定，而且它们的业务范围也扩展到了更广阔的地理区域。

在 1929 年股市大崩盘期间，大型控股公司遭受的巨大损失也损害了公共事业的财务状况。经济脆弱的公共事业公司不仅成为股东的负担。而且由于公共事业公司现在的信用更差，他们借钱的成本更高，从而使这一成本转嫁给了消费者。1935 年，为了更好地控制公共事业，使其稳定，罗斯福总统签署了《公共事业控股公司法》（Public Utility Holding Company Act，PUHCA），该法案严格规定了可以持有公共事业股票的公司规模和类型。除此之外，该法案还限制了此类公司的负债额，由政府设定电价，并强制公共事业公司向所有人出售电力，以此来换取对特定服务区的独家贩卖权。

即使有这样的规定，公共事业公司也未能将电力服务扩展到美国的农村地区，因此库克开始了一项计划，建立像奥尔康县和其他 TVA 社区那样的农村合作社。农村男女一起经营合作社，成员们负责记账，阅读电表，并在出错时参与故障排除。REA 向农村地区提供贷款，不仅用于电力线路建设，也可以用于支付私人住宅的布线费用。罗斯福政府知道，光是延长电力线路是不够的，因此他们还成立了联邦信贷机构家庭和农场电力管理局（Electric Home and Farm Authority），为人们购买冰箱、炉灶和热水器提供补贴，所有这些都将增加家庭用电量，同时促使农村生活现代化。在可行的情况下，社区可能会建造小型发电厂，但大多数情况下，他们会从现有的公共事业公司那批发电力。

到 1938 年，REA 已经在 45 个州资助了大约 350 个项目。历史学家凯瑟琳·杰利森（Katherine Jellison）指出："最初，REA 的受益人群相对较少，主要是那些中等收入的农村家庭，以及那些生活在人口数量达到临界水平的农村地区的居民。"[14] 几十年后，最偏远和最贫穷的社区才会看到电力线路的到来。一个合作社可能涵盖多个小城镇，其中包括商店、礼堂、加油站、学校和其他城镇建筑以及周围的农场。通常情况下，一个合作社需要建造超过 200 英里的电力线路，为此它要向 REA 贷款大约 25 万美元。

为了节约资金，电缆跨度会比较长，也就是说每英里的电线杆数量比城市中心要少。为了保护电缆免受强风和结冰的影响，人们会使用钢筋进行加固。最初，农村电力线路的建设成本为每英里2000美元，但很快这个数字就降到了600美元左右，部分原因是工作效率的提高。一组又一组的工作人员把布线工作串联起来：一组绘制工程图，一组挖洞，一组竖起电线杆，一组展开线缆，如此反复。在老照片中，你可以看到电线工人蹲在卡车的后面，身旁是一卷卷的电线，准备绑在高高的电线杆上，拉电线杆的马匹在旁边并排行走着。农村居民经常认为电线工人是英雄，因为他们几十年来一直在等待自认为被剥夺的东西。一份报告写道："施工人员……在冰冻的地面上挖出3英尺深的洞，并在积雪齐腰深的时节架设电线杆。"[15]另一则报道称："一名印第安纳州妇女因肺炎躺在自己的农舍里，奄奄一息。医生说，氧幕可能可以救她，但家里没有电，无法运行氧幕的风扇。三名线路工人在暴雨中工作，仅用两小时就建成了一条500英尺长的电线。开关被打开，那名妇女的命保住了。"[16]密苏里州堪萨斯城外有一个传奇团队，被称为"电线四骑士"。杆子本身细长，通常只有一个横担，被称为"自由之杆"。

公共事业公司很快意识到，他们低估了许多农村社区对电力的需求和渴望，为了破坏合作社的成果，某些公共事业公司试图掠夺最有利可图的客户，这些客户居住在城镇附近，而且很富裕。就在合作社线路接入之前，一家地方的电力公司甚至在半夜竖起电线杆来撬走这些客户。人们称之为"恶线"（spite line）或“蛇线”（snake line），因为它们几乎从不笔直延伸，而是在一个区域内纵横交错。一位 REA 合作社的专家回忆道：“在弗吉尼亚州，一家合作社设计了一条向北穿过荒野的线路，终点是钱斯勒斯维尔（Chancellorsville）附近一个繁荣的乳制品产区。当施工即将开始时，电力公司在钱斯勒斯维尔外修建了一条短程线路，为少数几家大型奶牛场提供服务，而该合作社正是依靠它们使其 40 英里的线路可行。”[17] 此类策略——有记录的类似案例足足有 200 多个，不仅削弱了合作社的效率，而且也让合作社的电气化项目难以成功。

当电力来到农村时，灯泡变得更亮，洗衣变得更高效，熨斗也变得更精简。有负担能力的农民甚至在他们的房子接通电源之前就购买了多种电器，或者从城市朋友那里获得二手电器，所以不像早些年那样，许多人一下子就体验到了电力覆盖的全部便利。他们的厨房里不再堆满灰色的锌盆和桶，洗衣板和柴炉，而是明亮的白色搪瓷炉、冰箱和洗衣机。他们家里充满了轻微的呼呼声和嗡嗡声。一位女性在结婚两年后回忆道：

> 我收到了这些漂亮的结婚礼物。一台电动咖啡机，一台电烤面包机，它们就放在那里。……所以电力接通的那天，我一直坐在餐桌旁。电动咖啡机插上电源，烤面包机

也插上了电源，上面挂着一枚光秃秃的灯泡，我坐在那里等待着。……你不知道这样有多么兴奋，我已经擦亮了所有的油灯灯罩，它们整整齐齐地排成一列。我再也不用擦拭那些满是煤烟的老东西了。我再也不用给它们装满油脂，再也不用修剪灯芯。它们只需摆在那里，太高兴了。[18]

那些在通电出现之前就有电池供电收音机的人，不得不计算收听时间。前总统吉米·卡特回忆道："我们在前厅有一台电池供电的大型收音机，我们只有在晚上才会用，围坐在一起欣赏《阿莫斯和安迪》（'Amos and Andy'）、《费伯·麦基和莫莉》（'Fibber McGee and Molly'）、《杰克·本尼》（'Jack Benny'）或《小孤儿安妮》（'Little Orphan Annie'）。当它没电时，我们有时会从皮卡中取出电池，让它继续播放以收听特殊事件。"[19]然而，在完全实现电气化的生活中，到处都是音乐、掌声、笑话、天气和农场新闻等声音。一位女性回忆说："拿到收音机的那天，我们把它放在厨房的窗户上，对着田野，然后把音量调到最大。才一周，工人们就开始无法忍受没有收音机的日子。"[20]但是农妇们也小声地抱怨：

她们说，丈夫们比以往任何时候都花更多的时间在牛棚里试验他们的电动挤奶器和冷却器。他们的妻子认为，许多男人在牛棚里放收音机是为了自娱自乐，但是男人们告诉我，他们的奶牛在音乐陪伴下的产奶量比没有音乐时更多。……这种现代化的结果是，这些农民的妻子告诉我，第一次觉得让男人进屋吃饭是件难事。他们就像有了新玩具的男孩一样，总是爱摆弄新设备。[21]

对于卡特的家人和他们的邻居来说，电改变了他们对自己和社区的感觉。他回忆道："自我记事以来，我一生中最美好的一天，可能除了结婚那天，就是他们打开我们家灯的那个晚上。此外，将农村电力计划引入我们国家的农场，也使我们有可能打开自己的心灵和拓展自己的思维，参与到各种事务中来，如果没有农村电力计划，这一切都是不可能的。"[22] 一位宾夕法尼亚州的农民说："如今我们觉得自己是一等美国公民。"[23] 还有人说："电力改变了乡村的生活方式。这里正是变革的开始。电力让乡下人和城里人的地位变得更加平等。"[24]

电灯光可能是最不重要的；电熨斗、洗衣机、水泵和挤奶机会给他们的生活带来更大的变化。20 世纪 30 年代末和 40 年代，电力最终到来，这就是他们等待已久的光。在晚上，看到（和被看到）厨房桌子周围以外的东西，看到房间的角落或丈夫的脸。"真是太好了。就像从黑暗走向光明一样。"一位农民说，"我永远不会忘记他们宣布通电的那一天。我一直等到天黑才去做家务。我让谷仓像圣诞树一样亮起来。哇，那看起来真不错，特别是在马厩，你不必再特别注意路线。”[25] 房子通电的时刻被称为“零时”，人们会打开所有开关，以确保他们不会错过连接的瞬间。有些人在接通后做的第一件事就是打开每一盏灯，然后开车到路上，只为了回头看一看他们被照亮的家。

对于那些在城市里的人来说，凌晨时分，电灯支配着爱德华·霍普（Edward Hopper）作品[26]中所描绘的餐馆里疲惫不堪的人：服务员，一对夫妇，坐在一边的孤独男人。他们的行踪是个谜。与此同时，农村的男男女女在厨房天花板上悬挂着的裸灯泡前不知所措地站着。有些人把玉米芯拧进灯座，以防止“汁液”泄漏，还有些人一直拉着灯绳不松手，害怕一旦松开，灯就会熄灭。

有时，甚至节俭的农家也会整夜都开着灯：“厨房里的灯亮着，这是我见过的最美好的景象。在使用了那么多年的油灯之后，这真是太美妙了。我从来没有指望会拥有它，除非我离开这里。”[27] 而这也是线路工人记忆中的灯光。“有些人希望你来为他们开灯，”其中一个人回忆道，“你知道的，他们有点害怕。他们对此一无所知。所以你去了，什么都不用做，只要打开开关就可以。于是，我打开了灯，哦，我的天哪，看哪，我们从来没有经历过这样的事情，你可以看清整个房间。”[28] 另一名线路工人说：“我见过这种情况，数百个地方都亮着灯，那是一种你无法描述的情绪状态。……有事情发生，像被闪电击中了一般，他们一下子变得不一样了。人们祈祷、哭泣、咒骂着。”[29]

煤油灯呢？在很短的一段时间里，煤油曾是最好、最“民主”的光。在记忆中，一些孩子会天真地回忆起晚饭后厨房里的油灯，或者父亲结束工作回来穿过院子时提着的灯笼，但很少有人会愿意回到那些日子。当宾夕法尼亚州的一间鸡舍终于通电时，他们为煤油灯举行了一场告别仪式：“1941年5月3日，亚当斯电力合作社将煤油灯埋葬于此，作为合作社成员家庭承担的远超过必要或正确时间的苦役和辛劳的象征，但随着电力系统的完成，煤油灯的使用现在已经走到了尽头。”[30]其他社区也举行了这种仪式。在其他地方，农民和他们的妻子直接把他们的灯笼砸在地上，心满意足。

农村人习惯于自给自足，自己修理犁具和挑选种子，电力对他们来说仍然是个谜，农民的电力手册传达了一种长久以来的困惑：“什么是电？……今天仍没有人知道确切的答案。实际上我们所知道的是，这种强大的能量存在于这个世界上，而且它已经被‘驯化’，因此可以作为安全、稳定和高效的仆人来服务人类。”[31]而现在，像城市人一样，农村人也被束缚在一个巨大的网络之中。当一场安静的冬雨降临，气温下降，电线和悬挂在电线上的树枝结了冰，人们会听到像步枪射击一样的破裂声，并闻到松树的气味，然后黑暗会再次笼罩他们。他们的电动挤奶机在漆黑的谷仓里毫无用处；鸡舍和孵卵器里的温度也下降了。正如一位农民所观察到的："所有这些按钮式的东西逐渐变成了你生活的一部分。没有它，你就不能做饭；没有它，你就不能洗澡；没有它，你就不能喝水。如今，你已经被它困住了。……以前，如果你有一盏阿拉丁灯，你就可以点燃它，得到很好的光线，并继续忙你手头的工作，但你看看，当电力消失时，你就什么也做不了了。"[32]

电力出现意味着农民的孩子将会拥有不同的人生。一旦他们开始在电灯下学习，他们不仅会在学校表现得更好，而且也会让他们进入一个不同的世界："对于在拥有许多电力设施的环境下长大的农村女孩来说，被告知曾经的农村家庭没有电，就像在听天方夜谭一样。"[33]

有时候，电力确实给农场带来了更多的可能性。一位农民说："我从来没有想过电力的出现意味着什么。刚刚进入高中或者即将进入高中的孩子们，他们已经在计划长大后要在乡下做什么。过去，他们谈论长大后要做的事情，都是除了种地之外的其他工作。"[34]但是，这并不能完全阻止人们的离开，农场和农村家庭的数量继续下降。大多数农村儿童消失在现代世界的光辉中。

但事实证明，"自由之杆"的作用是双向的。电力向农村地区的延伸也刺激了城市人口向农村的迁移，把“白炽灯”带到了农民的家门口。雕塑家约翰 · 比斯比（John Bisbee）说，向前延伸的电线就像充分伸展的蕨类植物[35]，至少在比斯比家庭农场所在的佛蒙特州韦茨菲尔德的邓巴山（Dunbar Hill）的三张航拍照片中似乎是这样的。20 世纪 40 年代的照片捕捉到了一个处于电气化边缘的世界：一条简单的道路，三座农场。而 20 世纪 50 年代的照片中，线路已经沿着主干道前进，主干道两侧开始出现像卷曲小叶一样的支路。在最后一张照片中，从 20 世纪 60 年代开始，这些道路已经深入古老的野外，并沿着主干道延伸出了更多的像小叶一样的支路。对比斯比来说，在最新的航拍照片中，房屋和空地似乎在树木繁茂的黑暗中熠熠生辉。

14 冰冷的灯光

实际上，今天使用的每一种照明设备都是仿照太阳和星星设计出来的。……已知的所有人造灯具都会散发出热量，并且人手可以感知到。它们都是"热光"。

——E. 牛顿·哈维（1931）[1]

几十年过去了，白炽灯泡已经变得比爱迪生工厂里最初生产的那些更加坚固、更加可靠。玻璃的质量和强度都有所提升，真空的效果也提高了。最重要的是，灯丝已经从碳演变成钨，并最终演变成可延展的钨（钨本身质地非常脆弱，因此易断）。到1922年，著名的通用电气科学家查尔斯·斯泰因梅茨（Charles Steinmetz）宣称："今天我们生产的光是15年前的电灯所能产生的68倍。"[2]当然，更强的亮度则需要更多的热量，而且延展性钨丝是很热的："一枚60瓦灯泡的工作温度是高炉中钢水温度的2倍。石棉或耐火砖在这样的高温下会像蜡一样熔化。然而，灯丝的直径不到千分之二英寸，比人的头发丝还纤细。”[3]虽然这种热量有实际用途，例如能够孵化小鸡和给猪舍保温，但在家庭、办公室和工厂中很大程度上就被浪费了。这是特斯拉、爱迪生和其他人在白炽化初期就知道的事情。早在1894年，《纽约时报》的一名记者就曾感叹：“从一整块煤开始燃烧到最终以电灯光的形式出现，储存在煤中的能量就这样被消耗掉了，多么荒谬啊！”[4]

20世纪30年代，煤炭为日益增长的电网提供了大部分的能量，政府官员就不断增加的用电对已知煤炭储备量带来的压力表示担忧。此外，矿区的劳资纠纷有时会影响发电站的燃料供应，因此开发一种浪费率低的光源，即实用的“冷光”具有很大的吸引力。为此，物理学家E. 牛顿·哈维（E. Newton Harvey）对自然界中的生物发光进行了广泛研究，其中包括萤火虫、菌褶、水母、真菌狐火现象、甲虫等，他试图将其效果复制到实用的人类照明中。哈维对生物发光寄予厚望，因为导致生物发光的化合物荧光素和荧光素酶之间的反应极其高效：产生的几乎所有能量都用来创造光，而且几乎没有能量以热能的形式流失。此外，该反应是可逆的。正如哈维所说：“在这里，你有一种动物，可以制造燃料，燃烧并产生光……燃烧后的产物还可以再次转化为燃料，这样燃料就可以再次燃烧。萤火虫就像燃不尽的蜡烛一样。”[5]

历史上，人类一直都在利用生物发光在黑暗中视物，并不是在没有其他办法的情况下才会使用的照明手段，就像矿工在易燃的泰恩河矿井中利用发光的腐鱼来工作一样。几个世纪以来，东南亚各地的人们都会收集萤火虫，并把它们放入狭小的木笼或穿孔的空心葫芦里，以便在晚上发出光亮。有时，他们还会把萤火虫放到树上，以便照亮茶园和小路。在19世纪的日本，捕捉萤火虫是一种有利可图的营生：

> 日落时分，萤火虫猎人带着一根长竹竿和一张捕蚊网出发。当到达水边合适的柳树林中时，他就会打开网，然后用竹竿敲打闪烁着昆虫的树枝。这样一来，它们就被打到了地上，很容易收集起来。……但这一切必须在它们恢复到能飞之前迅速完成。……他的工作会一直持续到凌晨2点左右，这时昆虫会离开树木，奔向带露水的土壤。然后，他改变方法继续行动。他会用一把轻巧的扫帚拂过地面，把昆虫惊醒，然后像之前一样收集它们。据说，某位专业人士曾在一个晚上收集了3000只萤火虫。[6]

几只萤火虫就能提供足够的光线，让人能看清东西。19世纪末，在史密森尼学会的灯具收藏馆里，有一盏据说是爪哇小偷曾用过的暗灯。浅木碗上有一个可旋转的盖子，能够快速隐藏光线。小偷在灯笼内涂上一层沥青，然后把几只萤火虫黏在上面。当一只萤火虫死去时，他就用保存在甘蔗杆中的另一只萤火虫来代替它。

在西半球的南部地区，人们有时会看到一种可以生物发光的荧光叩头虫（*Pyrophorus noctilucus*）的光亮，这种甲虫会持续发出绿色的光芒。1725 年撰写的关于海地岛的历史证明了这一点：

> 起初人们发现了一种害虫，就像巨大的甲虫，比麻雀小一些，眼睛旁边有两颗星星，翅膀下面还有两颗，能够发出很强的光芒，借助这种光人们可以进行纺织、书写和绘画；西班牙人晚上会去猎捕小兔子，把这些动物绑在他们的大脚趾或大拇指上。……他们还会在夜里带着这种甲虫和火把出行，因为它们喜欢光，呼之即来。它们如此笨拙（原文如此），以至于掉落后就再也飞不起来；人们用那些星星般的甲虫身上的液体擦拭（原文如此）他们的脸和手，只要一直持续，光就会一直都在。[7]

荧光叩头虫是所有发光昆虫中最亮的。西班牙征服者贝尔纳尔·迪亚斯·德尔·卡斯蒂略（Bernal Díaz del Castillo）认为这些甲虫是敌人的火绳枪。在漆黑一片的夜晚，任何数量的甲虫都会显得神奇和壮观，尽管它们的实际体长还不到2英寸（远不及麻雀的大小），而且如今很少有人会认为它们的亮度足以帮助我们工作或走路。

斯泰因梅茨非常重视哈维在生物发光方面的研究。“我认为，20年后，这可能会成为一件具有巨大实用价值的事情。……当然，没有绝对的冷光，但是有许多可以被称为相对冷光的实验。……然而，没有一种能与哈维博士的研究相提并论，尤其是在低成本方面。所有其他光都需要煤或其他能源来产生电力。”[8] 在他几十年的研究中，哈维成功地研究出生物发光的运作原理，甚至能够在一瓶水中扩散足够的荧光素，从而产生足够稳定的光来阅读报纸。但是包括他在内的所有人都没能成功地将它转化为工业社会的实用之光。

20世纪30年代，研究人员离冷光成功最近的一次是荧光灯管，它使用的能量是相同亮度的白炽灯泡的四分之一，释放的热量也只有白炽灯泡的四分之一。它是19世纪放电灯的后代，放电灯使用各种气体混合物来产生不同颜色的光：氖气产生红色光，氩气产生淡紫色光，汞和氩气混合在一起产生蓝色光，而氦气会产生黄色光。这些灯最终被统称为“霓虹灯”，虽然它们被证明是招牌和广告的理想选择，但研究人员却无法找到一种单独或混合的气体，可以为工作场所或家庭提供实用的白光。

彼得·库珀·休伊特（Peter Cooper Hewitt）是最接近成功的人，时间就在20世纪初。他制作了一盏4英尺长的水银蒸气灯，能够发出蓝绿色的光，照亮室外空间，并应用于工业中，但它的大小和奇怪的色调并不适合室内使用。

1934~1938年，纽约通用电气实验室研发的荧光灯不再像早期的气体放电灯那样需要二次转换。为了做到这一点，含有汞和氩的玻璃管内部涂有一层磷光体。电流使汞升华（氩气有助于启动电弧），然后汞气体传输电流通过玻璃管。这一过程中会产生紫外线，而这些是人眼看不见的。然而，磷光涂层在紫外线的作用下能产生可见光。不同的磷涂层会产生不同色调的白色或是其他颜色。

即使在研究人员生产出技术可行的荧光灯后，通用电气的营销人员依然不确定公众是否会接受与白炽灯如此不同的东西。荧光灯的色调比白炽灯的色调冷。长管不仅笨重，光线分布不均，而且不能简单地插入传统插座或拧在白炽灯具上；它需要特殊的配件。此外，荧光灯具不允许任意互换：一盏用于13英寸灯管的灯具只能容纳该尺寸的灯。通用电气公司的大多数人认为荧光灯将主要用于装饰，当该公司在1939年纽约世界博览会上向公众介绍荧光灯时，它们占据了所有外部照明的三分之一，确实展现出明显的装饰性倾向。

展会在纽约皇后区法拉盛草地公园举行，当时美国仍深陷大萧条的泥潭中。它的主题“明日世界”旨在迎向光明的未来。一个清洁有序的1960年的城市，被一系列卫星城如普莱森特维尔包围，每个城镇有一万多人口，中间穿插着现代农场（尽管农场里的工人在让人多愁善感的黄昏中扛着锄头和镰刀走回家）和平整的绿色开放空间。州际高速公路系统将安全地承载汽车以每小时100英里的速度穿越整个乡间，博览会上推出的电视机将把一个勇敢的新视觉世界带入家庭。正如埃尔文·布鲁克斯·怀特清楚观察到的那样，这也是一个充斥着伊士曼·柯达、通用汽车、通用电气、西屋电气等商标的博览会。

> 通往明天的道路穿过皇后区的烟囱。这是一段漫长而熟悉的旅程，要穿过 Mulsified Shampoo 和 Mobil Gas，穿过布利斯街、Kix、astrin-O-Sol 和 Majestic Auto Seat Covers。穿过 Musterole，穿过人口稠密区那生机勃发的后院果树上娇嫩的粉红色花朵，穿过 Zemo，（Alka-Seltzer）……还有皇后区无与伦比的春天里挂在树下晾衣绳上和新绿的嫩叶一起随风摆动的衣服。[9]

到1939年，灯光设计师和建筑师能够使用各种明亮耐用的灯，他们可以利用这些灯光来创造自然的淡出和聚焦效果。与

1893 年的哥伦比亚世界博览会相比，渐变的阴影和光线强度创造了更复杂的效果，当时建筑师们依赖泛光灯来照亮外墙，或者用灯泡勾勒出建筑物的轮廓，尽管这些灯泡新奇而明亮，但它们减小了建筑物在夜间的外观尺寸，淡化了表面细节的精致。1939 年更先进的照明效果不仅强化了建筑的细节，还赋予了建筑物在夜间与白天截然不同的外观。建筑师们现在可以设计出几乎完全由玻璃构成的建筑，这不仅可以在夜间展示室内，还可以使室内光线与室外照明融为一体。

博览会上的一名记者观察后说："建筑中只有选定的部分会发光。白天坚固的建筑结构被无形的光线结构所取代。我们并不打算让夜晚的博览会和白天一模一样。天黑后，博览会变成了灯光的盛宴。"[10] 在"明日世界"的中心，这一点再清楚不过，那里分别矗立着现代主义风格的白色尖顶和圆顶。其中，610 英尺高的三面方尖碑名为特赖龙（Trylon），直径 180 英尺的球体由钢铁和水泥建成，名为佩里球（Perisphere）。球体的 8 根支撑钢柱被一圈喷泉遮挡着，所以从远处看，它似乎漂浮在水面之上。白天看上去简单的建筑在黑夜中变得神奇："当夜幕降临，球体沐浴在彩色灯光中，首先是琥珀色，然后是深红色，最后是强烈的蓝色，上面叠加着移动的白色灯光，通过云母过滤形成了不规则图案。"[11] 一位历史学家证实，其景象"与大约 30 年后从阿波罗号太空船上拍摄的地球景色有着惊人的相似之处”[12]。

在整个场地上，白色荧光灯管环绕在高大的旗杆中间，像一条腰带一样将它们系紧，照亮了道路。彩色荧光灯从背后照亮了壁画、标志和墙壁。无论是隐藏的、凹进的还是鬼斧神工的结构细节，它们都创造出流畅绚烂的效果：

> 在创意灯光技术的影响下，即使是最单调乏味的建筑也变得栩栩如生。白天，唯一能缓解美国钢铁公司穹顶金属质感的办法是在作为结构支撑的外部拱肋上涂抹少量蓝色油漆。但是到了晚上，拱肋就会发出明亮的天蓝色光芒，闪亮的钢铁表面也会反射出这种光芒，从而让整个穹顶闪耀出一种冷酷之感。……最引人注目的应用之一是石油大厦的设计，该建筑为三角形结构，波纹钢板的鳍状物在其外表面呈四个凹形条状上升。每块波纹钢板后面都有一个装有蓝色荧光灯管的槽，它可以产生间接照明，使得建筑的每一层看起来像是独立飘浮在半空中。[13]

以如此壮观的方式使用荧光灯，使博览会的照明获得了巨大成功，但这并没有解决通用电气公司的营销人员所关心的问题。人们是否会被说服，将荧光灯用于家庭的日常照明？荧光灯嗡嗡作响。它们闪烁着，随之发出嗡嗡声。当你打开它们时，也会有延迟。随着时间的推移，它们的光亮会变得越来越暗淡，照明效率也越来越低。虽然它们以更低的成本提供了更多的光亮，但除了安装的特殊要求之外，它们的购买成本也更高。而且荧光灯所发出的光亮色调很冷，与人脸和周围环境并不相称。

通用电气公司的荧光灯广告强调了它们的实用性，给出了安装方式和位置的相关建议。荧光灯特别适合放在厨房的水槽、炉灶和台面上，这样就能最有效地照亮手边工作并减少眼睛的疲劳感。一则广告宣称："人们很容易看到锅碗瓢盆的位置，并且称量材料，也方便检查餐具是否干净。"[14]荧光灯在家庭中所取得的成功很大程度是因其功能性。除了厨房以外，它们还照亮了浴室和地窖，但很少能进入客厅和卧室。

尽管如此，荧光灯还是提供了一种高效、经济的方式来照亮办公室、工厂和百货商店的室内空间。在纽约世界博览会举办后的几年里，它们在流水线、办公室隔间、医生诊疗室、生产车间和仓库里变得无处不在。荧光灯甚至启发了一些无窗工厂的建设。彩色荧光灯照亮了剧院和餐馆，并被用于招牌和广告牌。1941 年，通用电气公司售出了 2100 万盏荧光灯，到 20 世纪中叶，美国一半以上的室内照明都来自荧光灯。

也许正是在公共场所和工作场所的无处不在，使得荧光灯对家庭来说显得分外冷酷，因为人们想要的往往是一个放松、温暖的室内环境。但是，荧光灯未能打入家庭市场，也证明了白炽灯在美国人生活中的特殊地位。到“明日世界”开放时，美国90%的城市家庭已经通电，白炽灯已经完全进入了人们的思想。事实上，思想泡泡中白炽灯泡形状的图案已经成为好主意的代名词。这既是对电灯本身革命性地位的赞扬，也是对天才托马斯·爱迪生的赞扬，几乎所有人都认为爱迪生是电灯的唯一发明者。对实验室之外的人来说，争夺冷光不仅是一种抽象的东西，而且荧光灯的发展也无法与在门罗公园上演的公共戏剧相提并论。白炽灯干净、明亮、经济实惠，只需轻轻一按就能立即使用，满足需求绰绰有余。为什么人们还会想要别的光源呢？

15

战时：旧夜归来

当人们打开屋内的灯时，地球上的光越来越多，

像灯塔扫过大海一样搜索着浩瀚的夜色。

现在，每一个庇护人类生命的地方都闪闪发光。

——安托万·德·圣－埃克苏佩里《夜航》[1]

1939 年 9 月 1 日，当纽约世博会的观众对佩里球惊叹不已时，纳粹军队入侵了波兰，而伦敦和其他英国城市也开始将人群向乡村疏散。日落时分，英国政府发布了第一个官方停电命令。人们希望，从天上看，伦敦将显得与橡树林或荒地没有什么区别，这样就能避免这座城市像上一次战争一样遭到轰炸。第一次世界大战期间，当飞行员在夜间对整个欧洲的城市和乡镇进行战略轰炸时，人们被他们的灯光出卖了。敌方可以通过追踪灯光来导航，而试图拦截他们的飞机除了追踪影子之外，

无能为力。“战略性”可能有些夸大其词。当时的导航设备非常简陋，除非在满月的晴朗夜晚，否则轰炸机经常会错过预定的目标。一名英国轰炸机飞行员说：“经验表明，五个中队出发去轰炸一个特定的目标是很容易的，只要五个中队中有一个击中目标；而其他四个中队，自认为他们也击中了目标，可事实上却轰炸了四个不同的村庄，且这些村庄与他们的目标村庄没半点相似之处。”[2]

这一切都很新奇——第一次有记录的空袭事件可以追溯到1911年，当时一名意大利飞行员在飞越的黎波里（Tripoli）郊外的绿洲时，从飞机侧面投下手榴弹——第一次世界大战期间，欧洲城市对来自空中的袭击缺乏防御。仅英格兰就遭受过约100次空袭，伤亡人数超过1400人。那些幸存下来的人知道，下一场战争将更加危险，会有更多的灯光、更好的飞机和更复杂的导航系统。

1918年战争结束后，除了集中精力建立自己的空军和提升炸弹的复杂性外，英国政府也时而会考虑如何更好地保护其城市居民免受未来可能发生的空袭，但直到1936年，随着纳粹德国的威胁加剧，官员们才开始正式制订计划。他们的生存策略包括建立公共预警系统，制订疏散计划，建造避难所，挖掘战壕，以及令人最难忍受的隐藏或熄灭所有人工照明的准备工作。与空袭警报不同，停电不是间歇性的。它会在某种程度上持续到战争结束。这样的准备工作需要多年的规划，因为所有比 17 世纪农村房屋窗台上的烛光亮的光源都必须被隐藏起来，包括照亮工厂第二和第三班次的光；商店晚上发出的光；天黑后使人活动自由的光；以及一切与过去漫漫长夜的限制和恐惧相对抗的事物——休闲娱乐、生命力和信念之光。

有人认为，切断主要电力供应会给民众带来沉重的负担，因此英国政府的第一个计划是通过其他方式让城市变暗。可以想象，那些负责公共照明的人可能会让大量员工随时待命，准备一个又一个地拆除路灯灯泡。只在伦敦一个区内，完成这项任务就可能需要 6 个小时（最终，在战争期间，几乎所有的路灯都会变暗）。工厂和工业联合体不仅要遮蔽窗户，消除外部照明，而且还要隐蔽黏土和玻璃生产时所产生的火焰，高炉和焦炉的火光，以及燃烧的炉渣堆发出的光亮。钢铁行业的人估计，遮住他们的熔炉需要 3 年时间的准备，仅处理焦炉的费用就高达 30 万英镑。[3] 商店的营业时间将受到限制，并且不允许点亮招牌或平板玻璃窗。电影院和剧院不仅要将它们的帐篷调暗；甚至不得不关闭：官员们担心，大型集会可能会给轰炸机提供一个明确的攻击目标。人们发现不可能完全遮住为光的荣耀而建造的教堂和总教堂的窗户，所以他们计划将晚祷改到下午举行。

铁路部门的官员们想方设法切断编组站和列车内部的照明，

消除电动列车的电弧，并隐藏信号灯和列车灯。救护车、货车和公共汽车的前灯被遮盖到只剩一条细缝。私人汽车则根本不允许开车灯，只能依靠路边和十字路口的白色油漆来引导他们在夜间行驶。至于行人，他们不可以使用手电筒，甚至连火柴都不行。为了在天黑后找到回家的路，人们只得在门把手或门铃上涂上一些白色的油漆。如果没有月亮，仅靠冬季星星的光辉——它们已经在伦敦上空消失了几个世纪，人们连自己面前的手都看不清。

住户必须用黑漆、油布或厚黑纸制成的百叶窗来遮盖窗户，窗框也要密封，一丝光线都不能漏出来。一旦发现违规行为，政府将处以高额的罚款，随之而来的执法也会很严格。

当 1939 年 9 月政府下令实施第一次真正的大停电时，所有措施开始生效。许多人睡觉时会将珠宝、钱、手电筒和急救箱放在床边的椅子上。除了遮住窗户外，更谨慎的人还会用胶带封住玻璃，希望这一举措能保护它不被打碎，并在地下室建造避难空间，有一张结实的桌子用来躲藏，还备有床垫、毯子、食物、水、蜡烛，以及用来打发时间的书籍和卡片。

对于那些在停电期间冒险上街的人来说，夜晚的世界是一片荒芜。他们不仅会撞上新放置的沙袋和路障，带刺的铁丝网和机枪阵地，而且还会撞上原本熟悉的墙壁和树木，掉进运河，跌落铁路站台，甚至可能撞上人。公共汽车售票员无法区分铜币和银币。人们不一定认识自己要走的路，有时甚至连回家的路都找不到。家人在大街上擦肩而过，在火车上并肩前行，彼此都不知道。没有路灯，加上蒙面的车灯，使得夜间出行变得非常危险，在大停电的前 4 个月，有 2657 名行人死于道路事故，这一数字是去年同期的 2 倍。[4]

10 月中旬，随着关于安全性和恐惧感的折中谈判达成，第一阶段的极端规定放宽了。停电时间缩短：停电在日落后半小时开始，在日出前半小时结束。政府允许在十字路口使用被称为“微光照明”或“星光照明”的路灯进行少量照明。普通司机被允许使用头灯面罩。道路事故的伤亡人数有所下降，不过这也得益于停电期间人口稠密的街区实行了每小时 20 英里的限速新规定。汽油配给政策也减少了交通流量。

电影院和剧院重新开放，在那个战争年代，电影院非常受欢迎。人只要一坐在电影院的黑暗环境里，就可以忘记外面昏暗无光的世界，忘记日常生活的压力，忘记炸弹落下的威胁，忘记茶叶和鸡蛋、糖和肉的配给。当放映机的链轮精确地将胶片向前卷动时——一帧胶片越过灯光，另一帧胶片向光前进——快门关闭，然后再次打开，以便在胶片一帧帧切换的短暂时刻阻止灯光投射。屏幕上，图像无缝移动，光和影照亮了仰起的脸，蓄谋已久的谋杀案，或一排舞蹈演员。但是如果没有那些穿插在光线之间的黑暗时刻，这部影片就会显得不过是画面生硬的垂直移动。观众所看到的连续不断的幻觉——一个男人正在吃鞋子或穿着燕尾服从楼梯扶手上滑下——将会消失。

1939 年圣诞节期间，商店和有些剧院可以使用有限的照明，条件是在空袭警报期间，所有商店都必须关闭。先前关闭的博物馆和美术馆也重新开放，尽管它们所拥有的大部分有价值的作品被运到了更安全的地方。行人可以再次使用手电筒，但是灯光必须用两层厚的白纸覆盖，并且警报期间必须关闭。它们不能发出比更新世的石灯更多的光。

白天和黑夜之间的界限是绝对的，自中世纪封闭、寂静的夜晚以来，这种区分许久没有如此分明。生活在匮乏和孤立中继续着，每个人都在他们的躯壳里等待着和平再次眷顾。

到 1940 年夏末的闪电战时，德国空军已经开发出无线电波束，帮助导航员定位目标，因此他们可以在恶劣的天气或漆黑的夜晚相当精确地瞄准目标。尽管如此，满月仍被称为“轰炸机之月”。薇拉·布里坦（Vera Brittain）描述了 1940 年 9 月 7 日的夜晚：

> 1500 架各种类型和大小的飞机，以不同角度、不同高度、不同速度，在 8 个小时的空袭中以吨为单位投下炸弹。……凶猛的大火，从贫民窟和码头爬上午夜的天空，

瞬间摧毁了简单的停电预防措施；……在避难所和地下室里听着飞机无休止的轰鸣和炸弹断断续续的撞击声的平民，失去了所有的时间感、秩序感，甚至意识。那天晚上，至少有400人丧生；第二天，又有200人丧生。[5]

1940年10月15日，410架轰炸机出现在伦敦上空。它们投下了538吨炸药，造成400名平民死亡，900多人受伤。[6]数百场大火在整个城市燃烧。这种情况将夜复一夜地持续数月，然后断断续续地持续数年。空袭警报两分钟一响，警报声和袭击者到来的声音响彻各区。布里坦写道："无论我们住在伦敦的哪个地方，无论是白天还是黑夜，轰炸机似乎总是正好从头顶掠过。"[7]然后是炸弹落下的呼啸声和爆裂声，"燃烧弹落在屋顶和人行道上的哗啦声"[8]；防盗警报、狗叫声、玻璃破碎声、火警铃声、瓦砾如雨般落下的声音、墙壁倒塌声、金属撞击声、木材噼啪声，各种各样的声音，以及人们对它们的想象。格雷厄姆·格林（Graham Greene）写道："又一架轰炸机从东南方向飞来，嘟囔着……就像孩子梦中的女巫，'你在哪里？你在哪里？你在哪里？'"[9]

如果碰巧很安静呢？"整个晚上，就像一张令人窒息的被单，躺在那种不祥的寂静中，空袭时期的安静夜晚总是这样，它使我们感到大量令人不愉快的事情正在其他地方发生。"[10]

听到警报后，许多人离开了他们黑暗的房间，去到地下室，去到花园里波纹钢打造的安德森式庇护所，或者躲到教堂、学校或地铁，在憋闷发酸的空间中等待天明。即使躲在地下深处，那些寻求庇护的人把头靠在墙上时依然能感受到炸弹的冲击力。人们藏起来时最容易被发现。“人们已经占领了地铁。……不仅是站台，也包括正在挖掘的新线路的空隧道。”雕塑家亨利·摩尔（Henry Moore）回忆道：“我从来没有见过这么多躺着的人，甚至连火车隧道都像是我雕塑中的空洞。”[11] 在他的画中，有些人的脸依偎在床单打造的山谷中，有些人的嘴微张着，而有些人牙关咬紧，头埋在臂弯里或转向另一个人。“在这种严峻的紧张气氛中，我注意到一群陌生人亲密无间地聚在一起，孩子们在火车经过的不远处睡着了。”[12]

这一天是“一个纯粹的、好奇的、远离恐惧的节日。……过去的黑夜和即将到来的黑夜在每一个中午都会在紧张的气氛中相遇。工作或思考都是一种痛苦”[13]。在尘土和沙砾中，在停摆的钟表和摇晃的石膏中，在暴露于街道上的花瓶、马桶和摆放的餐桌中，在被炸毁的工厂、染坊和制革厂的刺鼻气味中，在破碎的下水管道和家用煤气管道的臭味（有渗漏也没有多少可损失了）中，丧葬的队伍在鹅卵石和瓦砾中艰难前行。夏天的种子飘了过来，在厨房和卧室的断壁残垣中生根发芽。人们茫然地回到工作岗位，做早餐，擦亮破碎的玻璃。

在莫斯科、柏林、汉堡、东京、巴黎、德累斯顿、科隆，生活几乎没有什么不同。所有这些城市都在忍受着持续不断的空中轰炸，忍受着长时间的停电状态。石头城市变成了尘土。木头城市被焚烧殆尽。汉斯·埃里希·诺萨克（Hans Erich Nossack）描述了一夜轰炸后他所见到的汉堡：

> 周围的一切并没有以任何方式提醒我们失去了什么。它们之间毫无关系。现在这些完全是另一种东西，是完全陌生的存在，甚至根本不存在才对。……我们太过困惑，不知道如何解释这种陌生感。从前人们凝视的是房屋的墙壁，如今变成了一片寂静的平原，延伸到了无限的远方。……孤零零的烟囱从地面上冒出来，像纪念碑，像新石器时代的石棺，也像告诫的手指。我们在学校里学了多少东西，读了多少书，看了多少插图，但我们从未见过这样的记录。[14]

美国东部沿海地区受到来自海洋的庇护，而未遭受空中轰炸，因为飞机在没有中途加油的情况下无法飞越海洋。即便如此，1941 年，纽约也开始为停电做准备。一般的民防计划已经施行了几个月。据《纽约时报》报道："据说有一种真正的恐惧，即美国人民会为了保卫自己的家乡而开展无数的计划，而这些计划除了发起人的热情之外，可能没有任何价值。（陆军部设立的委员会旨在）通过规划来防止拙劣的即兴表演（原文如此）。”[15]

曼哈顿已经为战争、配给制以及时代广场和海滨的昏暗灯光所征服，其目的是掩护码头和航道上的船只，避免成为德国潜艇的攻击目标。尽管如此，纽约仍然是首屈一指的电气化城市，尽管有伦敦的停电方法可以效仿，但还是经过了一年多的时间和无数次的分区演习，拥有数百英里街道和 1.4 万英亩土地的曼哈顿区才准备好第一次的全面演习。演习开始的日期和时间为 1942 年 5 月 22 日晚上 9 点 30 分，持续 20 分钟，这些基本信息事先都已广泛宣传，一切就绪。那天是一个有雾的夜晚，风很凉。在时代广场，就在空袭演习开始前，管理员和警察开始喊：“离开街道。……所有人离开街道。”[16] 行人挤在门口和帐篷下，挤进地铁的入口。据《纽约时报》报道：

> 人群消失在黑暗中，尽可能地躲避。站在百老汇或第七大道的中心，一个移动的身影也看不到。克拉里奇酒店（Claridge Hotel）的几个房间仍然亮着微弱的灯光。管理员和警察吹着口哨，或声嘶力竭地呼唤：“熄灯了，克拉里奇！把那些灯关掉！”男男女女的呼喊声此起彼伏，克拉里奇酒店的灯终于一个接一个地熄灭了。……不时有一个男人或女人，或一对夫妇，跑出来寻找掩体，他们的脚步

声清晰地盖过了那些已经在庇护所里的人的低语。……第41街和第七大道上的报亭灯在雨中还发出模糊的球状光芒。一名热心的管理员找不到人来扑灭它，就把一篮子垃圾倒在其中一盏灯上，但是光束从覆盖物下面透了出来，照进闪闪发光的水沟里。[17]

在第五大道，在整个格林威治村，在哈林区的雾和雨中，或者在唐人街弯曲狭窄的街道上，到处都没有光。在东区，窗帘遮住了窗户上的安息日蜡烛。数以百万计的人在黑暗中呼吸，他们或坐在客厅，或站在水槽边，或站在门厅内，或站在舞池中，或站在工作台旁。虽然没有保持安静的命令，但几乎没有人大声说话。

当警报在晚上 9 点 50 分拉响，灯光又再次亮起时，灯光熄灭的时间还不足以让人们的眼睛适应黑暗。视网膜上的化学变化还没有发生。在时代广场，几乎就在演习结束后，声音从车辆开动的噪声中响起，夜总会里传出了舞曲。人群从地铁入口蜂拥而出，走上地铁楼梯，再次沿着街道稳步前进。“当旅馆和商店的灯光再次亮起，交通信号灯在雨中闪烁着红色和绿色时，人群欢呼起来。”[18]

在伦敦，当近六年的夜间限制解除后，筋疲力尽的民众似乎已经没有心思再去照亮这座城市。《纽约时报》报道："每一扇没有遮挡的窗户就有二十扇处于黑暗中。黑漆漆的窗户下露出一丝光线，这放在以前是会让防空警报员上门的。……百货商店依然漆黑一片，皮卡迪利大街上的电子标志也是如此。整修线路，还需要一些时间。"[19]路灯仍然是黑暗的，因为路灯电线也需要翻新。"几乎所有的住户都会遮住窗户，因为大家知道临街的前屋就像灯光明亮的舞台，人的一举一动一览无余。像以前一样，他们大部分时间会让房屋保持黑暗。"[20]

16
发现拉斯科洞窟

在整个欧洲灯火熄灭的漫长岁月里，人们发现了拉斯科洞窟中的旧石器时代绘画。1940年9月8日，在法国黑色佩里戈尔（Black Périgord，当时处于法国维希政府的统治之下）的维泽尔山谷，17岁的马塞尔·拉维达特（Marcel Ravidat）带着自家的狗狗和几个朋友，在小镇附近的山上闲逛。19世纪，这片土地种植过葡萄树，但当葡萄树被根瘤蚜虫咬食致死后，当地农民便将它们挖走，改种了松树。20世纪初，当其中一棵树倒下时，地上又露出了一个与狐狸洞差不多大小的开口，农民堵住了洞口，保护他们的牛免遭伤害。据说就在拉维达特散步的时候，他的狗狗掉进了洞里，当拉维达特跳下去救狗的时候，他发现了一口深井。四天后，他和朋友们回来了。拉维达特回忆道："我用一台旧油泵和几米长的绳子给自己做了一盏非常简陋但好用的灯，当我们到达洞口时，我把一些大石头滚进洞里，我对它们滚至底部所用的时间感到惊讶。……我开始用大刀……

拓宽洞口，这样我们就可以进去了。”[1]经过几个小时的挖掘、估算和爬行，他们来到了洞底。“我们把灯举高，在闪烁的灯光下看到几条不同颜色的线条。我们被这些彩色线条所吸引，开始小心翼翼地探索墙壁，令我们非常惊讶的是，在那里我们发现了几个与真实动物同等大小的动物形象。……在这次成功的鼓舞下，我们开始穿过洞穴，从一个发现走向另一个发现。我们的喜悦是无法形容的。”[2]

在接下来的几天里，其他男孩也来探索这个洞穴，还有当地的校长，然后是当地的男人和女人。几周之内，整个地区的人们纷纷到来，一周的时间就来了500多名游客。拉维达特说：“关于我们发现的谣言，像火药爆炸一样传遍了整个地区。”[3]老太太们带着她们自己的蜡烛过来观看。她们走过崎岖的地面，爬进狭窄的入口。当时，在简陋的灯光和微弱的明火下，这些画看起来一定和更新世时期的画作很像。

科学家和考古学家也来了，并绘制了洞窟地图，其中包括室、厅、廊、道、拱室、井和殿。他们将这些画命名为黑马壁画、小鹿壁画、马群雕刻壁画、游泳鹿壁画、猫科动物壁画。“二战”后，来拉斯科参观的游客越来越多，于是还修建了人行道。[4]

在拉斯科洞窟未被发现的数千年里，洞内温度从未超过15

摄氏度，湿度也保持不变。而当洞窟挤满游客时，温度有时会上升到近 32 摄氏度。1955 年，游客呼吸产生的过量二氧化碳导致画作出现了第一次明显的变质迹象。墙壁上开始出现水滴，随着水滴的滴落，动物背部和颈部的颜料也被抹去。1958 年，为了缓解这个问题，政府安装了一台空气交换机，但它也会把花粉散落在游客的脚上，带进洞内。结果，被称为“绿色麻风病”的藻类开始破坏这些壁画。拉维达特回忆说，这些动物消失在藻类“大草原”[5]中。同样明显的是，由于二氧化碳、湿度和温度的升高而出现的方解石晶体——“白色疾病”——开始让画作变得模糊不清。为了保护它们，该洞窟于 1963 年不再对公众开放。

1981 年，法国文化部要求马里奥 · 鲁斯波利（Mario Ruspoli）拍一部电影来记录拉斯科壁画。他花了好几年时间才完成这项工作，因为他每年只有在 3 月和 4 月才被允许进入洞窟 20 天，这时洞窟里最冷。他的工作人员一次只能工作两三个小时，这样其余时间才能消散他们的身体和手持的 100 瓦石英灯所散发的热量。仅两盏灯就能使温度升高好几度，还会增加二氧化碳和水分含量。而一个人的身体释放的热量比灯还多。鲁斯波利回忆道：

灯光从未在某个特定的地方停留超过20秒，每次拍摄结束时，灯光都会转向天花板或地板，然后图像逐渐消失在黑暗中。……拍摄结束后，最好在一段时间内不要点灯，以便让身体和石英灯引起的轻微升温……有所缓解。

我们的精密摄像镜头有时会超越肉眼的感知能力，呈现出一些仅仅是依稀可辨的细节，特别是在油漆表面和图画周围。……起初，我们觉得在这么少的光线下，拍摄是不可能完成的……但事实证明，情况恰恰相反。有限的资源和照明让我们对洞壁上的艺术转而采取了一种新的电影拍摄方法。……我们必须使用快速、精确和自然的拍摄手法，摄影机在黑暗洞窟中向前移动的同时，让空间依次浮现。……在寂静的洞窟中，缓慢展开的图像，把我们带到了另一个世界的边缘……而我们自己也逐渐开始觉得自己像是入门者。……“倒置的马”绕着支柱弯曲，“巨大的黑牛”则是利用凹入的壁龛打造出的奇特浮雕：当你从走廊尽头的某个角度观看时，只能看见它的头；身体隐藏在岩石的凸起后面，只有当你向它靠近时才会显露出来。当我们手里拿着灯，沿着洞壁向洞窟深处走去时，我们注意到了这一切。画中的动物逐渐从岩石隐藏处显露出来，这种移动使它们看上去好像活了过来。……对我和我的团队成员来说，拉斯科洞窟成了我们的第二故乡。[6]

PART IV

顺便说一句，科学告诉我们，如果“电”突然从世界上消失，地球不仅会分崩离析，还会像幽灵一样消失。

——**弗拉基米尔·纳博科夫《微暗的火》**[1]

没有任何东西，不管是风暴还是洪水，可以阻挡我们对光的追求，尤其是更持久明亮的光。

——**拉尔夫·埃利森《隐形人》**[2]

17

1965 年北美大停电

我们建造了伟大的城市；如今

无处可逃。

——罗宾逊·杰弗斯《围网》[1]

当资源和人力都被用于第二次世界大战时，农村电气化项目几乎停止。然而，战事一停止，美国农村电气化的进程就恢复了。到 1960 年，在农村电气化管理局成立 25 周年之际，96% 的美国农场都已经通电。农村用户平均每月用电约 400 千瓦时，而 1935 年平均每月用电才 60~90 千瓦时。[2] 尽管农场数量逐渐减少，但随着马铃薯和甜菜田、牧场、苹果园和橘子园被开垦成郊区住宅，农村电力的普及将越来越多的人连接起来。随着核能的出现，有传言说电力会变得非常便宜以至于无法计价。

在“二战”后的这些年里，美国电力行业依旧保持着稳定的发展。罗斯福新政的规定仍然有效，该行业以每年 7%~8% 的速度稳定增长。公共事业公司已经被人们认定为自然垄断企业，电网的规模和重要性已达到 19 世纪晚期无法想象的地步，当时《哈泼斯》(*Harper's*) 杂志的一位作家在评论尼亚加拉的成就时宣称："很难想象电可以传输至纽约，并获得商业收益。"[3] 如今，包括尼亚加拉在内的各个发电站已经发展到可以为整个州提供电力服务，而且没有一个发电站是孤立的：每个发电站都与电网中的许多其他发电站相连，并且可以向它们借用电力。发电点往往远离需求点，长距离电线的交错走廊穿过崎岖、宁静的乡村，将农场、城市和郊区——这些地方有着不断变化的历史现实和相互关系——联系在一起。

在每个发电站中，指挥中心的监视人员都夜以继日地俯身在控制台、扫描屏幕、刻度盘和仪表前，监视着涡轮机，并计算着在数千英里线路中来回流动的电流。这样的电力网络系统被证明是经济的："在电力需求正常的时候，公司可以关闭一些昂贵的蒸汽供电设施，转而'利用'水力发电机提供更便宜的电流。"[4] 而且总的来说，它更可靠。如果马萨诸塞州东部的发电站因维护或修理而不得不关闭，那么政府就可以从纽约州或威斯康星州借用电力，因为它们之间几乎没有电力距离。如果需要的话，电力也可以在纽约州生产，并在到达马萨诸塞州之前先输送到新泽西州。当这一切完成的时候，波士顿的人们可能只注意到他们的灯闪烁了一下。

尽管电力的覆盖范围如此之广，但是和1910年一样，电力的生产还是需要维持一种微妙的平衡。当时爱德华·亨格福德详细解释了一片云朵会给纽约的电力系统带来压力的原理，维持供需平衡的需求并没有发生改变。当然，还有更多的利害关系。政府必须在众多发电站之间保持平衡，而且由于电力会在电线之间来回流动，所以一个发电站的电涌、逆流或中断都可能会产生深远的影响，并最终可能影响整个系统的同步性。

这种同步性至关重要。1965年，落基山脉以东所有的公共发电站都是同步运行的，这样交流电就可以在整个系统中从一台发电机无缝切换到另一台发电机。你可以把它们的工作声音看作我们不同风格的音乐，因为哪怕其中一个脱离了相位，开始以自己的速度旋转，这就像本来稳定、精准的音乐变得不和谐，成为一首摇摆不定的歌曲，

> 如果它被很快带回正轨，那么轻微的变化是可以容忍的。但如果变化太大，就会迫使其他发电机“寻找”一个与特立独行者的相位更加一致的新相位。……异相电流最终会导致电路中的其他发电机关闭。停止工作的发电机越多，陷入相同状况的发电机也会越多。而正常工作的发电机电流会过载，以至于它的安全装置，即断路器，会迫使

它停止工作。[5]

据说，电网上发生的事情“就像一场拔河比赛，只要发电站和负荷中心这两方实力相当，这场比赛就可以进行下去。如果一边摇摇晃晃，绳子被拉得太远，那另一边的所有人就会摔倒。”[6]

在1965年11月9日短暂的白天里，安大略省和波士顿之间42个相互连接的发电站一直在嗡嗡作响，它们构成了加拿大和美国东部的电力网络。这些地区对供应没有特别的要求：气候温和，天空晴朗。当太阳在5点前落下时，乡下农民们的田地都已经犁过，谷仓里堆满了干草，正在开始晚上的挤奶工作。在小城镇，商店将开张的招牌扣起，关闭了店铺。各地的妻子和母亲开始准备晚餐，孩子们则坐在电视机前目不转睛地看着《三个臭皮匠》（*The Three Stooges*）。城市的上班族结束了一天的工作，拥挤在电梯、地铁、自动扶梯、街道和火车上。自20世纪20年代最初用于铁路控制的四向三色交通信号灯问世以来，车灯在大街上和桥梁上形成了明亮的灯流，司机们服从、预测或试图击败红色、黄色和绿色的信号，这些信号一直在指引着交通流量。

没有什么地方的通勤人数会比纽约更多，下午5点16分，在纽约以北300多英里外的安大略省，亚当·贝克爵士2号水电站（Sir Adam Beck No.2 Generating Station）的一台继电器（一个只有电话大小、可以自动调节和引导电流的装置）未能发出正确的信号，断路器没有打开，导致过量电流涌入系统。根据约翰·威尔福德（John Wilford）和理查德·谢帕德（Richard Shepard）所言：

> 由于继电器无法工作，电力线路出现过载，导致通过该电站的其他线路上的继电器将断路器打开，通过贝克爵士2号水电站的160万千瓦的电力突然反向流动，没有按预期方向流动。
>
> 电流中的大部分流回了纽约州北部，导致从罗切斯特到波士顿和其他地方的安全设备跳闸。此时，第二阶段的故障发生了。纽约的爱迪生联合电力公司（Consolidated Edison）和南部的其他电力公司，一直从因电涌而中断服务的地区获得电力，因此它们的线路也受到了反向流动电流的冲击。它们的电力冲向了纽约州北部的新英格兰和安大略地区，有点像空气会急于填补真空一样。纽约和其他地方的发电机，由于无法填补巨大的电力真空，只能自动关闭。[7]

该地区的42家发电厂中有28家关闭，黑暗在短短20多分钟内迅速向南方和东方蔓延。5 点 17 分，纽约州罗切斯特和宾汉姆顿电厂关闭。随后，马萨诸塞州东部、哈德逊河谷、纽约和长岛停电。整个康涅狄格州在 5 点 30 分停电。佛蒙特州和新罕布什尔州西南部的部分地区在 5 点 38 分也陷入黑暗。斯塔滕岛（Staten Island）上的电厂维持着电力供应，因为它在故障发生前脱离了电网连接。而这种好运气和坏运气一样令人困惑：

> 在纽约州的电力系统中……345000 伏的线路网……是这样设计的：当某地区发生局部停电时，可以立即通过另一个供电来源向其输送大量的能量。……为了能够实现这种瞬时行动，该系统必须能够接受大范围的电力负荷。因此，主干道，即把该州一分为二的电力高速公路，没有配备对负荷的轻微变化敏感的断路器。将本地系统从电网中切断的决定是人为的，实际切断必须在本地控制中心手动完成。[8]

但是在斯塔滕岛，由于某种原因，一个断路器意外跳闸，自动切断了与电网其他部分的联系。那里的系统操作人员无奈表示："我不知道它为什么会打开。"[9]

新泽西州北部、宾夕法尼亚州和马里兰州的电力系统承载的电压较低，断路器设置为自动跳闸，从而及时切断了它们与电网的连接。缅因州的电力系统与新英格兰其他地区的电力系统只有微弱的联系，因此前者能够在故障中自我切断，并随后向新罕布什尔州的部分地区提供电力。这些地区的灯光在一片巨大的黑暗外形成了一道光环：美国东北部和安大略省部分地区的 8 万平方英里土地上的 3000 万人面临断电。

故障发生时，人们找不到明显的停电原因，没有风暴，没有大风或闪电，也没有树木压到高压电线。几天后，人们才知道原因。发电厂的工程师和技术人员不得不怀疑是不是他们自己的系统中的什么东西引发了停电，而习惯了即使在好天气下也会偶尔发生局部断电的乡下人自然会认为，也许是一辆汽车撞到了路边的某个电线杆。在城里，人们觉得可能是有人蓄意破坏。“是华人。”[10]纽约东区的一位家庭主妇在看到纽约夜景在她的窗户外消失时想到，但之后感到有点羞愧。“在两个知识渊博的新闻记者的脑海中，他们几乎同时闪过同样的想法，这是他们后来才发现的。两人都认为，‘反越战示威者已经成功了’。”[11]有人说是地震；还有人则回忆起非常时期。一位来自布鲁克林的女士说：“我可以从我的窗户看到纽约的天际线，突然间，天暗了下来，死寂一般。上一次天这么黑，还是战争时期。”[12]

在世界上最集中的电力市场纽约，80 万人被困在地铁里；

还有人被关在电梯里或者摩天大楼的高层办公室里。“就像笼子里的仓鼠。”[13]《纽约时报》的一名记者这样形容。那些乘坐自动扶梯的人“越来越慢地向下滑行，直到最后，几乎一动不动”[14]。并不是每个人都愿意冒险通过黑暗的楼梯间走到街上。《生活》(*Life*)杂志办公室所在的摩天大楼总共有48层，被困住的500多人将在这里过夜，大厅里还设置了紧急医疗中心。

那些已经在车里和回家路上的人没办法给自己的汽车加油，因为加油泵需要电力才能运转。所有的红绿灯都失灵了，尽管一些市民试图指挥交通，警察也在危险的岔路口和十字路口设置了闪光信号，帮助司机顺利通过，但这座城市的大部分地区还是很快陷入了混乱。一些土生土长的纽约人有生以来第一次手拿手电筒和晶体管走过大桥。其他人则通过钩住拥挤的公共汽车的后保险杠来搭车。出租车司机提高了车费。A. M. 罗森塔尔(A. M. Rosenthal)写道:“像往常一样，纽约人喜欢搬起石头砸自己的脚。他们站在路边，招手拦下出租车，喊道:‘30美元到布鲁克林!’‘10美元到格林威治!’”[15]据说，那一夜，横渡大西洋到开罗，都比从这座城市到康涅狄格州的斯坦福更容易。

* * *

沃尔夫冈·希弗尔布施说:“技术越有效率，崩溃时的破坏就越具有灾难性。”[16]这是必然的，尽管公共事业公司的高管和工程师一直承认，电网可能会出现大范围的故障，但很少有人相信它会真的发生，他们也没有为大范围的连锁故障制订应急计划。他们的信心助长了一种自满情绪：在纽约的150家医院中，只有不到一半的医院拥有足够的备用电源。医生不得不借助手电筒进行紧急手术，在圣弗朗西斯医院，有5个婴儿是在烛光下出生的。

同样，机场对断电也完全没有做好准备。它们有6个小时既没有雷达，也没有户外照明。在城市上空，飞机失去了地面定位，无法着陆。“这是一个美丽的夜晚，”一名飞行员回忆道，“你可以看到100万英里的景象。你可以看到维拉萨诺大桥（Verrazano Bridge）和布鲁克林的部分地区，但在布鲁克林之外，我们通常可以看到的肯尼迪机场和弗洛伊德·贝内特机场的跑道一片漆黑。……我以为是‘又一个珍珠港’。”[17] 肯尼迪国际机场关闭了近12个小时，但在停电的几个小时里，拉瓜迪亚机场用水泵发电机的电力照亮了一条跑道。纽约的两个机场都不得不取消或转移大约250个航班；一些航班不得不改道到远至百慕大的地方。

平时为世界提供新闻播报的优美声音不再清晰，越战死亡情况、国内抗议运动、前总统德怀特·戴维·艾森豪威尔（Dwight D. Eisenhower）的心脏状况等内容，在耳边变得尖锐刺耳和不稳定，和晶体管收音机的声音差不多。最初的报道非常不准确，声称停电区域一直扩大到了迈阿密和芝加哥，连加拿大也处于黑暗之中。人们的恐惧在几个小时内都没有得到缓解。“我们不知道到底发生了什么，又是什么造成了我们的困境，”一位《纽约客》的作家回忆道，“但就在那时，担心停电可能预示着外国入侵的人都会收听五角大楼通过小晶体管宣布的消息，停电对我们的‘军事防御’没有影响。……电力公司也很快发布了类似的通告，只是‘停电’而已。”[18]尽管如此，在灯火通明之后，谣言还是会流传很久。

世界真正安静下来的感觉很奇怪，“好像黑暗以某种方式抹去了喇叭和其他交通噪声”[19]。电的声音，像毕达哥拉斯的天体音乐，一直萦绕在人们的耳边，以至于人们已经忘记了它的存在。在相对寂静的环境中，突然有 100 万个小生物面临灭亡的危险。潮湿的玻璃温室开始降温。在布朗克斯和中央公园动物园内，“人们不眠不休地工作，在小型哺乳动物馆的栅栏之间塞上毯子，在那里，体形娇小、对温度敏感的狐猴、飞鼠和小猴子开始了夜间活动。爬行动物馆是一个棘手问题，因为没有人愿意尝试用毯子裹住眼镜蛇。小型便携式丙烷气体加热器被用来为毒蛇、水蟒、鬣蜥、鳄鱼等冷血动物保温”[20]。对鬣蜥来说，天气可能太冷了。但此时室外温度（38~41 华氏度之间）非常适合储存血液，所以医院和血库将血液带到屋顶上保存。

夜晚再次回归真正的黑暗，就像中世纪一样，灯光再次变得珍贵。人们一根接一根地划着火柴，照亮下楼的路："两根火柴，小心翼翼地照料着，足以照亮一层楼和下一层楼之间的距离。走下18层楼梯来到大厅，我们用了整整36根火柴。"[21] 人们互相分享蜡烛，抠门的人则在街上售卖蜡烛。插在啤酒和葡萄酒瓶里的蜡烛，或摆在茶碟上的茶灯，照亮了家庭、餐馆和咖啡馆的冷餐，以及阿斯特舞厅的宴会。蜡烛在台球游戏中闪烁，在准备上场表演的演员脸上闪烁，毕竟，灯光随时都会重新亮起。蜡烛在新闻编辑室、报摊、消防站和警察局、市长办公桌上以及火车上的纸牌游戏旁燃烧着。蜡油滴落在桌面和地板上；几天后，报纸会刊登如何将蜡油从物体表面去除的说明。

就在灯熄灭的时候，刚过满月的月亮正在升起：

> 月光像厚厚的雪一样洒在街道上，让我们产生了一种奇怪的错觉，仿佛我们会在月光上留下脚印。在这美丽的光辉中，建筑物和街角都显得有些不同寻常。这座城市呈现出一种倾斜的面貌，甚至连我们的同路人，当他们走过的时候，也似乎变矮了，他们本来兴高采烈、叽叽喳喳地说着话，让我们想到往山下跑的人。又过了一个街区，我们才明白，这一次，所有的影子都朝着同一个方向，背离着东方那个光芒四射的月亮。……我们处于夜晚的森林里，

与以往不同的是，我们的家不仅在上城区，而且在北方。[22]

如果没有月亮，1965 年 11 月 9 日的夜晚将会非常不同。据说，空难得以避免，是因为月光加上机场主控制塔的辅助电源，足以让正在下降的飞行员看清跑道。前一天晚上，暴雨降临，乌云遮住了月亮和星星。如果当时停电，肯定会发生不止一场灾难。事实上，急诊室里挤满了被汽车撞到或在人行道上绊倒受伤的人。虽然有零星的抢劫事件发生，但是到了黎明时分，报道中犯罪事件的数量比 11 月的普通夜晚还少。

时间和工作都让人陷入混乱，如果要把我们生活中所有依赖电力的东西都搬走，那么家庭和办公室将会沦为石灰岩洞穴的房间和通道，只是遮风挡雨的地方，远不如普利茅斯种植园中建造的第一批住宅，没有办法长时间抵御寒冷或炎热，无法保存食物，也无法烹饪食物。那些定义我们的东西——无声的屏幕和键盘，毫无意义的开关——变得如岩石般安静，如果失去了作用，这些东西就失去了对它们美丽的衡量，而我们则被独自留在黑暗中，与无数无用的东西在一起。摩天大楼呈现出地质光泽，星星也像古代的星星一样在天空闪烁。

然而，与古代不同的是，人们并不习惯向 11 月的长夜屈服。对大多数人来说，黑暗并不让人感到安宁；就像世界停止了，每个人和每件事物都悬浮在琥珀中，尤其是在第一个小时的新鲜感消失后。只要没有人知道这种无助感会持续多久，就看不到什么未来，也不知道未来会怎样。几个小时后，剧院取消了预定的演出，人们的零花钱也用完了。他们仍然在电话亭外排队等着给家里打电话，但是除了说他们在某个地方，他们还能说什么呢？1965 年 11 月 9 日至 10 日的长夜，被称为“漫漫长夜中的长夜”。对于那些试图在酒店大堂或办公室地板上，在理发椅或宴会厅的小床上，蜷缩在走廊或者匍匐在地铁楼梯或火车站长椅上睡觉的人来说，这一夜尤其漫长。

与此同时，在整个受灾地区，各区的公共事业公司再次成为一座孤岛。所有受影响的电厂，管理人员都在忙着检查没有明显故障的系统，因为他们也不确定是他们自己的电厂出现了故障，还是只是连锁反应中的一个环节出现了故障。他们还必须用关闭系统的相同设备来重新恢复系统，虽然断电只需要几秒钟，但恢复在线则需要几个小时，因为重新恢复发电站运行并不简单。所有的开关、继电器和断路器都必须检查一遍，涡轮机、发电机和锅炉也是如此。“涡轮发电机必须通过机械手段慢慢转动，以确保它们在停电时没有变形。”[23] 停电本身已经造成了一些损害。例如，在停电期间，爱迪生联合电力公司雷文斯伍德发电厂（Ravenswood）的涡轮轴承在停电期间因缺乏润滑而受损。

电力才能产生电力。“不幸的是，许多受影响的公共事业公司没有为不太可能发生的整个系统同时关闭的情况做好准备，因此，没有独立的辅助电源来应对这种万一情况。必须建立复杂的电路——其中部分来自远程电源——来提供必要的辅助电源。”[24]即使有了电力，巨大的锅炉，其中一些有15层楼那么高，也必须加热到3000摄氏度，压力必须增加到每平方英寸2000磅以上。而且所有东西不能一下子都打开，否则会让系统过载。“随着电力供应的增加，以谨慎、分段、同步的过程来承载负荷是必不可少的。每个部分加载时，有必要使其频率与系统中已通电的其余部分同步。这样就有可能在不影响电网同步性的情况下，将该部分与电网的其余部分连接起来。”[25]

纽约州和新英格兰部分地区在几个小时内就恢复了电力，但纽约州北部地区等到午夜才完全恢复供电；波士顿和长岛直到凌晨1点才恢复供电。而纽约，电力完全恢复的时间超过了13个小时。

几十年来，纽约的电灯——花哨的招牌和光亮无比的摩天大楼远远超出了必要的照明需求——只占全部电力需求的一小部分。即便如此，大多数人还是通过灯光来衡量他们与生活的联系，而光的损失是最受关注的。第二天，一家意大利报纸的头条新闻写道：“纽约因黑暗而停滞了。”[26]

凌晨3点后的某个时候，在这座城市一个又一个的街区里，世界重新焕发生机的迹象在微弱的呼呼声和滴答声中再次浮现，《生活》杂志的编辑写道：“拉尔夫·莫尔斯（Ralph Morse）从28楼的窗口拍下了这座失去光明的城市的第一批照片，现在他开始在同样的位置拍摄最后一批照片。慢慢的，在接下来的11.5个小时里，这座城市又活了过来，这里灯火辉煌，那里光芒四射。莫尔斯的相机捕捉到了这光辉灿烂的重生。”[27]

* * *

那天早上，地铁工作人员不得不在列车重新运行之前彻底检查720英里长的所有轨道，而这只是为了确保没有人摔倒受伤躺在铁轨上，或者因迷路而在铁轨上游荡。燃气公司的工作人员挨家挨户检查每个顾客的炉灶和锅炉里由电驱动的指示灯。在火车站过了一夜的疲倦人群与重回工作岗位的人群擦身而过。

或许对老弱病残来说尤其艰难，他们的神经受到了极大的刺激。对少数人而言，黑暗是致命的：一名男子在电梯井底部被发现，当时手中仍抓着一根熄灭的蜡烛。而对有些人来说，这又是一个特别的夜晚，带有一种温柔和安静的美。在那些花了几个小时打牌、喝威士忌，或者在黑漆漆的办公室和地铁车厢里与（有时甚至看不到的）其他人闲聊的人中，有些人建立了在其他光线下都不会有的友谊。一位女士说：“现在每个人都更互相熟知，虽然他们已经认识我十年，且除了曾扶我上楼，其他什么也没做，但现在会脱帽打招呼，问句‘早上好，菲利斯，你今天好吗？’”[28]

光和电消失的时间最终化为一个充满古怪事物的梦境，尽管有些时刻会在事后被紧张地回忆起来，比如点燃蜡笔照明，比如在黑暗的地铁车厢里等待地铁员工发放咖啡和糕点，又比如月光照在摩天大楼一侧的光辉。

1965 年的大停电第一次引发了对电网及其脆弱性的认真反省。联邦电力委员会（Federal Power Commission）随后发布了一份报告[29]，除了主张对电网系统本身进行大改造，希望能加强电网并减少未来的停电次数外，还建议为机场、医院、电梯、加油站、广播电台和电视台提供备用电源，为楼梯、出入口、地铁站和隧道提供辅助照明；并制订地铁疏散和交通控制计划。但是，即使采取了这样的措施，1977 年 7 月，当一系列雷击给纽约的电力系统带来巨大的电涌时，被设计为自动复位的断路器仍未能关闭，城市再次陷入黑暗。

虽然这次停电与 12 年前的那次停电在许多方面都很相似，地铁和交通停滞，人们相互之间拥有友情和善意（餐馆在人行道上摆桌子，并坚持营业；风笛手在中央车站演奏），但这座城市已然不同，时代也已经不同。在一些黑人和西班牙裔社区，年轻男性的失业率超过了40%。晚上9点34分，灯光熄灭之前，夜晚闷热潮湿，苍白的新月已经落下，因此摩天大楼上没有反射出令人安慰的光线，除了自由女神像上的火炬，没有任何东西可以缓解黑暗。全市各区都发生了抢劫案件，纵火案发生了1000多起。几个小时后，小偷甚至开始从抢劫者那里偷东西，这场混战持续了25个小时。警察逮捕了数千人，医院里挤满了被刀和玻璃割伤的人。3人死于火灾，1名抢劫者被枪杀。在许多医院，1965年大停电后强制实施的紧急备用系统未能发挥作用。医生们仍用手电筒照明以缝合伤口，护士为依赖呼吸机的病人手动挤压气囊。

在后来的文章中，没有人为建筑物上的月光书写诗篇。主导人们思想的是劫掠。《纽约客》的一位作者评论道："问题比我们想象的要严重得多。在那个没有灯光的夜晚，纽约乃至整个美国都见证了暴力的发生。这再次提醒我们，就算我们可以继续忽视可怕的贫穷和种族问题，但是我们必须意识到正义与和平所面临的风险。"[30]

电力网络已经成为我们生活不可分割的一部分，其规模已经发展到几乎不可估量，有些人会说它是世界上最大的机器。然而，当它发生故障的时候，社会上就会弥漫着一种情绪，像19世纪经历过煤气灯消失的那些人一样：我们是脆弱的，我们放弃了对生活的掌制权。1965年大停电后，拉塞尔·贝克

（Russell Baker）在《纽约时报》上撰文，对电网的极端脆弱性做出想象性的描述：

> 1973 年 9 月 17 日，末日将会来临。这是一名麻省理工学院的本科生通过他的计算机运行概率论预测出来的。……最后一天的一连串事件将于下午 4 点 43 分在谢伊球场（Shea Stadium）开始，当时大都会队在对阵墨西哥城勇士队的第九局中零分结束，从而成为历史上第一支在单个棒球赛季中输掉 155 场比赛的球队。两分钟后，布朗克斯区的家庭主妇伊尔玛·阿姆斯塔特（Irma Amstadt）打开厨房水龙头，发现停水了。她走到电话机旁，拨通了水管工的电话，她不知道的是就在这个时候，纽约有 6732548 人同时在拨打电话。……阿姆斯塔特夫人的电话是压死骆驼的最后一根稻草。[31]

电网或许真的像贝克想象的那样脆弱。2003 年 8 月，在炎热的天气和电力需求急剧增加期间，输电线路就像在加热一样，膨胀和下垂遍布整个电网。在俄亥俄州的沃尔顿山，下垂的电线碰到了下面杂草丛生的树木，从而引发了一系列事件，使美国东部的 5000 万人陷入黑暗。这是美国历史上最大规模的一次停电事故。

18

想象下一个电网

1965 年，也就是美国东北大停电的同一年，纽约艺术家丹 · 弗拉文（Dan Flavin）转而将荧光灯作为其作品的唯一媒介。他在那年的 12 月写道：“凝视光，你会入迷，以至于无法领悟它的极限。”

> 虽然灯管本身的实际长度只有 8 英尺，但它的影子，由支撑盘投下的阴影，让两端产生渐渐消失的幻觉。如果不抵制它的视觉效果，不打破诗意的画面，这种逐渐减弱的阴影就无法真正被衡量。……意识到这一点后，我想到一个房间的实际空间可以通过在房间构图的关键点上植入真实光线（电灯）的幻觉来拆解和发挥。如果把一盏 8 英尺长的荧光灯压在一个垂直向上的角落里，那么你可以通过眩光和双重阴影来拆解那个角落。一面墙可以从整体上被

拆解成一个个独立的三角形，方法是从墙的一边到另一边投射一条呈对角线的光线。[1]

在接下来的30年里，弗拉文使用蓝、绿、粉、红、黄和四种白色的标准荧光灯来探索除了光的实用性以外的一切，包括光和空间、光和实体的相互作用；颜色混合的方式；眩光和阴影拆解实体的方式。他知道光是其作品无尽而复杂的媒介，但他也知道，如果没有无限的电力连接的稳定性，他的作品就和普通的灯没什么区别，不过是由玻璃和金属制成的沉重而无生命的物体。他说："永恒是对一切的挑战，但没有东西是永恒的。……我宁愿看到作品全部消散在风中，把一切都带走。……这些是不可靠、能够一键开关的电流，令人怀疑。……是铁锈和碎玻璃。"[2]

在丹·弗拉文几十年的职业生涯中，他与他的作品中至关重要元素的联系变得越来越无从把握，而且这不仅仅是因为停电。到1973年，美国、欧洲和日本的经济都依赖于丰富、廉价的石油。石油助长了贪得无厌的汽车文化，但它对于工业化国家的能源网也是必不可少的。例如，在美国，石油占到发电燃料的20%。丹尼尔·耶金（Daniel Yergin）说："石油已经成为世界工业经济的命脉，经开采和流通，石油储量已所剩无多。在整个战后时期，供需平衡从未如此紧张过。”[3] 不仅没有多余的石油，而且西方和日本消耗的石油中有很大一部分是从中东进口的，当沙特阿拉伯在 1973 年秋季因美国向以色列输送武器而实施石油禁运时，全世界的燃料供应都紧张了起来。到 12 月份时，10 月初在世界市场上以每桶不到 6 美元价格出售的石油，价格几乎翻了 3 倍。

突然间，随着农村进入冬季，美国农民所珍视的、在这片土地上看起来如此强大和持久的“自由之杆”，被证明不堪一击。为了节约现有的燃料供应，理查德·尼克松（Richard Nixon）总统除了呼吁限制取暖燃料和汽油用量，以及在高速公路上设置限速外，还呼吁公众节约用电。具体而言，尼克松呼吁调暗非必要照明，如广告和所有装饰性的圣诞灯，包括公共的和私人的，也包括纽约时代广场的灯光。尽管装饰性照明所需的电力仅占纽约全部能源消耗的 2%~3%，照明用电总体上也只占全国能源使用的 6%，但官员们希望，调暗这些灯光将鼓励市民在自己家里节约能源。纽约市政服务行政人员评论说：“让一座以灯光闻名的城市变暗是非常令人难过的，简直令人心碎。但这将产生一种心理上的影响，因为如果有人看到公共场所灯火通明，就很难让他关掉自己家的恒温器。”[4]

虽然公共场所的和庆祝的灯光，比如华丽的广告灯光和季节性的节日灯光在现实生活中似乎是最可有可无的东西，但它们将我们的目光从生活的灯海中吸引出来，当它们熄灭时，就有了超乎寻常的意义，仿佛一些基本东西从文化中被拿走了，特别是在冬天，人造光的意义总是更大。而1973年，当这些灯光真的变暗时，也就意味着一些必不可少的东西真的不复存在，一些比纯粹的照明更重要的东西：我们可以在不考虑能源的情况下生活的假设，以为我们可以把这一切视为理所当然的假设。

作家乔纳森·谢尔（Jonathan Schell）明白，石油禁运下被压制的世界与之前截然不同："这个冬天，全国人民坐在昏暗、寒冷的客厅里观看科胡特克彗星（Kohouteck），它很快就会出现在我们的天空中，成为这个光线昏暗的季节最好的圣诞装饰品。人们开始认同全球自然资源的有限性，这使得我们不得不和阿拉伯人、欧洲人、日本人以及地球上所有其他民族相互依存。归根结底，全球都得实行能源配给制。"[5]

然而，即使解决方案是全球性的，它可能也需要个人的努力。谁能责怪一些人想要离开，像20世纪60年代末和70年代初成千上万的城市居民一样，跟随海伦·尼尔林（Helen Nearing）和斯科特·尼尔林（Scott Nearing）回归大地，进入"美好生活"？回归土地运动（Back-to-the-land movement）不仅是对当时能源危机的回应，也是对现代生活与自然不可避免地相互联系，又日益分离的现状的回应。诗人巴伦·沃姆泽（Baron Wormser）和他的家人在缅因州的乡村森林里一处"与世隔绝”的地方生活了20多年。正如沃姆泽所经历的，他的煤油灯属于另一个时代和另一种不同的夜晚。他写道：“夜晚的来临是如此深刻，如此动人，如此柔和又不可磨灭，以至于在同样敬畏的时刻，我既震惊又平静。我非常清楚地记得，可以感觉到天空如何一秒一秒地变黑，黑暗如何悄然而至，这一切是多么不可阻挡和微妙。”[6]

他承认，他把20世纪30年代农村人热衷于埋藏的那盏灯浪漫化了：

> 这些年来，一些访客发现煤油灯恶臭难闻，光线微弱。尽管他们很想为它着迷，却实在无法做到。我喜欢躺在床上，在一盏小煤油灯下看书，在真实的火焰面前阅读。……时间是稳定的，但在火焰的运动中时间却有了一种在变化的感觉。……这是一种浪漫的光芒。……摇曳的灯光静静地令人屏息。煤油灯会产生烟尘和恶臭；它来自采矿、加工和运输的艰苦劳动。所有这些都是真实的，但那种感觉仍然存在。当我们触摸玻璃灯罩，它的表面会因发光而温度升高。[7]

不论他如何对煤油灯加以浪漫化，沃姆泽都开始逐渐理解煤油灯背后的成本和努力，而这是整个现代社会迟早都要承认的。他写道：“光本身不会自己出现，是我们每天的努力让这一切成为现实。火柴必须点燃。我们的眼睛也要擦亮。”[8]

尽管中东石油生产国在以色列同意从西奈半岛撤军后，最终于 1974 年 3 月取消了石油禁令，但是石油价格仍然高于禁令实施前，而且燃料供应在此后的几年里仍不断波动。1977 年吉米 · 卡特总统上任后，他将能源独立作为其政府的首要目标。在化石燃料对气候的影响得到广泛认可之前，卡特计划开发美国已知的煤炭储量，以减轻对外国石油的依赖。他还强调节约，在电视上穿着开衫毛衣，敦促人们晚上把恒温器调低到 55 华氏度，他还计划立法，促进更清洁、更高效的能源开发。

1977 年 4 月，卡特在向全国发表讲话时宣称：“我们必须平衡自身对能源的需求和正在迅速萎缩的资源之间的关系。”

> 现在开始行动，我们可以掌控自己的未来，而不是让未来掌控我们。……我们在能源问题上的决定将考验美国人民的品质以及总统和国会的执政能力。如此艰苦的努力无异于一场“道德战争”，只是我们要做的是齐心协力建设而不是摧毁。……1973 年的石油危机落下帷幕，我们的家又重回温暖。但是，如今我们的能源问题比 1973 年或几周前的严冬更为严峻。更糟糕的是，更多的浪费已经发生，更多的时间在我们没有规划未来的情况下已经过去。除非

我们采取行动，否则情况会越来越糟。……世界还没有为未来做好准备。20世纪50年代，人们消耗的石油是20世纪40年代的两倍。20世纪60年代，我们消耗的石油是20世纪50年代的两倍。而在这几十年中，每一年消耗的石油都比人类历史上任何时候都要多。[9]

为了实现能源独立这一目标，卡特签署了《国家能源法案》（National Energy Act），其中《公共事业管理政策法案》（Public Utility Regulatory Policies Act，PURPA）是新政以来第一个对电网产生深远影响的重要立法。PURPA 允许符合严格燃料效率标准的独立发电商进入电力市场，过去这些都由公共事业公司一手把控。卡特希望这一法案及其可能引发的竞争将鼓励建设更高效的燃煤发电厂和开发替代能源，如风能、太阳能和生物能。虽然 PURPA 未能成功地促进替代能源的重大发展，但它确实为能源行业解除管制开辟了道路。

由乔治 · H. W. 布什（George H. W. Bush）总统签署的 1992 年《能源政策法案》（Energy Policy Act），鼓励在州和联邦层面进一步放松对电力产业的管制，并扩大了可为电网供应能源的竞争性公司的类型。它将安然（Enron）、戴纳基（Dynegy）和信实能源（Reliant Energy）等能源贸易公司也纳入其中。这些公司本质上是不受监管的能源掮客，可能根本没有发电设施。

他们在公开市场上买卖电力，也从事衍生品交易，像对待玉米或猪等任何其他商品一样，押注于供求关系。安然公司首席执行官杰弗里·斯基林（Jeffrey Skilling）声称，这一发展将是消费者的福音。他说："我们正在努力创造一个开放、竞争、公平的市场。在这样的市场中，商品价格会更低，客户也会得到更好的服务。我们是好人，站在天使这边。"[10]

解除电网管制的决定主要取决于州政府，20世纪90年代末，包括加利福尼亚在内的许多州普遍强烈支持解除管制，并通过了解除电力工业管制的立法。加州的电价处于历史高位，并且电网本身也问题重重。其中一个问题是，加州近年来并没有建设新的发电站，但对电力的需求一直激增。因此，加州严重依赖来自美国西北部的州外水电，州立法者希望解除管制带来的竞争可以加强州内的电力生产，并降低家庭和企业的用电成本。

加州解除管制的法律很复杂。事实上，电力的买卖也是非常复杂的：电力仍然无法储存，对供需的控制在任何时候都需要精打细算，每套输电线路的容量有限，这意味着在高需求、高容量的市场中，所有客户的供应路线都需要提前规划，以避免线路拥堵。为了在放松管制的市场中妥善处理电力交易，加州成立了一个机构，负责按小时计价，电力可以在交货前一天或交货当天通过拍卖购买。另一个机构则负责管理输电线路，并进行实时拍卖，目的是处理最后一刻的意外供需变化，并保证足够的电力储备。

起初，解除管制确实降低了电力成本。但是，1999~2000 年美国西北部的冬天异常干旱，积雪量较少意味着到了春天，来自俄勒冈州可用于加州公共事业的水电将会减少。2000 年 5 月，反常的温暖天气导致人们对空调的需求激增，本已稀缺的能源变得更加稀缺。在这紧张的市场中，不少企业趁火打劫。安然和其他能源交易公司利用加州法律的漏洞，在高需求的情况下制造出更加稀缺的假象。能源交易者对简单地获取能源并不感兴趣；他们“倒手”买入，然后再卖出，从而在交易中获利，赚取大额利润。他们的主要目标不是为客户提供更好的服务，为自己争取合理的利润，而是尽可能多地赚钱。

交易商们通过储备他们并不需要的能源，甚至在没有必要维修的情况下，诱使发电机关停维修，制造人为短缺。他们还为有限的输电线路安排了大量的电力负荷，这样一来电力就无法正常输送。所有这些做法都限制了供应，迫使加州公共事业公司在实时拍卖期间以紧急价格购买能源。电力的批发价格比前一年上涨了 500% 以上。

然而，这一时期的零售价格是固定的，因此，包括该州最大的南加州爱迪生公司（Southern California Edison）和太平洋天然气和电力公司（Pacific Gas & Electric）在内的公共事业公司，不得不从贸易公司手中购买能源，其成本远远高于他们向私人客户收取的费用。没有资本购买电力的公共事业公司以节约能源为借口，有时还采取“轮流停电”的方式，来缓解他们无法满足的高需求，一个又一个社区在白天不得不停电一两个小时。

杰弗里·斯基林将能源短缺归咎于立法失败。他坚称：“可能再没有比这更糟糕的制度了。”[11] 在拉斯维加斯的一次会议上发言时，他借机拿加州的悲惨处境开玩笑。他问道：“你知道加州和泰坦尼克号的区别吗？至少在泰坦尼克号沉没时，灯还亮着。”[12] 安然公司的能源交易员也同样冷酷无情，其中一个人说：“他们应该恢复使用马和马车、油灯、煤油灯。”[13]

这场危机在州政府和联邦政府的干预下才得以缓解，最终加州蒙受了数十亿美元的损失，并促使其他州从撤销电网的管制中抽身。安然公司最终惨败，杰弗里·斯基林锒铛入狱，新的联邦立法旨在控制能源交易商，但加州的灾难证明，100 多万纪律严明、坚定不移的人的力量根本不是贪婪的对手。

现在，在尼亚加拉大瀑布第一条长距离输电线路向布法罗输送电力 100 多年后，超过 30 万英里的线路能够运送超过 100 万千瓦的电力，形成了一个覆盖全国的网络。尽管在过去的半个世纪里，我们经历了各种黑暗和焦虑，但我们大多数人仍然相信电力，因为现在的我们认为，没有它，我们就会看不见，甚至不能思考！嗡嗡声不仅是我们地球的音乐，而且也是一种教堂的圣乐。对于研究航拍照片的制图师史蒂文·瓦特（Steven Watt）来说，利用 GPS 技术绘制新地图时，横穿整个美国的输电线路看上去就像是支撑玻璃窗格的铅条：

在当代卫星和航空图像的帮助下，我将道路的位置与景观中的其他特征联系起来。对于美国地图，我一次只画一个县，在这个范围内，我重新绘制每条道路和十字路口的位置。……我会寻找一组独立于道路的固定可靠的点，用来细分每个县，而我之所以决定使用电力线路，是因为在大多数情况下，电线是直的，在高空图像中清晰可见。因为电线下的树木必须清除，所以它们的颜色往往比周围的颜色要浅。它们穿过道路、河流和城镇，将土地分割成棱角分明的多边形，随着人口密度的增加，多边形变得越来越小。

当我完成每个多边形内的工作时，我都会沿着电力线路的边缘画上一条线，直到它封闭为一个多边形，然后用颜色将其填充。之后，我会用黑色画出边缘，来强调它们的走向。随着工作的开展，产生了一种意想不到的美丽效果，画面让人想起中世纪彩色玻璃窗的图案。[14]

然而，这项被美国国家工程学院称为“20 世纪最重大的工程成就”[15]也亟须重新规划。电网不仅不再能满足我们时代日益增长的需求，而且还会因老化和疏于维护而产生损害。发电厂和变压器都很陈旧，许多已经超过了三四十年的自然寿命。电力公司通常不会对线路进行必要的维护，包括修剪树木。40年来发生的5次大规模停电，其中3次发生在过去10年，而这并非巧合。最重要的是，在美国，煤炭是最大的单一电力燃料来源，为我们55%以上的发电厂提供动力（石油现在占全国发电燃料的不到3%），而在气候变化的时代，进一步开发化石燃料并非上策。

未来的电网（目前仍然是想象多于现实），可能会采用美国能源部设想的形式：一个依靠国家中心地带的可再生能源系统。沙漠中的大型太阳能发电场和大平原上的风力发电场可以产生电力，这些电力可以输送到能源需求最大的大西洋和太平洋沿岸。在这种情况下，输电线路将需要承载比现有线路更大的负荷，并且必须比现有的线路更高效，因为现在的线路在传输过程中会损失多达7%的电力。早在20世纪90年代，诺贝尔奖得主、美国莱斯大学碳纳米技术实验室前主任理查德·E. 斯莫利（Richard E. Smalley）就提出，新的输电线路可以用碳纳米管建造。碳纳米管比血细胞还小，有弹性，能够比铜或铝更高效地导电，这意味着更多的电力可以通过更少的线路进行传输，而且沿途的损耗也小得多。然而，碳纳米管技术的实际应用还不可行，而且建造这样一个电网的成本将非常巨大。

建设这样一个系统，也面临着其他挑战。首先，一个依赖太阳能和风能发电的电网需要能够补偿这些能源的自然波动。支持构建更强大国家电网的人认为，它将是智能电网，拥有复杂的监控系统，可以使大范围地区的供需相匹配。当平原上的风力减弱时，该系统可以立即将需求导向其他地方的太阳能发电机。

最终，智能电网将能够监控家庭用电，并与能源储存系统协同工作。尽管除了极少量的电力之外，电力仍然不能有效地储存，但斯莫利设想，所有的家庭和企业都将拥有可以储存12~18小时短期电力的供应系统。这种存储能力将与实时定价系统相结合，这意味着电力在需求最大的时段价格最高，因此客户将有动力避免在高峰时段购买电力。他们可以在睡觉时购买，以平衡对系统的需求。

国家电网还将伴随着强化的本地化能源生产系统。在智能电网中，电表可以双向运转，这将使小型本地电源的剩余电量，甚至是私人住宅后院的风车和屋顶的太阳能板，能够立即回售给电网系统。

其他能源专家，包括环保作家比尔·麦克基本（Bill McKibben），设想了一个不同的未来电网。他们更加重视将智能电网技术应用于本地电力资源，这样就不需要开发昂贵的长距离电力线路。国家的每个地区都能够利用其丰富的可再生资源，例如风、潮汐、太阳、雨水。麦克基本设想了一个分散的、按比例缩小的本地化电网，它将是全面覆盖、复杂精细的。“想象一下，你居住的郊区所有朝南的屋顶都装有太阳能电池板。想象一下，建筑法规要求所有新建筑都配备太阳能屋顶瓦片和太阳能百叶窗。想象一下，散布在城镇各处的风车和从地下提取能量的热泵。想象一下，所有这些设施都连接到当地的电网中，再加上小规模的火力发电厂，它们不仅可以生产电力，还会释放出热量，可以泵送回当地的建筑以供使用。”[16]

认识到电网的不足是一回事，建立一个可行的替代方案是另一回事。碳纳米管技术、能源存储和智能电网技术的发展需要大规模的研发项目和科学教育相关的投资，这两者都需要大量的私人和公共资金。2005 年，斯莫利因白血病去世前曾评论道：

> 能源是人类面临的几乎所有问题的核心。我们不能在这方面出错。我们应该对现有能源行业能够独自解决这一问题的乐观态度表示怀疑。……美国——技术乐观主义者的国度，托马斯·爱迪生的故乡——应该起到带头作用。我们应该启动一项大胆的新能源研究计划。只要从每加仑汽油、柴油、燃料油和航空燃油中抽出 5 分钱，每年就能获得 100 亿美元的收入。……年复一年，这项新能源研究

计划将激励美国科学家和工程师成为新的斯普特尼克一代（Sputnik Generation）*。……在最好的情况下，我们将在下一代解决能源问题；不仅为我们自己解决了问题，还可以以此为榜样，为这个星球上所有的人类解决问题。[17]

不仅仅是电网需要重新设计，家庭和企业也需要变得更加节能，照明本身也是如此，尤其是现在我们中的许多人比以往任何时候都使用更多、更亮的灯。在美国，照明仍然占能源消耗的 6%~7%。我们几乎可以创造任何我们想要的灯光效果。氛围光可以散布在整个房间。灯泡可以嵌入，屏蔽，分层，由传感器激活，或逐渐变暗。房间内的照明可以按小时变化，也可以随着心情和目的而变化。但是在美国家庭中，所有这些效果仍然主要靠白炽灯来实现。

最有效的实用冷光仍然是荧光灯，而且在某些方面，荧光灯的质量自 1939 年纽约世界博览会展出以来已经有了巨大的改善。延迟时间更短，嗡嗡声和闪烁情况减少，而且紧凑型荧光灯（compact fluorescent light，CFL）** 可以安装在传统的白炽灯底座上。但是，紧凑型荧光灯的总体质量不稳定也是事实，尤其是最近几年，电灯公司试图降低它们的价格。另外，它们

* 指制造了第一颗人造地球卫星的一代科学家。

** 即常说的节能灯。

仍然没有灯丝灯泡那样用途广泛。一些紧凑型荧光灯不能与调光开关一起使用，而且当它们被用在封闭空间时，灯泡的寿命就会缩短，比如天花板上的嵌入式灯具，这些灯具往往会变得相当烫手。

但荧光灯仍然是冷色调的高效照明。一种新的13瓦的紧凑型荧光灯产生的光和60瓦的白炽灯相当，而耗电量仅为后者的约1/4。它的使用减少了1000多磅的全球变暖污染。由于照明效率高，紧凑型荧光灯在过去几十年里已经在许多国家受到青睐。英国照明历史学家布莱恩·鲍尔斯（Brian Bowers）指出："大约从1990年起，人们就很容易在大街上的商店里买到紧凑型荧光灯，到1995年，英国有一半的家庭至少使用一盏紧凑型荧光灯。"[18] 到20世纪90年代中期，德国有一半的家庭使用紧凑型荧光灯，日本则有超过80%的家庭使用。总的来说，在亚洲国家，紧凑型荧光灯比白炽灯更普遍。一位最近去过韩国的游客写道："我在韩国住了将近两个月，才看到第一枚白炽（老式）灯泡，其他的都是紧凑型荧光灯。事实上，这种灯在这里太普遍了，我只在一家商店里见到过有老式灯泡出售，那是一个类似于一元店的地方。"[19]

然而，紧凑型荧光灯在美国仍然不是一种畅销产品。"你刚醒来，还有点昏昏沉沉，然后你看到这些卷曲的灯泡，它正在嗡嗡作响，你就会觉得……唉。"[20] 紧凑型荧光灯被这个时代的焦虑所包裹，在最理想的情况下，也只是令人联想到军人般的顺从："不，光的质量并不理想，在某些情况下，你可以听到轻微的嗡嗡声……但我很难和我的孩子解释，为了满足自己的审美，我没有为缓解气候变化做些什么。"[21]

当紧凑型荧光灯的制造商继续寻找更适合的白光（更接近白炽灯的白光）时，紧凑型荧光灯在这个国家已经慢慢流行起来。2008 年，在美国销售的所有灯泡中，紧凑型荧光灯约占 19%。最终，当国会颁布的新版照明效率标准在 2012 年开始生效时，消费者可能别无选择，只能购买它们。这个新标准让大多数白炽灯的销售变成非法行为。为了应对这一情况，研究人员目前正在开发更高效的白炽灯，如飞利浦卤素灯，但它们的价格要比标准灯丝灯泡贵 10 倍。

紧凑型荧光灯的高效率意味着它们的使用能降低燃煤发电厂的汞排放量，但紧凑型荧光灯本身和所有的荧光灯一样含有汞，这是一种剧毒的金属元素，会在环境中累积，影响生物的神经系统。目前，紧凑型荧光灯的处理并没有受到监管。几乎所有的紧凑型荧光灯和其中的汞最终都被扔进了垃圾箱，这本身就造成了相当大的环境问题。2009 年，缅因州通过了第一个关于紧凑型荧光灯的法规，该法规生效后，将限制制造商在灯泡中使用的汞量。该法规还要求在 2011 年前建立一个由灯泡制造商付费的强制性回收项目。

与此同时，缅因州环境保护部门非常关注灯泡中的汞泄漏问题，该部门不仅敦促住户仔细回收紧凑型荧光灯，还张贴了一份操作指南，内容是关于如何清理破损灯泡的14点指示。它是这样写的："不要用真空吸尘器来清理破损的地方。这将使汞蒸气和灰尘扩散到整个区域，并有可能污染吸尘器。在清理工作完成之前，人和宠物应远离破损区域。打开窗户，通风，离开15分钟再回来开始清理。到那时，汞蒸气水平会有所降低。"[22]

由于紧凑型荧光灯中的汞会造成环境问题，所以它们只能作为过渡照明，最终会被发光二极管（LED）所取代，后者由微型塑料灯泡组成，通过半导体材料中的电子运动来照明。既不会有烧尽的灯丝，也没有需要回收的汞，它们是最冷的灯。LED已经广泛应用于数字时间显示、记分牌、交通信号，以及圣诞节等装饰用灯。在过去的几年里，随着技术的进步，它们已经开始用于街道照明，少数用于室内照明，因为它的"白"光仍然偏蓝，而且与传统灯泡不同，LED只向一个方向发光。尽管LED寿命可达几十年，但它们的购买成本仍然很高，通常是白炽灯泡的10倍以上。*

通用电气和飞利浦等主要照明公司已经将目光从LED转

---

* 此为作者写作本书时，即2010年左右的数据。

向有机发光二极管（OLED）。这种二极管的工作原理是让电流通过夹在带电基板之间的有机半导体材料薄层。OLED 照明仍处于研发阶段，但支持者相信，它的寿命将比白炽灯的寿命长 10 倍，燃烧效率也比白炽灯高 10 倍。与过去完全不同的是，OLED 是平面的，并且整个表面都会发光，可以产生大面积的均匀照明。虽然在目前的状态下，它们是刚性的，关闭时看起来像一面镜子，但最终二极管将被嵌入可弯曲的塑料基板中，当灯关闭时，这些基板将是透明的。而且灯本身很灵活，能够改变形状。OLED 可以覆盖整面墙或天花板，或者缠绕在一根柱子上。

屏幕能成为灯吗？我们可以把光带到任何地方，并以任何地方为中心吗？我们能摆脱灯座、灯管和灯丝限制的光吗？或者我们会迷失在富足的洪流中吗？加斯东·巴什拉赞美孤独的灵魂与微弱而自律的火焰之间的亲密感，他重视思想家、灯光和书籍之间的对话，因为他把灯看作书页的“北极星”：一个人阅读，然后看着火焰和梦想。梦想、阅读和思考交织在一起，在火光可及之处，一切都立刻活跃起来。他写道：“蜡烛无法照亮一个空的房间，但它照亮了一本书。”[23] 光和文字都拥有自己独特的时间维度：“在理解这本难懂的书之前，蜡烛就会燃尽。”[24]

如果今天有人在一个黑暗的房间里看到一道光，它很可能是从电脑屏幕上发出的蓝白色的闪烁之光：我们的窗口变成了电脑屏幕，随着敲击键盘的声音（一种新的孤独的声音），页面不断发生变化，大脑中闪烁着新闻、天气、工作、朋友的话、建议、购物等各种信息。敲击，敲击，敲击，凝视前方。但页面上没有北极星，因为光和字母之间没有距离，两者都是从屏幕上发出的。

很快，灯丝断裂的微弱叮当声将成为另一个世纪的另一种声音。但就目前而言，爱迪生之光的顽固信徒依然存在，有些人已经在囤积白炽灯；还有些人购买了早期电灯的复制品。一份提供各种紧凑型荧光灯并鼓励节能的照明产品目录，也将19世纪的灯泡复制品列入进行销售。华丽的碳丝形状像笼子，或倾斜或转动，让人想起门罗公园实验室的参观者可能看到过的灯泡。它们和过去所有的灯一样昏暗：1890年灯泡和笼式灯泡，40瓦；维多利亚时期灯泡，30瓦。而你要为这样微弱的光芒付出沉重的代价。广告文案指出，碳丝灯泡提供了“独特组合，以标准灯泡10倍的价格提供1/3的光线，但它们能使各种装置都变得非常美丽”[25]。

对白炽灯时代如此顽固的喜爱，不只是简单的怀旧之情。它证明了白炽灯对现代生活的意义有多重要，而且它似乎非常适合现代生活：一个飞速发展的世纪中稳定而明亮的光；白炽灯源于发明，但也是温暖的（或看起来如此）、通用的、可靠的、经济的（最终是民主的）；白炽灯带来了一个充满闪亮事物的全新世界；带来了远离寒冷水域中辛苦工作的捕鲸船与煤油的臭味和喧闹的光线。这种灯也与煤油灯不同——一开始煤油是人们几个世纪以来一直梦寐以求的油脂，而在几十年后，就以非现代化的象征而结束——老式灯泡所发出的光仍然比任何替代它们的东西都更令人满意。或许它们将永远如此。

19
任光摆布

即使我们建造了一个更有韧性且更可持续的电网，来满足我们不断增长的电力需求，即使我们将白炽灯完全替换成同等亮度的 LED 照明，我们仍然需要重新审视现在被我们视为普通的逐渐提升的亮度，因为事实证明，无论其来源如何，大量的人造光都会对我们的身心健康产生影响。不仅如此，哺乳动物、昆虫、鸟类、植物和鱼类也发现自己在受光摆布。

人造光如何对生物产生负面影响，仍然是一个未能完全解开的谜团，但我们确实知道，无处不在的光会严重破坏我们的昼夜节律，即由我们生物钟控制的体温、激素水平、心率和作息时间的日常变化周期。和所有哺乳动物一样，人类的生物钟由下丘脑中的一小簇神经细胞组成，信号来自视网膜传递给它的不同亮度的光。由于生物进化的过程并没有受到人造光的干扰，所以生物钟大体上与日出和日落时间相适应。

研究人员曾经认为，生活在现代工业社会中的人可能已经脱离了曾对人类至关重要的生物钟，因为我们体内生物钟的运行并不总是显而易见的，我们已经脱离了日、月、年的环境约束：我们可以控制热和光，不再按照季节性周期进行繁殖。然而，法国地质学家米歇尔·西弗尔（Michel Siffre）的经历有助于证实我们的生物钟依然遵循着昼夜节律，并没有受到现代生活方式的影响。他在1963年夏天进入了斯卡拉桑洞穴（Scarasson Cave），这是法国与意大利交界滨海阿尔卑斯山下的一处冰川洞穴，在那里他度过了两个多月的黑暗日子。

西弗尔在地下冰川旁扎营，被溶洞中不断渗出的黑暗和寒冷所包围。虽然他旁边有一盏白炽灯，但他并不知道时间。他解释道："我想研究时间，那是最不可思议和不可逆转的东西。我想研究自人类诞生以来就一直困扰着人类的时间概念。"[1]他通过醒来对天数进行计算，在日记中记录每一次醒来，并打电话给地球表面的科学家，让他们记录自己打电话的实际时间，在交谈中他们不会告诉他今天是什么日子或现在是一天中的什么时候。

在黑暗中独处的几个月里，他不得不应对孤独和寂寞，以及来自周围不稳定的岩壁和天花板的威胁。"今天早上我完全吓呆了，"他写道，在听到一连串巨大的岩石和冰块塌陷的声音后，"我的脉搏很快，脑海中充满了黑暗的想法。在这样的时刻，一个人会意识到自己的渺小。……出生，生活，死亡，然后就什么都没有了。不，不！出生、创造和死亡，这才应该是一个人的总结；其余的都是动物界的事情。当我从惊恐中部分恢复过来时，我看着镜子里的自己：一张苍白浮肿的脸，憔悴的眼睛噙满泪水，凝视着玻璃。”[2]

这几个月的焦虑、困惑和身体压力会造成伤害。他后来说：“我就像一个半疯的、脱节的提线木偶。”[3]尽管如此，他还是一丝不苟地记录了自己对时间的观察，他的日记记录了一个对时间完全丧失概念的人：

> 第42次醒来：……我似乎真的对时间的流逝没有一点概念。举例来说，今天早上，在给地面打了电话并聊了一会儿后，我想知道这通电话持续了多长时间，甚至连猜都无法猜。……第52次醒来：……我现在对时间完全没有概念。例如，当我打电话给地面，并说出我认为的时间，我以为从醒来到吃早餐只过去了一个小时，但实际上可能已经过了四五个小时。有些事情很难解释：我认为，最主要的是我在打电话的那一刻对时间的概念。如果我提前一个小时打电话，我仍然会说出同样的数字。……我很难回忆起我今天做了什么。要回忆起这些事情，我需要付出很大的脑力。[4]

西弗尔在地下的几个月里，地面上的科学家们一直在跟踪他每天醒来和睡眠的周期，发现仍然非常接近24.5小时的周期：他体内的生物钟没有改变，只是他对时间的意识有所改变。但是西弗尔很吝啬地给自己分配口粮，因为他误解了一天的长度，到最后的时候，他认为自己还有几个星期的时间要忍受。在实验的最后一天，即第57次醒来时，西弗尔认为是8月20日，但实际上已经是9月14日：他保存的时间表比实际日期差了25天。“我几乎低估了我工作或清醒时间的一半；我认为的7小时的‘白天’实际上平均持续了14小时40分钟。”[5]他在离开洞穴后评论道。

西弗尔的经历证明，我们的昼夜节律或许能够承受周期性的光线缺乏，但此后的其他研究表明，即使少量的人造光也能显著扰乱这种节律。人造光对睡眠的影响尤其深远，因为缺乏光线会诱导我们的生物钟向松果体发出信号，增加诱导睡眠的褪黑激素的分泌。虽然明亮的光很难与其他可能导致睡眠障碍的因素区分开来，但查尔斯·蔡斯勒（Charles Czeisler）博士在波士顿布莱根妇科医院进行了一项关于人类对光的反应的研究，他发现不仅强烈的人造光会扰乱人类的生物钟，而且长时间低强度的人造光也同样会扰乱人类的生物钟，将其向后推迟四五个小时，“这意味着大多数美国人实际上过着夏威夷时间。对于大多数人来说，现在是凌晨4点到5点，而不是人们在午夜到凌晨1点之间的睡眠高峰时段。然而人们被迫在他们希望的时间之前醒来，一整天都疲惫不堪。”[6] 蔡斯勒博士指出，“每次开灯的时候，我们都在不经意间服用了一种影响我们睡眠和第二天清醒程度的药物。”[7]

此外，在现代工业社会中，人们在入睡之前，往往很少给自己在黑暗和安静中放松的时间。他们不再根据昼夜长短的季节性变化来改变睡眠，即使现在人类的生物钟仍然根据季节和一天中的日照量而变化。例如，在北温带地区，生物逻辑上的黑夜冬长夏短，但是人们经常一年四季都沐浴在16个小时的光照中，好像每个夜晚都在盛夏时节。

即使是现在被认为理想的8小时不间断睡眠，也可能是工业社会强加的，它要求一年中的每一天和一天中的所有时间都以一定的方式划分：现在工作，现在放松，现在睡觉。历史学家A. 罗杰 · 埃克奇发现，中世纪人的睡眠方式与现代人不同。每晚，他们会经历好几段睡眠。他们会在太阳落山后不久就上床睡觉，睡上四五个小时（这被称为“第一次睡眠”），然后在午夜过后一两个小时醒来。有些人得起床工作：学生们埋头读书；女人们继续做白天未做完的家务。有些人甚至在此时拜访邻居，或溜出家门去偷柴火或抢劫果园。但通常人们会安静地躺在床上休息或聊天，然后再回到充满梦境的浅睡眠（“第二次睡眠”）之中，并一直持续到日出。在一个每天都在不停劳动和工作的社会里，凌晨那安静、自由的时光是非常珍贵的。

埃克奇指出，随着人造光的增加，分段睡眠开始消失。[8] 到了 17 世纪，那些喜欢夜生活的富人就不再有这种体验。后来，随着中产阶级获得越来越多的光，他们也失去了分段睡眠。最后，劳动者也失去了这种睡眠，尽管这种习惯一直持续到 19 世纪末。罗伯特 · 路易斯 · 史蒂文森（Robert Louis Stevenson）在穿越法国南部塞文山脉的旅程中，有时会睡在户外，他观察到，无论是仍然生活在大自然中的人们，还是整个自然界，半夜的清醒期都是一种自然现象：

> 有一个激动人心的时刻，是那些住在房子里的人所不知道的。这时，一种清醒的影响力传遍了沉睡的半球，整个户外世界都苏醒了。这时，公鸡啼叫，但未宣告黎明，而是像欢快的守夜人希望加快黑夜的进程。牛群在草地上醒来；绵羊在带露水的山坡上进食，并在蕨类植物中寻找新的巢穴；与家禽共眠的无家可归者，睁开他们朦胧的双眼，欣赏着美丽的夜色。……在寂静的召唤下，在大自然的温柔抚摸下，所有沉睡者都在同一时刻被唤醒？……即使最了解这些奥秘的牧羊人和乡下老人，也不知道这种夜间苏醒的方式和目的。在凌晨 2 点左右，事情就这样忽然发生了。[9]

如果有机会，许多人会退回到中世纪的睡眠模式，这也可能是人类最早的睡觉方式。当托马斯·威尔（Thomas Wehr）博士和美国国家心理健康研究所（National Institute of Mental Health）的研究人员试图复制史前的睡眠条件时，他们让一组在中纬度地区的人于隆冬时节经历 10 小时的白昼时间，结果发现他们

> 只比平时多睡了一个小时，但睡眠时间分散在大约 12 个小时的区间中。他们先睡了四五个小时，然后到早上又睡了四五个小时，这两次睡眠中间的几个小时是安静的、无虑的清醒时间。傍晚的睡眠主要是深度的慢波睡眠（slow-wave sleep），而早晨的睡眠主要是快速眼动睡眠（rapid eye movement sleep，REM），即以生动的梦境为特征的睡眠。脑电波测量显示，清醒期类似于冥想状态。[10]

蔡斯勒博士说："我们认为托马斯·爱迪生对人体生物钟的影响比任何人意识到的都要大。"[11] 喜欢在实验室桌子上打盹的爱迪生，可能也很乐意这样想，因为他曾经评论说："任何减少人类睡眠总量的东西，都会增加人类能力的总量。人们根本没有理由上床睡觉。"[12] 现在很少有人会同意爱迪生的观点，因为尽管可能还不知道为什么我们需要睡觉，但大多数人现在都知

道，睡眠是必不可少的。随着研究人员对睡眠的深入研究，他们越来越发现睡眠不足会对人的身心健康造成巨大损害。睡眠不足的人更容易出现血压和血糖水平升高的情况。缺乏睡眠会抑制免疫系统，影响记忆和大脑功能，并改变控制食欲的瘦素水平，因此它也可能导致肥胖。

我们人类可以减轻人造光对生物钟造成的破坏。睡眠研究所、睡眠计划、睡眠医生都开出了重现古代生活的养生方法。除了建议失眠者每天锻炼，避免兴奋剂，在晚上放慢脚步外，专家还建议他们晚上避免使用强光，在黑暗的房间里睡觉直到天亮。但是，其他受到人造光不利影响的生物，除了承受影响或被迫适应之外，几乎没有其他办法。在黑暗中捕食的夜行动物，以及那些白天站着睡觉，或睁着一只眼睛睡觉，或躲藏起来的动物都会受到人造光的摆布，人造光不仅影响它们的昼夜节律，还可能会影响到它们的生存机会，甚至会改变它们的进化轨迹。

与对人类的影响一样，无处不在的光线对野生动物的影响并不总能孤立看待，因为伴随它们的是无数其他环境的变化和栖息地的减少。建筑物和道路破坏了它们的觅食路线；噪声和人类活动损害了许多动物的捕食能力；人类努力创造新的生态系统，而人造光只是其中的一部分。根据威廉 · A. 蒙特维奇（William A. Montevecchi）的说法："近海油气平台迅速发展成为人工岛礁，形成海洋群落。这些礁石吸引植物、甲壳动物、鱼类和鱿鱼来此聚集和繁殖。……平台上的光吸引了无脊椎动物、鱼类和鸟类，而处于较高营养级的生物反过来又被较低营养级的生物以及光吸引过来。”[13]

但光本身也会改变一切。对许多夜行动物来说，夜晚是介于隐蔽和看见之间的一种协商。哺乳动物更喜欢待在阴影中，并倾向于避开满月，因为满月会暴露它们的行踪，使它们容易受到掠食者的攻击。人造光不仅让动物更难隐藏，也使那些依靠敏锐的夜视能力获取食物和安全的哺乳动物视力下降：

> 许多夜行物种只使用视杆细胞，而太过明亮的光线会让视网膜饱和。虽然许多动物……有基础的视锥细胞，可以在几秒钟内切换过去，但在这几秒钟内，它们是看不见的。而一旦切换到视锥细胞，光线较暗的区域就会变成黑色，动物可能会迷失方向，无法看到前方黑暗区域……遇到危险时也不愿意逃到看不见的阴影中。……最后，如果动物在有光的地方待的时间太长，使其视杆细胞达到饱和，那么在回到黑暗中的前 10~40 分钟，它将处于极度的危险之中。[14]

光也改变了夜行动物与世界互动的方式。街道两旁的路灯会产生一种视觉障碍：动物看不到路灯之外的东西，必须花更多时间、更加谨慎和更多心力才能前行。一位科学家在研究南加州美洲狮的习性时观察到，当美洲狮“第一次探索新的栖息地时，夜间会停在横穿其行进方向的有灯光的高速公路上。……有时美洲狮会睡到天亮，选择一个它在日出后能看到公路以外地形的地方。第二天晚上，如果公路外是野地，美洲狮会试图穿过马路，如果公路外是工业用地，它就会掉头”[15]。

对生物来说，与黑暗同样重要的是夜晚的自然光。光是以直线传播的，所以鸟类和哺乳动物可以利用天体的光线进行导航和定位。当人造光侵入时，它们就会被误导和迷惑。想想人造光对鸟类的影响。几个世纪以来，夜间飞行的动物一直被灯塔吸引。早在埃迪斯通灯塔看守者还在吃蜡烛的时候，小小的灯光可能并不会造成什么困扰。但 1912 年的一幅插图显示，埃迪斯通灯塔被成群的鸟儿包围着，它们困惑而混乱地飞向天空，绕着白色的石塔盘旋。到了现代，危险倍增。鸟类被摩天大楼无数灯光通明的窗户所吸引，也被广播和通信塔上的灯光所吸引，它们要么直接撞上，要么不停盘旋，直到筋疲力尽。鸟类也聚集在海上石油和天然气平台的照明灯周围，尤其是“在雾霭弥漫的夜晚，当它们飞近并穿过火焰时，就会被烧死”[16]。不仅高处的灯会带来危险，水鸟和沼泽鸟类会把反光的表面误认为是水，一旦它们降落在干燥的地面上，就无法再次轻易起飞。

当它们挣扎着飞走时，就会完全暴露在危险中，容易受到攻击。而捕食生物发光猎物的夜行海鸟会被灯光误导，并被其迷惑；结果，它们寻找食物更加困难。在所有情况下，就算被灯光困住的鸟类设法逃脱，但它们已经消耗了容不得浪费的宝贵体能。对于那些迁徙的鸟儿来说，人造光造成的困扰常常会推迟它们到达繁殖地或越冬地的时间。

影响鸟类的不仅是光本身，还有光的持续时间。它们也会因每天工作16小时而筋疲力尽。人造光触发了它们的黎明反应，并导致它们在日落后歌唱，有时会唱上一整晚。人为延长的白昼还会影响它们的迁徙和繁殖模式。

在动物世界里，即使是天黑后在一盏路灯下发生的事情也会产生复杂而深远的影响，因为一盏灯就可能改变一个生态系统的平衡。飞蛾和昆虫聚集在路灯周围；蝙蝠和蟾蜍则过来寻找容易捕捉的猎物。一位科学家指出："在人造光下进食的习惯如今在蝙蝠中已变得非常普遍，以至于我们把人造光当作许多物种正常生活栖息地的一部分。"[17] 这不仅增加了昆虫种群的压力，也改变了不同蝙蝠物种之间的关系，因为并非所有物种都依靠灯光进食，尽管它们可能以相似的昆虫为食。路灯的存在给了使用灯光的物种相对于其他物种的竞争优势。不利用灯光的物种可能会减少，因为它们已经失去了竞争优势。生物学家布莱恩特 · 布坎南（Bryant Buchanan）指出，通过改变栖息地，刺激昆虫、哺乳动物、鸟类和爬行动物重新适应环境，影响未来生物的生命编码，“人类正在改变这些受影响物种的进化轨迹，使它们适应新的环境。单纯保护物种多样性或种群数量并不能保护这些分类群中所包含的进化和行为多样性”[18]。

有时候，人造光会成为进化陷阱，帮助一个物种生存了亿万年的古老生物法则如今变成了负担。这种陷阱最著名的例子是赤蠵龟的困境。赤蠵龟的寿命可以超过130年，早在人类出现在地球上以前，它就栖息在沿海水域，在浅滩觅食，以沙钱和海螺为食。雌龟年复一年地从海浪中爬出，来到沙滩上筑巢。为了安全，雌龟总是喜欢黑暗的掩护，而现在，沿海开发的明亮灯光常常驱使它远离主要的筑巢点。当雌龟终于找到一个筑巢的地方时，会用脚蹼在沙岸上挖一个坑，然后产下一窝蛋。“就像它们一亿年来所做的那样，”戴维·埃伦费尔德（David Ehrenfeld）写道，“以同样缓慢的节奏，总是用同样庞大的，有着喙状头部的身躯和同样大的、近视的眼睛——周围是被泪水冲刷出来的沙子——来遮挡雨水或星星。”[19]

然后雌龟盖上巢穴，回到海里。蛋需要几个月的时间来发育，在此期间，如果雌龟不能在最好的地方筑巢，它们就更容易受到极端的潮水、风暴和掠食者的攻击。如果它们熬过了孵化期，孵出的幼龟就会自己爬出来，挖掘出一条通往地面的路。如果地面的沙子是热的，它们就知道现在是白天，于是就会钻回地下，等到日落后沙子变凉再出来。然后，它们开始了向大海的跋涉。它们锁定最亮的地平线，并向那里移动，几千年来，这意味着它们爬离黑暗的沙丘和植被，走向海洋，海洋的表面闪烁着反射的星光和月光，比内陆更明亮。在黑暗的环境中，小海龟通常在两分钟内就能到达海边。

但是在开发过的海滨，有公寓、路灯和商业区的灯光，小海龟们会被人造景观夜晚的光亮所误导。它们爬向高处，而不是大海；爬到公路上，被汽车撞死；或者爬得太远，筋疲力尽而死。当它们设法调整自己的方向并到达水中，它们的死亡率——已经相当高，因为它们必须冲破充满掠食者的海浪，然后至少再游一整天才能到达它们的栖息地——已经非常高。

在光芒中，几乎没有什么可以不受光的影响。它影响了鱼类的觅食和群居模式以及迁徙的时间。它改变了昆虫在水上的漂流以及浮游动物和鱼类的垂直迁移。它降低了生物发光动物的效率。曾经，萤火虫发出的光芒在夜晚足以照亮一个村庄。而现在，人类的光芒冲淡了它们的光芒，使得它们更难吸引配偶。植物也不能幸免。适度的光线和黑暗向植物发出信号，表明有合适的传粉者，而且竞争最小。粗糙多刺的宾州苍耳在空地和垃圾堆里茁壮成长，落在衣服和野草上，但它的最佳开花时间是由夜晚的长度决定的。但是黑暗需要持续不断："在漫漫长夜中，短至一分钟的灯光都会阻止苍耳开花。"[20]

即使我们的灯光本应是最令人振奋和安慰的，它们也会对野生动物产生影响。2004 年，在一年一度的纪念“9 · 11”遇难者的光塔活动中，纽约的观众对“成千上万的小星星悬浮在空中”[21]感到惊奇，那是一个无风无月的秋季迁徙期间的夜晚。光柱中向上流动的热空气诱使飞蛾在灯光中盘旋至 15 层楼高或更高，成千上万的鸟类也被吸引到光柱中，在飞蛾上方盘旋。很少有人知道自己看到的是什么。据《纽约时报》报道：“有些人认为它们是尘埃。”其他人，也许还记得三年前那个晴朗的日子下的碎片雨，却得出了不同的结论：“有些人看到后认为是灰烬。有些人认为那是光柱里的烟火。还有些人则以为看到了幽灵。”[22]

当然，没有人能看见真正的星星，大部分星星被城市夜晚的光芒掩盖了。

过犹不及

第二根火柴点燃了烛芯。光线既苍白又变幻不定；但它将我与宇宙隔绝，并使周围的夜晚变得分外黑暗。

——罗伯特·路易斯·史蒂文森《携驴旅行记》[1]

19 世纪末，文森特·梵高在法国南部的夜空中看到了数不清的美妙景象。他在 1888 年给弟弟提奥的信中说："一天晚上，我沿着空旷的海岸在海边散步，深蓝色的天空中飘浮着比钴蓝色更深的云，还有些云彩是更清晰的蓝色，就像银河系的蓝白一样。在蓝色的深处，星星闪闪发光，有绿色、黄色、白色、粉色，甚至比巴黎的夜空更灿烂，闪亮如宝石：你可以称之为蛋白石、祖母绿、天青石、红宝石、蓝宝石。"[2] 当梵高在煤气灯的帮助下画出那片天空时，他也画出了天体和人类之间的无数种关系。在《星月夜》（*Starry Night*）这幅作品中，被照亮的村庄在漫天的星星和新月的映衬下显得亲切而渺小，而在《罗纳河上的星夜》（*Starry Night over the Rhône*）中，人类的光和星光在相互交谈：一对夫妇站在画的右下角，他们周围的世界充满了光。就在他们身后，河水被远处阿尔勒的路灯反射成光带。而在河的另一边，小镇本身也在地平线上闪闪发光。但它并不太亮，不会妨碍头顶上的星星或夜晚的浩瀚。夜空，由星星的光辉定义，几乎占据了画布的一半。

即使是《夜间的露天咖啡座》（*The Café Terrace at Night*）中的阿尔勒城镇，人们的生活也在鹅卵石街道和星星之间。煤气灯的光芒照亮了咖啡馆的墙壁和天棚屋顶；二楼和三楼的窗户里，可以看到一种隐秘的红光，一些商店的橱窗也在发光。但在露台之外，黑暗迅速降临，星星在建筑物之间的缝隙中闪闪发光。当代天体物理学家查尔斯·惠特尼（Charles Whitney）认为，“考虑到咖啡馆灯光可能造成的干扰，梵高那一小块夜空中的星星可能太亮了”[3]。而梵高曾坚持说：“如果我的画是正确的，我才应该绝望。……我不希望我的画在客观上是正确的。……反而希望带有某种不正确性，是对现实的偏差、重塑和改变，所以我的画就是谎言——如果愿意这样说的话——但比现实更真实。”[4]你可以想象，他那个时代的真实——即使是在夜生活中，对星星的沉思也是这个世界上家庭生活的一部分——是与尘世生活相对应的。

对许多人来说，光污染无处不在，以至于使人们失去了观察夜空的机会。特别是天空辉光——城市、乡镇和工业区周围天空映出的橘黄色的光，并在更高的夜空逐渐变成紫色——阻碍了我们的视线。尽管月球、地球和宇宙尘埃反射的阳光，以及大气散射的星光，可以产生部分自然的天空辉光，但家庭、企业和路灯所发出的无处不在的人造光使得大部分的天空泛着光亮。21 世纪，即使是许多空旷郊区后院的天空也只能看到一些暗淡的星星，发达国家的大多数人看到的夜空似乎总是沐浴在月光下，至少像上弦月一样明亮。对于现代大城市的人们来说，夜空似乎总是比乡下接近满月时的夜晚更加明亮，而那条横跨尘埃、星星和气体天空的银河——“因其自身的亮度而辉煌”[5]奥维德曾这样形容——三分之二的美国人和一半的欧洲人无法用肉眼看到。

银河一直是传说中的东西，有各种各样的名称，如鹿跳、银色河流、草贼之路、群鸟之路、白象之路、冬之路和天堂尼罗河。银河在夜间引导着朝圣者，因此也被称为天堂之河、圣地亚哥之路和罗马之路。如今，银河的出现已经变得非常陌生，以至于在 1994 年大地震期间，洛杉矶的灯光熄灭时，“紧急救助机构以及洛杉矶地区的天文台和广播电台收到了数百个电话，人们想知道是不是星星的突然变亮和‘银云’（银河）的出现造成了地震”[6]。

如果看不到银河，你就无法分辨四等星，星等是衡量一颗星星从地球上看起来有多亮的标准。最亮天体的星等可以是负的：天狼星的星等是 -1.4，金星的星等是 -4.5。在银河也不见踪影的中度光污染区域，人们仍然可以看到大约 300 颗二等星和三等星，但所有较小的星星——大约 7000 颗四等星、五等星和六等星消失了。此外，在光污染的天空中，所有的星星都不如我们祖先那时明亮，因为我们生活中的人造光往往过于明亮，抑制了人眼的视杆细胞。“由于天空的亮度，世界上约有 1/10 的人口（40% 以上的美国人口和 1/6 的欧盟人口）不再用适应夜视的眼睛来观察天空。”[7]

天文学家对星星的消失感受最深，他们是伽利略真正的传人，是伽利略将第一台望远镜对准夜空。伽利略在 1610 年写道：“看到以前肉眼可见的众多星星，也看到无数以前从未见过的星星，且其数量比以前熟悉的星星多 10 倍，这当然是一件伟大的事情。”[8] 他的第一次观测，包括发现 4 颗围绕木星运行的卫星，坚定了他关于太阳中心说的信念：

在此，我们有一个精妙的、优雅的论据来平息那些人的疑虑，尽管他们能以平和的心态接受哥白尼学说——行星围绕太阳旋转——但对月球独自围绕地球旋转感到强烈不安。……现在我们知道不止一颗行星绕着另一颗行星旋转。……我们还亲眼看到其他四颗星星围绕着木星旋转，就像月亮围绕地球旋转一样，而所有这些又都围绕着太阳进行大公转。[9]

伽利略还观察到，亚里士多德所认为的完美的月亮“并没有光滑的表面，事实上它是粗糙不平的，就像地球的表面一样，到处都有巨大的凸起、深谷和裂缝”[10]。至于银河，他说：“借助望远镜，银河已经得到了非常直接和准确的审视，以至困扰了哲学家这么多年的所有争议都得到了解决，我们终于摆脱了关于它的冗长辩论。事实上，银河只不过是无数星星聚集在一起形成的星团。”[11]

在伽利略之后的几个世纪里，随着望远镜变得更加强大和精细，天文学家越来越多地看到更遥远的太空，以及更远的仙女座、类星体和黑洞，其中观察星星的最佳地点是南加州的高海拔地区。那里的夜晚通常很晴朗，山脉也没有高到顶峰会消失在云层或冰雪中，然而它们又在沿海平原浓密的大气和迷雾之上。山峰上的空气通常也很平静：盛行的太平洋向岸风*平稳地吹过山峰。这种稳定性造就了天文学家所谓的“良好视野”，

* 向岸风（onshore wind），指沿海地区，由水域吹向陆地的风。

因为正是在地球上流动的空气使光线失真，导致星星闪烁。所以宇航员在轨道上看到的星光很稳定，而地球上的人类看到的星光会闪烁。

20 世纪上半叶，南加州山顶上的景象异常壮观，因此该地区成为世界上一些重要天文台的所在地。第一座是威尔逊山天文台（Mount Wilson Observatory），建于 1904 年，位于洛杉矶县的圣加布里埃尔山。历史学家罗纳德 · 弗洛伦斯（Ronald Florence）写道："许多天文学家认为，威尔逊山上空的大气如此宁静，星星的图像在晴朗的夜晚如此清晰，这或许是世界上最佳的观测地点。"[12] 但到 20 世纪 20 年代末，当乔治 · 埃勒里 · 海耳（George Ellery Hale）开始寻找合适的地点来安放他要建造的 200 英寸望远镜时，洛杉矶市区及其郊区已经扩展到了威尔逊山的脚下，城市的光线已经影响了那里的观测工作。因此，海耳决定把他的望远镜放在离城市更远的地方，在海拔 5600 英尺的帕洛马山的一片蕨类草地上。帕洛马山仍然是人们可以到达的地方，距离圣地亚哥 45 英里，距离洛杉矶盆地 100 英里。1930 年的人口普查显示，圣地亚哥的人口约为 21 万，洛杉矶和奥兰治的人口不到 25 万，这似乎可以避免光污染的影响。

1930 年，海耳和他的支持者决定了放置望远镜的位置，但他花了近 20 年的时间才完成望远镜，光是在纽约的康宁玻璃厂用派莱克斯玻璃（Pyrex）成功铸造镜头就花了好几年时间，又花了一年时间在退火炉中慢慢冷却，之后还要乘火车穿越全国，白天以每小时 25 英里的速度移动，天黑后暂停。在离开康宁工厂 16 天后，它到达了加州帕萨迪纳的一间光学实验室，在那里又待了 10 多年，技术人员用研磨剂和抛光剂磨掉了 10000 磅的玻璃，将镜片塑造成抛物面。与此同时，工作人员改善了通往帕洛马山山顶的道路，将水电接到山上，并建造了一栋半球形建筑来放置望远镜。1941 年日本偷袭珍珠港，所有工作都不得不中止，而几乎所有参与该项目的人的时间和精力都被战争所占用。1947 年，镜头最终用卡车运上了山。尽管南加州的人口显著增长，新政的电气化举措增加了家庭和街道的照明，但帕洛马山仍然是一座矗立在沙漠中的偏远山峰。牛在高高的草地上吃草，没有明显的光线影响到天文台。

1949 年 1 月，海耳望远镜首次亮相，当时著名的天文学家埃德温 · 哈勃（Edwin Hubble）声称："200 英寸的望远镜打开了探索太空的大门，使人们可以观察到的空间增加了约 8 倍。我们现在可以观察到的太空区域非常大，可能是整个宇宙的一个平行样本。"[13] 经过几个月的调整，光学技师们用手持软木塞抛光器和自己的拇指打磨了镜头的最后五六百万分之一英寸，望远镜被正式开始用来探索和研究太空。天文学家们用它来识别恒星，研究它们的诞生、演化和死亡；研究星系的运作；并寻找宇宙本身的起源。"天文学是一门渐进的科学，"弗洛伦斯写道，“每晚都增加着数据，以及对宇宙范围的零星观察和丈量。在不断积累的知识中，海耳望远镜的成就使其在 20 世纪天文史中脱颖而出。”[14]

但是到了 20 世纪 60 年代，光污染开始影响到帕洛马的暗空研究质量，就像过去 50 年里世界各地的许多天文台一样。在暗空研究受到严重限制或无法进行的地方，诸如多伦多郊外的大卫·邓拉普天文台（David Dunlap Observatory）和芝加哥郊外的耶基斯天文台（Yerkes Observatory）已经被改造成了历史景点和教育中心。即使在正常工作的天文台，也有相当多的天体看上去不再明显。亚利桑那州图森市郊外的基特峰国家天文台（Kitt Peak National Observatory）的一位天文学家评论道："这就像我在耀眼的阳光下寻找一支笔形手电筒的闪光一样。天空亮度增加 20%，就意味着我们要多花 40% 的时间来记录同样微弱而遥远的物体。在操作昂贵望远镜的宝贵时间里，你能观测到的信息变得更少。”[15]

有时，在一个晚上已经没有足够的黑暗时间来记录一个物体。此外，最受欢迎的街道照明水银灯不仅遮住了星星，也影响了天文学家所获取的天体光谱，也就是说，将经过望远镜的光分成不同的颜色。天文学家戴夫·科恩雷奇（Dave Kornreich）解释道：

当拍摄了一系列像星系这样的荧光物体的光谱时，你会发现光谱不是平滑的，而是由许多线条组成的。每条线都是一个独特的指标，表明某种化学物质的存在。通过研究这些线的强度，天文学家可以推断出他们所观测到的天体的化学成分和温度。而水银灯在光谱的各个部分都有大量这样的谱线，会干扰天文观测。[16]

到1980年，圣地亚哥的人口增长到接近200万，帕洛马周围的光污染已经非常严重，在接下来的几年里，天文台的科学家们为了应对光污染的进一步增加，开始与周围的城镇和县政府合作，试图减少该地区不必要的照明和眩光。光污染似乎和现代照明本身一样复杂，因为不仅有无数单独的灯光造成了光污染，而且不同种类的人造光——白炽灯、低压或高压钠蒸气灯、低压或高压水银灯、钨灯、荧光灯和LED——以不同的方式影响着周围环境。而且，无论哪种光，任何一个地方的照明效果总是在变化中，因为它的强度和视亮度受天气、大气中的灰尘和气体以及天空的云量或透明度的影响。照明的方向和路径也会造成不同影响。天文学家鲍勃·米宗（Bob Mizon）写道："光以小角度切着水平面向上照，将导致更多的天空辉光，因为它将遇到更多的颗粒和水滴，在穿过大气层的途中被散射出去。"[17]光最终照在什么样的物体表面也很重要。湿或干，光滑或粗糙，黑暗或明亮，都会影响光的反射率。

帕洛马的科学家和各级政府官员试图通过制订分区条例来缓解天文台的光照问题。对于装饰性的灯光，例如用于广告和户外销售区的照明，他们制订了严格的屏蔽要求，这将引导人造光向下。他们还为非必要的照明制订了晚上11点宵禁的政策，并规定在天文台周围15英里的半径范围内完全禁止装饰性照明。加州河滨县使用更高效的钠蒸气灯取代了水银灯路灯，而且钠蒸气灯不会干扰天体的光谱。

即使大家齐心协力试图控制南加州的光污染，帕洛马天文台的视野还是变得越来越差。来自周围城市的水银灯光已经太过明亮，以至于天文学家再也无法观察到天体某些区段的光谱。1999年，一位天文学家指出："我们通过山脉的缝隙就可以直接看到城市的灯光，这意味着城市光可以直接进入望远镜，而无须经过天空反射。许多天文观测者已经放弃了对西南方天空的观测，因为这个方向的光污染实在太严重。"[18]

理查德·普雷斯顿（Richard Preston）指出，正如光污染模糊了我们对深空的理解一样，它也模糊了我们对时间的理解，因为望向外太空"相当于望向过去的时间"。

我们所看到的宇宙可以被想象成一层层以地球为中心的同心圆，也是一层层过去的时间。最接近地球的这层包

含着在时间和空间上最接近我们的星系图像。较远处的是遥远星系的图像，这些星系存在于我们的时代之前。更远的那层是早期宇宙。到达望远镜镜头的一些光子几乎和宇宙本身一样古老。类星体是明亮的光点，似乎从四面八方围绕着地球，闪耀着来自远古的时间。在类星体之外，可观测的宇宙有一个边界，可以想象成外壳的内壁。这里是回望时间的极限，也是起源时期的图像。[19]

哈勃太空望远镜是第一台被送上太空的望远镜，它的位置脱离了大气层造成的扭曲和光污染的影响，它向地球发回了比以前更清晰和更深入的宇宙图像。但是，非常昂贵和不稳定的太空望远镜不能完全取代人类思想与黑暗的天空相遇时发生的事情，无论是在条件难得的帕洛马山，科学家聚集在那里，玩着牛仔桌球等待他们宝贵的观测时间；还是在偏远的牧场，一名业余天文爱好者用木头和镜子制成的自制望远镜收集星光；或是在农舍的后门，某个孩子正抬头凝视着天空。

也许随着夜空的消失，我们失去的东西可能比我们知道的更多。奥维德在《变形记》中写道："于是人类诞生了。"

究竟是创造一切的天神想要把世界造得更完美，所以用他自己神躯的元素塑造了人呢，还是那刚刚脱离苍穹而新形成的土地还带着些原来太空中的元素呢？总之，伊阿珀托斯的儿子普罗米修斯用这土和清冽的泉水掺和起来，捏出了像主宰一切的天神一样的形象。其他的动物都匍匐而行，眼看地面，天神独令人类昂起头部，两脚直立，双目观天。因此，泥土本是朴质无形之物，瞬息之间却变成了前所未有的人的形状。[20]*

---

* 译文引自《变形记》，杨周翰译，人民文学出版社，2008，第 2~3 页。

21

过去与未来之光

精神的瞬间，即是我们的生命……

——福西永《形式的生命》[1]

我们想象中的遥远过去，是由一簇簇摇曳不定的黑暗火焰，一群陌生人，以及陌生灯光发出的噼啪声和气味雕琢出来的世界：那些光来自灯芯草、苔藓、云杉树枝、牛羊油脂、鲸油和松树。在一个缺乏光的世界里，富足与辉煌的光只是一个梦想，燃烧一会儿就消失了，光本身是一回事，发光的材料是另一回事，穷人的灯芯草，教堂的蜂蜡。它们并不遥远，就在那里。我们生活在一个由光构建的世界里，仍然带着那些没有光的人的渴望，仍然梦想着极致辉煌的光，即使我们可以拥有我们想要的几乎任何种类的光，并且在瞬间拥有它。

考虑到我们所拥有的光，考虑到我们对光的力量和资源的有限了解，也考虑到不断变化的气候，我们该选择怎样的光来照亮我们的未来？我们能克服对更多更亮的光的渴望吗？我们能理性思考光，以及它对我们的意义吗？我们对光的首要要求，就是希望它能在黑暗中给予我们安全感。除了在空袭的威胁下或在审问的强光下，它几乎总是让我们感到更安全。但它是否真的能确保我们的安全是一个悬而未决的问题，而且这个问题自17世纪以来一直处于争论之中，当时一些欧洲城市明确禁止路灯，因为人们担心它们会怂恿脚夫和酒鬼（做坏事），然而有些城市还是安装了路灯，希望它给夜晚带来秩序。

尽管罪犯们一直尽量避开灯光（至少中世纪的小偷会避开满月的夜晚），但当他们感觉有机会时，灯光并不能赶走他们。英国天文学家鲍勃·米宗指出："2000年10月发表的基于犯罪受害者经验的《内政部犯罪调查报告》(*Home Office Crime Survey*）表明，有安全照明的房屋与没有安全照明的房屋一样容易被闯入。"米宗还讲述了这样一个故事："一个汽车存放区，晚上无人看守，灯光也不太明亮。它靠近一条主要的高速公路，窃贼会把车停在旁边，然后在栅栏上凿一个洞，抓起零件就走，速度很快。警察终于抓到了一个人，并问：'更好的照明会有帮助吗？'窃贼回答道：'当然，我可以更快地进出，而且不会被抓住。'"[2]

伊利诺伊州刑事司法信息管理局进行的一项研究可以说明，

灯光和街头犯罪之间的关系可能有多复杂。20 世纪 90 年代末，研究人员评估了芝加哥街道增加照明所带来的影响，其街道卫生管理部门用 250 瓦的路灯取代了 90 瓦的路灯，在随后的几个月里，夜间暴力犯罪增加了 14%，财产犯罪增加了 20%，滥用药物的违法行为增加了 51%，而巷子里白天的违法行为减少了 7%。这项研究的作者关于犯罪率为何会如此激增并没有给出明确的结论，但他们认为也许是市民和警察在灯火通明的小巷中看到了更多的犯罪，因此报告了更多的犯罪。也许是更强的照明会使居民感到更安全，所以更多的人在天黑后冒险外出，而活动的增加可能导致了犯罪的增加。[3]

光和安全之间的关系可能永远无法完全解释清楚，因为光的影响和我们对于它的想象是息息相关的。我们对明亮的夜间照明的坚持与我们的安全感密不可分，但这些安全感是相对于我们习惯的环境而言的。米歇尔 · 西弗尔生活在冰川洞穴深处时只有一盏小灯，如此微弱的光亮也可以使他感到安心。他写道："是的，我的帐篷成了我的世界，它对我心理的影响是显著的。当我把灯打开，走到外面时，帐篷在寒冷的黑暗中发出一种红色的光芒，让人感到特别的舒适。在冰碛上，我经常带着一种爱的心态回头看它。它代表着安全和庇护，尽管这种安全和庇护在岩石和冰层随时可能塌陷的威胁下显得多么不切实际。"[4]

即使在我们的生活中，让我们感到安全的照明亮度也是不断变化的。我们习惯的光越多，我们对安全的照明亮度的需求就越大。对于大多数人来说，太阳下山后，充足的人造光，而不是黑暗，才是自然的。我们不仅在明亮的光线下行走；我们还把它留在身后。当我们晚上出门时，我们的房子是亮着的，在寂静的后半夜，灯光在农村的十字路口、加油站、空旷的停车场耀眼夺目。我们在黄昏时分就把灯打开，睡觉时还让屋外的灯亮着。在煤气灯时代让我们祖先感到安心的光，对今天的我们来说已经远远不够。

鉴于光的稳定增长的历史，只有集结全世界的努力，才能确保未来我们的生活也能有一样的光，或者应该像天文学家大卫·克劳福德（David Crawford）和蒂姆·亨特（Tim Hunter）希望的那样暗下来。克劳福德和亨特是最早呼吁恢复黑暗夜晚的人之一。1988年，他们成立了国际暗空协会（Dark Sky Association），明确目的是减少光污染，提高公众对过度照明后果的认识。该协会提出了减少照明的策略，简单地关掉不必要的灯，对实现这一目标大有帮助。仅在美国，每年浪费的光就造成超过10亿美元的损失，一枚100瓦的灯泡在所有的黑暗时间一直亮着，会产生大约500磅的二氧化碳。该组织还提倡通过屏蔽和引导必要的光来控制光，以便它只照亮需要照亮的地方。对于任何新增加的照明，该协会主张进行全面规划，要充分考虑到照明对周围环境的影响。

20年来，国际暗空协会的影响力已经远远超出了天文观测圈，得到了建筑师、城市规划师和照明设计师的支持：

> 越来越多的企业正在重新思考他们对环境的态度。……这种转变也对政府行为产生了影响，包括我们如何规划白天和夜晚的城市景观。可持续发展在城市设计和夜间人工照明中的重点是提高照明质量，而不是数量。与设计不良的、更传统的方法相比，更全面的照明设计产生的环境影响更小，因为它需要的来自电厂的能源更少。……而且，最终会产生净经济价值。……由于地球上的大多数人口居住在城市或城市中心，所以夜间照明需要成为任何城市发展和提高居民生活质量的城市政策的关键组成部分之一。……当社区规划者仍然坚定地执行安全、实用和环境氛围的任务时，一些人开始审视夜间照明的神话、光效用的意义以及创造环境氛围的必要性。[5]

这些反思在纽约天际线最近的变化中有明显的体现，那里开始出现微妙而复杂的灯光模式，而不仅仅是明亮。在某种程度上，新模式是对旧模式的回归。1925年，《纽约时报》的一位作家宣称：

> 一座充满光和色彩的新城矗立在一座老城之上。……曼哈顿的光塔正在快速增加，在其顶部应用的泛光灯使建筑艺术地显现新的迷人魅力。如果这种做法继续下去，亚瑟王宫那云雾笼罩着的城堡的荣耀将在被照亮的城堡、塔楼、尖塔和宣礼塔的现实景观面前黯然失色，它们正在城市街道上拔地而起。……标准石油大楼的顶部是由四枚巨大的照明弹照亮的金字塔，在几英里外的海上都能看到。……大都会大厦的红黄灯光群照亮了时钟，东河上的船夫和帕利塞德上的守望者都可以读出时间。[6]

荧光灯的出现不仅增加了摩天大楼发出的光亮，还改变了它们在夜晚的外观。曾经，办公室天花板上的一排排荧光灯在清洁人员离开后仍彻夜亮着，由几十座全亮的高楼——被照亮的楼冠只是其中一部分——塑造的天际线出现了：一条被不停拍摄和想象的天际线，一条似乎体现了20世纪的光和电的天际线。但近年来，随着由运动感应器、调光器和定时器控制的节能照明的出现，以及可以划分区域的天花板灯的出现，照明设计师可以依靠更微妙的效果来保持各个摩天大楼的个性和标志性外观，就像1925年曾看起来很神奇的那样。一位照明设计师指出："整夜灯火通明的高塔可能已经成为过去时。你不是依靠发光的楼层来赋予建筑存在感，而是依靠光之冠。"[7]光之冠可能是由 LED 灯而不是每层楼里的灯光来照亮的，甚至可能比老城的光之冠更温和。

调暗或屏蔽光线不仅增加了天空的黑暗度，还有助于鸟类、哺乳动物和昆虫在夜间导航。缓解野生动物栖息地变化的策略很复杂，因为即使有遮挡的路灯也能改变蝙蝠和昆虫的习性，最简单的事情也能对死亡率，特别是鸟类的死亡率产生巨大影响。芝加哥坐落于一条鸟类迁徙的主要路线上，在春秋两季的迁徙中，至少有 250 个不同种类的 500 多万只鸟儿飞过这座城市的上空。在过去的几年里，在晚上，许多鸟类要么撞上被照亮的建筑，要么绕着它们盘旋，直到筋疲力尽。每天早上，芝加哥摩天大楼的管理员们都会从屋顶上一铲一铲地收集死鸟。后来，城市规划者们制订了非强制的芝加哥熄灯计划，要求大楼管理者在深夜调暗或关闭装饰性照明，并在 3 月中旬至 6 月中旬以及 8 月下旬至 10 月下旬的迁徙季节尽量减少使用明亮的室内灯光。他们还鼓励高层居民在晚上拉上窗帘或调暗室内灯光。因此，鸟类死亡率下降了约 80%。

诚然，在任何一座主要城市的中心，夜空永远不会黑暗，但将城市和郊区的灯光减弱到几十年前的水平，会让更多人更接近黑暗的天空。天文学家约翰 · 波特尔（John Bortle）是测量光污染的九级波特尔暗空分类法的创始人。他在 2001 年指出：“不幸的是，今天大多数的观星者从未在真正黑暗的天空下观测过，所以他们缺乏衡量当地条件的参考标准。……30 年前，人们可以在距离主要人口中心 1 小时车程内的地方找到真正黑暗的天空。但如今，你经常需要行驶 150 英里或更远。”[8]

为了帮助观星者获得参考标准，并帮助保存只有深夜才能提供的知识，国际暗空协会一直在努力创建一系列暗空保护区，这些地方远离发展和随之而来的人类之光，人们可以在那里观看原始的夜空。在美国，保护区通常位于最黑暗地区的国家公园。东部为数不多的保护区之一，宾夕法尼亚州中北部的樱桃泉州立公园（Cherry Springs State Park），距离最近的城市有 60 多英里，坐落在 2300 英尺高的山顶上，每年有超过 1 万人支付 4 美元就为了站到公园中间的观测台上，为一个世纪前人们常见的景象所惊艳，其中包括银河投下的阴影，满天的星斗。

在中度光污染的天空中，这也是发达国家大多数人平常所看到的天空，主要的星座，如猎户座、大熊座的北斗七星和仙后座，其中许多是由二等星和三等星构成的，在可见的星星中非常突出。在最黑暗的天空中，我们所知的普通星座隐没在众多的星群之中。“有好的一面，也有不好的一面，”一位业余天文学爱好者在谈到晴朗的夜晚在樱桃泉州立公园看到的无数颗星星时说道，“好是因为有这么多星星。不好也是因为有这么多星星。这让我们很难保持方向感。”[9]

但是假以时日，夜空中那无数颗星星会变得非常自然。无论我们是否以星座来定位，置身于真正黑暗的天空都是一种令人难忘的感受：星星是那么鲜明；你几乎可以感受到它们的压力。

尽管这是一项巨大的挑战，但减少照明只是解决方案的一部分，因为世界上仍有1/3的地方没有通电，还有很多地方的电力无法满足需求，发电机可能已经老化，水电站可能无法提供稳定的电力。尽管有些社会继续依靠传统照明繁荣发展，但在一个更普遍的电气化世界，许多没有电的人仍强烈渴望着它的到来，就像20世纪30年代美国的农村家庭一样。在我们错综复杂、相互依存的全球经济中，生活在完全不同环境中的人们之间几乎没有生态距离，如果发展中国家的生活水平没有得到提高，仅仅创造可持续的工业经济将没有意义。与那些必须为生存而奋斗的人相比，生活无忧的人才会对建立可持续经济感兴趣。

仅是缺乏足够的光就有可能使许多人落后。在非洲西海岸的几内亚，近年来由于政治局势恶化，该国的发电量实际上已经在下降。在最好的情况下，该国的水力发电资源可以为大约60%的公民服务，但主要是在雨季，而且只有一天的部分时间有电。住在农村的人往往根本没有电，所以有些农村学生只能努力寻找烛光以外的其他选择。“我妈妈给我买了一支蜡烛用于在家里学习，它撑不了多久。”一名学生说。他们中的一些人走到家附近的加油站，在户外的灯光下学习；还有些人则在富有的房主的院子里露营，借助室外灯光和窗户透出的光亮阅读。那些住在首都科纳克里机场一小时路程范围内的人在机场停车区学习，在国际航班的出发和到达、发动机的轰鸣声和熙熙攘攘的人群中学习。年纪较大的学生坐在水泥桩上，俯身记笔记，头顶着荧光灯光。年轻的学生则盘坐在路边和交通环岛上。一名学生说：“我几乎从不注意飞机或汽车的到来。我是来学习的。”[10] 另一名学生说：“我以前在家靠烛光学习，但那会伤害我的眼睛。所以我更喜欢来这里。”[11]

虽然只有光不会改变一切，但将光带到几内亚这些地方，保障的将不仅仅是照明。黑暗可以通过太阳能手电筒和野营灯以及其他创新来缓解，这些创新使得成年人可以在天黑后工作和旅行，儿童可以学习。对于墨西哥西马德雷山脉的惠乔尔（Huichol）印第安人来说，他们生活在崎岖不平、人烟稀少的地方，新的照明技术给他们的生活带来了明显的变化。建筑师希拉·肯尼迪（Sheila Kennedy）试图缓解惠乔尔人与现代照明的距离，设计了便携式照明系统，该系统在白天收集和储存太阳能，然后在晚上提供长达 8 小时的照明。它由一个长方形的织物组成，一侧附有 LED 芯片。涂有铝膜的织物反射二极管产生的光。在反面，两块灵活的太阳能电池板缝在布料上，为包在布料角落小口袋里的锂电池供电。折叠后，便携式灯具变成了单肩包，惠乔尔妇女可以在白天携带它充电。当太阳下山时，这盏灯由于灵活，重量不到8盎司，很容易适应不同的任务。它可以展开作为阅读垫，披在肩上作为披风，或者卷起来作为手电筒使用。

当为惠乔尔人微调便携式灯具时，肯尼迪还发现了一些对美国社会有用的新东西。“在所谓的第三世界工作，不仅可以给人们带来一点电力方面的好处，我们还能获得如何将这些技术应用到我们自己国家的伟大灵感。……我们的住房和建筑要安装自上而下的中央照明系统的想法已经过时了。”[12] 她和她的合作伙伴弗朗诺·沃利奇（Frano Violich）还设计了软屋（Soft House），这个名字是根据艾默里·洛文斯（Amory Lovins）的软能源路径的思路命名的，即与消费者的规模和需求相匹配的多样化、本地化、可再生的能源。在这样的房子里，窗帘、灵活的墙壁和半透明的纺织屏幕不仅可以发光，还能收集太阳能。尽管软屋仍处于实验阶段，但肯尼迪认为它是通往未来之路：

> 相对于集中的电网系统，我们不妨想象一种非常有弹性的分散式的电力网络，由多种适应性强的合作发光纺织品制成的灵活网络，房主可以根据自己的需要触摸、持有和使用这些纺织品。……“软屋”展示了与能发电和发光

的纺织品一起生活的日常体验。半透明、可移动窗帘……将阳光转化为全天的能量，在夏天为房屋遮阳，在冬天形成隔热空气层。向下折叠，中央窗帘就可以成为一间独立的离网能源收集室。向上折叠，就能成为一盏悬挂的软吊灯。[13]

我们不仅需要想象这种跨越文化和全球的解决方案，而且还需要回顾过去，问问我们自己，与我们的祖先受到黑暗的阻碍相比，我们是否受到光明的阻碍更多。不难想象，一个充满黑暗的新夜晚也可能是一个充满巨大可能性的时代，那时我们可能会像耶路撒冷的济利禄曾经做的那样，以我们自己的方式问："有什么比夜晚更有助于提升智慧呢？"不难想象，除了灿烂的光明，一个夜晚还能容纳更多的东西：苍耳的盛开和夜晚咖啡馆的温暖；赤蠵龟的安全通道和摩天大楼的新面貌；天上的星星"更灿烂，闪亮如宝石……你可以称之为蛋白石、祖母绿、天青石、红宝石、蓝宝石"；以及长久以来人类在浩瀚无垠的家园中亲密无间。

后记
重访拉斯科[1]

拉斯科洞窟仍然不对公众开放，但在马里奥·鲁斯波利于洞窟里完成了他的电影纪录片之后，法国文化部为游客建了一个拉斯科的复制品，洞窟内的壁画被拍成了绚丽的照片。考古学家用更精确的仪器和镜头对这些壁画进行了检查，目前共统计出 1963 种不同的表现形式，其中 915 种可以被识别为动物，434 种是符号，613 种无法命名，还有 1 种是人。如今，考古学家认为，有着厚重皮毛的马标志着冬天的结束和春天的开始，野牛标志着盛夏，而成群的长着鹿角的牡鹿则标志着快到交配季节的秋天。

尽管文化部对空调系统进行了升级，但在 2001 年，一名技术人员在入口处的气闸中还是发现了霉菌，几周内，洞窟的地板和壁架就被覆盖上了一层白色。工人们用生石灰抑制霉菌的爆发，但在接下来的两年里，霉菌还是在整个洞窟中四处生长。2003 年，文化部开始了一项更全面的根除计划，再次抑制了霉菌。尽管技术人员不断地对遗址进行勘察和维护，但在入口的密封门后，旧石器时代画家的痕迹越来越难以辨认，18000多年前根据记忆绘制的动物皮毛上的颜料也在逐渐消失。

与此同时，我们的灯光在黑暗中画下了自己的图案，它们通过烟雾和灰烬向上闪耀和反射，并穿过使星星看起来闪烁的同样汹涌的夜风。如果在夜晚注视着从太空中看到的地球地图，你可能会想象我们出现在星系间寂静的轨道上航行着的宇航员面前的画面。在接近白天的时候，地球看起来像是由光照构成的实体和由于缺乏光照而产生的空洞；这些由过剩和匮乏、当下和未来的思想、财富、创新、坚持和偶然的全球变化所绘制的图案，已经累积了2万年，让人浮想联翩。看一眼，你可能就会惊讶于光带给我们的丰厚馈赠。再看一眼，你可能就会被其巨大的广度和深度所警醒。再看一眼，无数的灯光似乎在不知不觉间呈现出某些形状：东海岸拥挤的岬角是脖子前伸的鹿首，佛罗里达半岛是它的前腿，而太平洋海岸是它敏捷的后腿，它正加速向前冲进黑暗的大西洋。

致　谢

在此，我特别感谢麦克道尔艺术营（MacDowell Colony）为我提供了最好的工作场所，也感谢古根海姆基金会（John Simon Guggenheim Memorial Foundation）提供的奖学金，使我有时间完成这本书。鲍登学院图书馆（Bowdoin College Library）、缅因州布伦瑞克柯蒂斯纪念图书馆（Curtis Memorial Library）以及缅因州馆际借阅服务（Maine Interlibrary Loan Service）在我多年的研究中给予了我不可估量的帮助。还要感谢位于纽约海德公园的富兰克林·D. 罗斯福总统图书馆暨博物馆（Franklin D. Roosevelt Presidential Library and Museum），新贝德福德捕鲸博物馆研究图书馆（New Bedford Whaling Museum Research Library），以及爱迪生联合电力公司的大卫·洛（David Low）。

在写这本书的过程中，我得到了许多朋友的支持，特别是伊丽莎白·布朗（Elizabeth Brown，她第一个给了我写这本书的想法）、E. F. 魏斯利茨（E. F. Weisslitz，他对这本书有着无尽的热情）、安德烈·苏尔泽（Andrea Sulzer，他总是充满好奇心）和约翰·比斯比（John Bisbee，他在整个过程中一直在倾听我的话语）。非常感谢辛西娅·坎内尔（Cynthia Cannell）为我的工作提供的持久支持，感谢芭芭拉·亚特科拉（Barbara Jatkola）对手稿的精心编辑，以及一如既往地感谢迪恩·乌尔米（Deanne Urmy）的直觉、精准和信念。

文献说明

我特别感谢以下书籍给我带来的灵感和启发：Gaston Bachelard, *The Flame of a Candle*, translated by Joni Caldwell (Dallas: Dallas Institute Publications, 1988); William T. O'Dea, *The Social History of Lighting* (London: Routledge & Kegan Paul, 1958); Wolfgang Schivelbush, *Disenchanted Night: The Industrialization of Light in the Nineteenth Century*, translated by Angela Davies (Berkeley: University of California Press, 1995); and Mario Ruspoli, *The Cave of Lascaux: The Final Photographs* (New York: Harry N. Abrams, 1987).

本书第一部分在很大程度上归功于：A. Roger Ekirch, *At Day's Close: Night in Times Past* (New York: W. W. Norton, 2005); Yi- Fu Tuan, "The City: Its Distance from Nature," *Geographical Review* 68, no. 1 (January 1978); Louis-Sébastien Mercier, *Panorama of Paris*, edited by Jeremy D. Popkin (University Park: Pennsylvania University Press, 1999); Richard Ellis, *Men and Whales* (New York: Alfred A. Knopf, 1991); and D. Alan

Stevenson, *The World's Lighthouses Before 1820* (London: Oxford University Press, 1959). 第 2 章特别感谢沃尔夫冈 · 希弗尔布施关于灯与法国大革命的深刻见解，以及段义孚对城市及其与自然世界分离的思考。

关于电力方面的章节，我很感谢：Brian Bowers, *Lengthening the Day: A History of Lighting Technology* (Oxford: Oxford University Press, 1998); Philip Dray, *Stealing God's Thunder: Benjamin Franklin's Lightning Rod and the Invention of America* (New York: Random House, 2005); Jill Jonnes, *Empires of Light: Edison, Tesla, Westinghouse, and the Race to Electrify the World* (New York: Random House, 2004); Robert Friedel and Paul Israel, *Edison's Electric Light: Biography of an Invention* (New Brunswick, NJ: Rutgers University Press, 1987); and Pierre Berton, *Niagara: A History of the Falls* (New York: Kodansha International, 1997).

关于 20 世纪初照明的章节，我主要感谢：Morris Llewellyn Cooke, ed., *Giant Power: Large Scale Electrical Development as a Social Factor* (Philadelphia: Academy of Political and Social Science, 1925); David E. Nye, *Electrifying America: Social Meanings of a New Technology, 1880–1940* (Cambridge, MA: MIT Press, 1992); Katherine Jellison, *Entitled to Power: Farm

Women and Technology, 1913–1963 (Chapel Hill: University of North Carolina Press, 1993); Robert A. Caro, *The Years of Lyndon Johnson: The Path to Power* (New York: Alfred A. Knopf, 1982); Mary Ellen Romeo, *Darkness to Daylight: An Oral History of Rural Electrifification in Pennsylvania and New Jersey* (Harrisburg: Pennsylvania Rural Electric Association, 1986); James Agee and Walker Evans, *Let Us Now Praise Famous Men: Three Tenant Families* (Boston: Houghton Mifflflin, 1988); Barbara Ehrenreich and Deirdre English, *For Her Own Good: 150 Years of the Experts' Advice to Women* (Garden City, NY: Anchor Press, 1978); and Michael J. McDonald and John Muldowny, *TVA and the Dispossessed: The Resettlement of Population in the Norris Dam Area* (Knoxville: University of Tennessee Press, 1982). 第 15 章，尤其是关于战争的部分，很大程度上归功于：Angus Calder, *The People's War: Britain, 1939–45* (New York: Pantheon Books, 1969).

对于这本书的最后一部分，我要感谢：A. M. Rosenthal, ed., *The Night the Lights Went Out* (New York: New American Library, 1965); Catherine Rich and Travis Longcore, eds., *Ecological Consequences of Artifificial Night Lighting* (Washington, DC: Island Press, 2006); and the International Dark- Sky Association website, http://www.darksky.org.

注 释

序 从太空看到的地球夜景

1 Anton Chekhov, “Easter Eve,” in *The Bishop and Other Stories*, trans. Constance Garnett (New York: Ecco Press, 1985), p. 49.

2 地图出自：John Weier, “Bright Lights, Big City,” http://earthobservatory.nasa.gov/Study/Lights. See also http://visibleearth.nasa.gov (both accessed April 5, 2007).

3 Gaston Bachelard, *The Psychoanalysis of Fire*, trans. Alan C. Ross (Boston: Beacon Press, 1968), p. 55.

PART I

1 Gaston Bachelard, *The Flame of a Candle*, trans. Joni Caldwell (Dallas: Dallas Institute Publications, 1988), p. 69.

1 拉斯科洞窟：第一盏灯

1 拉斯科洞窟内各处名称及其中壁画出处：Norbert Aujoulat, *Lascaux: Movement, Space, and Time*, trans. Martin Street (New York: Harry N. Abrams, 2005), p. 30.

2 Ibid., p. 194.

3 Sophie A. de Beaune and Randall White, “Ice Age Lamps,” *Scientific American*, March 1993, p. 112.

4 *Asser's Life of King Alfred*, trans. L. C. Jane (New York: Cooper Square, 1966),

pp. 85–87.

5 Charles Dickens, *Great Expectations* (Boston: Bedford Books, 1996), p. 337.

6 Alice Morse Earle, *Home Life in Colonial Days* (Stockbridge, MA: Berkshire House, 1993), p. 34.

7 Harriet Beecher Stowe, *Poganuc People: Their Lives and Loves* (New York: Fords, Howard & Hulbert, 1878), p. 230.

8 Arthur H. Hayward, *Colonial Lighting* (New York: Dover Publications, 1962), pp. 84–85.

9 Marshall B. Davidson, “Early American Lighting,” *Metropolitan Museum of Art Bulletin*, n.s., 3, no. 1 (Summer 1944): 30.

10 Jonathan Swift, “Directions to Servants,” *Directions to Servants and Miscellaneous Pieces, 1733–1742*, ed. Herbert Davis (Oxford: Basil Blackwell, 1959), pp. 14–15.

11 William Shakespeare, *Cymbeline*, in *The Riverside Shakespeare* (Boston: Houghton Mifflin, 1974), p. 1529.

12 William T. O’Dea, *The Social History of Lighting* (London: Routledge & Kegan Paul, 1958), p. 37.

13 Jean Verdon, *Night in the Middle Ages*, trans. George Holoch (Notre Dame, IN: University of Notre Dame Press, 2002), p. 77.

14 Dr. A. S. Gatschet, quoted in Walter Hough, *Fire as an Agent in Human Culture*, Smithsonian Institution Bulletin, no. 139 (Washington, DC: Government Printing Offifice, 1926), p. 99.

15 *The Tinder Box* (London: William Marsh, 1832), quoted in O’Dea, *The Social History of Lighting*, p. 237.

16 James Boswell, quoted in Molly Harrison, *The Kitchen in History* (New York: Charles Scribner’s Sons, 1972), pp. 92– 93.

17 Jane C. Nylander, *Our Own Snug Fireside: Images of the New Eng land Home, 1760–1860* (New Haven, CT: Yale University Press, 1994), p. 107.

18 Quoted in A. Roger Ekirch, *At Day’s Close: Night in Times Past* (New York: W. W. Norton, 2005), p. 48.

19 John Smeaton, quoted in O’Dea, *The Social History of Lighting*, p. 224.

20 Ekirch, *At Day’s Close*, p. 156.

21 Verdon, *Night in the Middle Ages*, p. 111.

22 Cyril of Jerusalem, in Philip Schaff and Henry Wace, eds., *A Select Library of Nicene and Post-Nicene Fathers of the Christian Church*, 2nd. ser., 7 (New York: Christian Literature, 1894), p. 52.

23 Ibid., pp. 52–53.

24 Gertrude Whiting, *Tools and Toys of Stitchery* (New York: Columbia University Press, 1928), p. 253.

2 没有路灯的日子

1 Libanius, quoted in M. Luckiesh, *Artificial Light: Its Influence upon Civilization* (New York: Century, 1920), p. 153.

2 Yi- Fu Tuan, "The City: Its Distance from Nature," *Geographical Review* 68, no. 1 (January 1978): 9.

3 Jérôme Carcopino, *Daily Life in Ancient Rome: The People and the City at the Height of the Empire*, ed. Henry T. Rowell (New Haven, CT: Yale University Press, 1940), p. 47.

4 Jean-Jacques Rousseau, quoted in A. Roger Ekirch, *At Day's Close: Night in Times Past* (New York: W. W. Norton, 2005), p. 63.

5 Fynes Moryson, quoted ibid., p. 61.

6 Ekirch, *At Day's Close*, p. 64.

7 Quoted in Wolfgang Schivelbush, *Disenchanted Night: The Industrialization of Light in the Nineteenth Century*, trans. Angela Davies (Berkeley: University of California Press, 1995), p. 81.

8 Jean Verdon, *Night in the Middle Ages*, trans. George Holoch (Notre Dame, IN: University of Notre Dame Press, 2002), p. 85.

9 Quoted in G. T. Salusbury-Jones, *Street Life in Medieval England* (Sussex, Eng.: Harvester Press, 1975), p. 139.

10 Quoted in Verdon, *Night in the Middle Ages*, p. 80.

11 Luckiesh, *Artificial Light*, p. 153.

12 Quoted in Verdon, *Night in the Middle Ages*, p. 124.

13 Quoted in Ekirch, *At Day's Close*, p. 71.

14 Gaston Bachelard, *The Flame of a Candle*, trans. Joni Caldwell (Dallas: Dallas Institute Publications, 1988), pp. 71–72.

15 Quoted in Schivelbush, *Disenchanted Night*, pp. 90–91.

16 Edwin G. Burrows and Mike Wallace, *Gotham: A History of New York City to 1898* (New York: Oxford University Press, 1999), p. 111.

17 William Sidney, *England and the English in the Eighteenth Century: Chapters in the Social History of the Times*, vol. 1 (London: Ward & Downey, 1892), p. 15.

18 Ibid., pp 14–15.

19 Ibid., p. 15.

20 Louis- Sébastien Mercier, *Panorama of Paris*, ed. Jeremy D. Popkin (University Park: Pennsylvania University Press, 1999), p. 43.

21 Tuan, "The City," p. 10.

22 Ibid.

23 Craig Koslofsky, "Court Culture and Street Lighting in Seventeenth-Century Europe," *Journal of Urban History* 28, no. 6 (September 2002): 760.

24 Mercier, *Panorama of Paris*, p. 132.

25 Sidney, *England and the English*, p. 15.

26 Leone di Somi, *Dialogues on Stage Affairs*, quoted in Frederick Penzel, *Theatre Lighting Before Electricity* (Middletown, CT: Wesleyan University Press, 1978), p. 7.

27 William J. Lawrence, *Old Theatre Days and Ways* (New York: Benjamin Bloom, 1968), p. 130.

28 Johannes Neiner, quoted in Koslofsky, "Court Culture and Street Lighting," p. 751.

29 Mercier, *Panorama of Paris*, p. 95.

30 Ibid., p. 41.

31 Ibid., pp. 133–34.

32 Schivelbush, *Disenchanted Night*, p. 106.

33 Thomas Carlyle, *The French Revolution: A History* (New York: Modern Library, n.d.), p. 625.

34 Schivelbush, *Disenchanted Night*, p. 100.

35 Charles Dickens, *A Tale of Two Cities* (New York: Signet, 1997), p. 39.

36 Quoted in Schivelbush, *Disenchanted Night*, p. 100n.

37 Carlyle, *The French Revolution*, p. 164.

38 Philip Balthasar Sinold, quoted in Koslofsky, "Court Culture and Street Lighting," p. 746.

39 Friedrich Justin Bertuch, quoted in Koslofsky, "Court Culture and Street Lighting," p. 744.

40 Richard Eder, "New York," in "Cities in Winter," *Saturday Review*, January 8, 1977, p. 25.

41 Elizabeth Hardwick, "Boston," in *A View of My Own: Essays in Literature and Society* (London: William Heinemann, 1964), p. 151.

3 海上油灯

1 Herman Melville, *Moby Dick* (New York: Penguin Books, 1992), p. 466.

2 J. Ross Browne, quoted in Richard Ellis, *Men and Whales* (New York: Alfred A. Knopf, 1991), p. 198.

3 关于亚历山大大帝征服的描述，引自：ibid., p. 33.

4 Levi Whitman, quoted in James Deetz and Patricia Scott Deetz, *The Times of Their Lives: Life, Love, and Death in Plymouth Colony* (New York: Anchor Books, 2001), p. 248.

5 William Davis, *Nimrod of the Sea*, quoted in Alexander Starbuck, *History of the American Whale Fishery* (Secaucus, NJ: Castle Books, 1989), p. 157.

6 Ibid., pp. 156–157.

7 *The King's Mirror*, trans. Laurence Marcellus Larson (New York: American-Scandinavian Foundation, 1917), p. 123.

8 Melville, *Moby Dick*, p. 297.

9 Ibid., p. 461.

10 Ellis, *Men and Whales*, p. 198.

11 Melville, *Moby Dick*, p. 462.

12 Ibid., p. 460.

13 Ibid., p. 466.

14 *The Papers of Benjamin Franklin*, quoted in Richard C. Kugler, *The Whale Oil Trade, 1750–1775* (New Bedford, MA: Old Dartmouth Historical Society, 1980), p. 13n.

15 Melville, *Moby Dick*, p. 379.

16 Ibid., p. 501.

17 Ibid., pp. 118–19.

18 Pliny the Elder, *The Natural History of Pliny*, trans. John Bostock and H. T. Riley, vol. 6 (London: Henry G. Bohn, 1858), p. 339.

19 D. Alan Stevenson, *The World's Lighthouses Before 1820* (London: Oxford University Press, 1959), p. xxiv.

20 Bella Bathurst, *The Lighthouse Stevensons: The Extraordinary Story of the Building of the Scottish Lighthouses by the Ancestors of Robert Louis Stevenson* (New York: HarperCollins, 1999), p. 26.

21 Ibid., p. 54.

22 Stevenson, *The World's Lighthouses*, p. 115.

23 Ibid., p. 121.

24 Ibid., p. 124.

25 John Smeaton, quoted ibid., pp. 125–26.

26 Samuel Williams, quoted in *Harvard Case Histories in Experimental Science*, ed. James Bryant Conant, case 2, *The Overthrow of the Phlogiston Theory: The Chemical Revolution of 1775–1789* (Cambridge, MA: Harvard University Press, 1964), pp. 15–16.

27 Quoted in Brian Bowers, *Lengthening the Day: A History of Lighting Technology* (Oxford: Oxford University Press, 1998), p. 28.

28 A.F.M. Willich, *The Domestic Encyclopaedia, or A Dictionary of Facts, and Useful Knowledge*, vol. 3 (London: B. McMillan, 1802), s.v. "lamp," http://chestofbooks.com/reference/The-Domestic-Encyclopaedia-Vol3/Lamp.html (accessed June 29, 2009).

29 Marshall B. Davidson, "Early American Lighting," *Metropolitan Museum of Art Bulletin*, n.s., 3, no. 1 (Summer 1944): 37.

30 Ibid.

31 Stevenson, *The World's Lighthouses*, p. xix.

32 Henry Beston, *The Outermost House: A Year of Life on the Great Beach of Cape Cod* (New York: Henry Holt, 1992), p. 128.

33 Ibid., pp. 116–17, 121

4 煤气灯

1 Thomas Cooper, *Some Information Concerning Gas Lights* (Philadelphia: John

Conrad, 1816), p. 23.

2 Philippe Lebon, quoted in Wolfgang Schivelbush, *Disenchanted Night: The Industrialization of Light in the Nineteenth Century*, trans. Angela Davies (Berkeley: University of California Press, 1995), p. 23.

3 M. E. Falkus, "The Early Development of the British Gas Industry, 1790–1815," *Economic History Review*, n.s., 35, no. 2 (May 1982): 219.

4 Ibid., p. 223.

5 Cooper, *Some Information Concerning Gas Lights*, p. 12.

6 William T. O'Dea, *The Social History of Lighting* (London: Routledge & Kegan Paul, 1958), p. 115.

7 Quoted in Francis D. Klingender, *Art and the Industrial Revolution* (London: Noel Carrington, 1947), p. 111.

8 John Buddle, quoted in T. S. Ashton and Joseph Sykes, *The Coal Industry of the Eighteenth Century* (New York: Augustus M. Kelley, 1967), p. 44n.

9 Ibid., pp. 44–45.

10 Quoted ibid., p. 42n.

11 Quoted ibid., p. 49n.

12 T. E. Forster, "Historical Notes on Wallsend Colliery," *Transactions of the Institution of Mining Engineers* 15 (1897–1898), http://www.dmm- gallery. org.uk/transime/u15f- 01.htm (accessed February 1, 2009).

13 Ashton and Sykes, *The Coal Industry*, p. 51.

14 Ibid., p. 53.

15 Sir Humphry Davy, quoted in Samuel Clegg Jr., *Practical Treatise on the Manufacture and Distribution of Coal-Gas*(London: John Weale, 1841), p. 17.

16 Schivelbush, *Disenchanted Night*, pp. 26–27.

17 Quoted in Clegg, *Practical Treatise*, pp. 20–21.

18 Charles Dickens, *The Lamplighter: A Farce* (London: Printed from a Manuscript in the Forster Collection at the South Kensington Museum, 1879), p. 10.

19 Clegg, *Practical Treatise*, p. 17.

20 Quoted in Lynda Nead, *Victorian Babylon: People, Streets and Images in Nineteenth-Century London* (New Haven, CT: Yale University Press, 2000), p. 94.

21 Cooper, *Some Information Concerning Gas Lights*, pp. 131–35.

22 Quoted in Schivelbush, *Disenchanted Night*, p. 35.

23 Steven J. Goldfarb, “A Regency Gas Burner,” *Technology and Culture* 12, no. 3 (July 1971): 476.

24 Quoted in Walter Benjamin, T*he Arcades Project*, trans. Howard Eiland and Kevin McLaughlin (Cambridge, MA: Belknap Press of Harvard University Press, 1999), p. 565.

25 Robert Louis Stevenson, “A Plea for Gas Lamps,” in *Virginibus Puerisque and Other Papers* (New York: Charles Scribner’s Sons, 1893), p. 274.

26 Vincent van Gogh to Theo van Gogh, letter 550, in *The Complete Letters of Vincent van Gogh*, vol. 3 (Greenwich, CT: New York Graphic Society, 1959), p. 75.

27 Andreas Bluhm and Louise Lippincott, *Light! The Industrial Age, 1750–1900* (New York: Thames & Hudson, 2001), p. 182.

28 Karl Gutzkow, quoted in Benjamin, *The Arcades Project*, p. 537.

29 Frederick Penzel, *Theatre Lighting Before Electricity* (Middletown, CT: Wesleyan University Press, 1978), p. 54.

30 Charles Baudelaire, quoted in Walter Benjamin, “On Some Motifs in Baudelaire,” in *Illuminations: Essays and Reflections*, ed. Hannah Arendt, trans. Harry Zohn (New York: Schocken Books, 1969), p. 175.

31 Edgar Allan Poe, “The Man of the Crowd,” in *The Unabridged Edgar Allan Poe* (Philadelphia: Running Press, 1983), p. 648.

32 Ibid., p. 650.

33 “Bereft of Light: Terrific Explosion at the Metropolitan Gas Works,” *New York Times*, December 24, 1871, p. 5.

5 朝更完美的火焰迈进

1 Michael Faraday, *The Chemical History of a Candle* (Mineola, NY: Dover Publications, 2002), p. 13.

2 Campbell Morfit, *A Treatise on Chemistry Applied to the Manufacture of Soap and Candles* (Philadelphia: Parry & McMillan, 1856), p. 543.

3 Herman Melville, *Moby Dick* (New York: Penguin Books, 1992), p. 325.

4 “Camphene and Burning Fluid,” *New York Times*, November 28, 1854, p. 4.

5 Jane Nylander, “Two Brass Lamps... ,” *Historic New England Magazine*, Winter/

Spring 2003, http://www.historicnewengland.org/nehm/2003winterspringpage04.htm (accessed February 12, 2009).

6 Quoted in Charles Panati, *Panati's Extraordinary Origins of Everyday Things* (New York: Harper & Row, 1989), p. 109.

7 Quoted in Walter Benjamin, *The Arcades Project*, trans. Howard Eiland and Kevin McLaughlin (Cambridge, MA: Belknap Press of Harvard University Press, 1999), p. 568.

8 Gaston Bachelard, *The Flame of a Candle*, trans. Joni Caldwell (Dallas: Dallas Institute Publications, 1988), p. 66.

9 Daniel Yergin, *The Prize: The Epic Quest for Oil, Money, and Power* (New York: Simon & Schuster, 1992), p. 34.

10 William T. O'Dea, *The Social History of Lighting* (London: Routledge & Kegan Paul, 1958), pp. 55–56.

11 *Titusville Morning Herald*, quoted in Harold F. Williamson and Arnold R. Daum, *The American Petroleum Industry: The Age of Illumination, 1859–1899* (Evanston, IL: Northwestern University Press, 1959), p. 371.

12 Quoted in Kathleen Grier, *The Popular Illuminator: Domestic Lighting in the Kerosene Era, 1860–1900* (Rochester, NY: Strong Museum, 1985), p. 10.

13 Catharine E. Beecher and Harriet Beecher Stowe, *The American Woman's Home* (1869; repr., Whitefish, MT: Kessinger Publishing, 2004), p. 190.

14 *Willimantic Chronicle*, quoted in "The Dangers of Kerosene Lamps," http://www.thelampworks.com/lw_lamp_accidents.htm (accessed June 3, 2009).

15 *The Woman's Book*, vol. 2 (New York: Charles Scribner's Sons, 1894), quoted in Grier, *The Popular Illuminator*, pp. 7–8.

16 Wolfgang Schivelbush, *Disenchanted Night: The Industrialization of Light in the Nineteenth Century*, trans. Angela Davies (Berkeley: University of California Press, 1995), p. 162.

17 Quoted in Benjamin, *The Arcades Project*, p. 562.

18 Bachelard, *The Flame of a Candle*, p. 4.

PART II

1 *New York Times*, September 5, 1882, p. 8.

6 拥有电的生活

1 Gaston Bachelard, *The Flame of a Candle*, trans. Joni Caldwell (Dallas: Dallas Institute Publications, 1988), p. 64.

2 Park Benjamin, *The Age of Electricity from Amber Soul to Telephone* (New York: Charles Scribner's Sons, 1888), pp. 2–3.

3 Quoted ibid., p. 11.

4 Ewald von Kleist, quoted ibid., p. 15.

5 Philip Dray, *Stealing God's Thunder: Benjamin Franklin's Lightning Rod and the Invention of America* (New York: Random House, 2005), p. 49.

6 Quoted in Jill Jonnes, *Empires of Light: Edison, Tesla, Westinghouse, and the Race to Electrify the World* (New York: Random House, 2004), p. 23.

7 Albrecht von Haller, quoted in Dray, *Stealing God's Thunder*, p. 46.

8 Benjamin Franklin, "The Electrical Writings of Benjamin Franklin and Friends," collected by Robert A. Morse, 2004, Wright Center for Innovation in Science Teaching, Tufts University, Medford, MA, p. 24 (pdf p. 35), http://www.tufts.edu/as/wright_center/personal_pages/bob_m/franklin_electricity_screen. pdf (accessed June 29, 2009).

9 Ibid., p. 58 (pdf p. 69).

10 Dray, *Stealing God's Thunder*, pp. 54–55.

11 Quoted ibid., p. 67.

12 Franklin, quoted ibid., p. 57.

13 Franklin, "The Electrical Writings," p. 45 (pdf p. 56).

14 Ibid., p. 95 (pdf p. 106).

15 Dray, *Stealing God's Thunder*, p. 83.

16 Alessandro Volta, quoted in Edwin J. Houston, *Electricity in Every-Day Life*, vol. 1 (New York: P. F. Collier & Son, 1905), pp. 347–49.

17 Benjamin, *The Age of Electricity*, p. 32.

18 Francis R. Upton, "Edison's Electric Light," *Scribner's*, February 1880, p. 532.

19 Quoted in Wolfgang Schivelbush, *Disenchanted Night: The Industrialization of Light in the Nineteenth Century*, trans. Angela Davies (Berkeley: University of California Press, 1995), p. 55.

20 Robert Louis Stevenson, "A Plea for Gas Lamps," in *Virginibus Puerisque and Other Papers* (New York: Charles Scribner's Sons, 1893), pp. 277–78.

21 Quoted in John Winthrop Hammond, *Men and Volts: The Story of General Electric* (New York: J. B. Lippincott, 1941), pp. 31–32.

22 Richard B. Biever, "Indiana's Bright Lights," *Electric Consumer*, Indiana Statewide Association of Rural Electric Cooperatives, http://indremcs.org/ec/article (accessed February 13, 2009).

23 David E. Nye, *Electrifying America: Social Meanings of a New Technology, 1880–1940* (Cambridge, MA: MIT Press, 1992), p. 54.

24 Schivelbush, *Disenchanted Night*, p. 126.

25 Howard Strong, "The Street Beautiful in Minneapolis," in *American City*, vol. 9 (New York: Civic Press, 1913), pp. 228–29.

26 "Lights for a Great City: Brush's System in Successful Use Last Night," *New York Times*, December 21, 1880, p. 2.

27 Ibid.

28 "Lights in Street Lamps: Bright Electricity Makes the Old-Time Gas Look Dim," *New York Times*, June 20, 1898, p. 10.

7 白炽灯

1 Quoted in Brian Bowers, *Lengthening the Day: A History of Lighting Technology* (Oxford: Oxford University Press, 1998), p. 89.

2 Thomas Edison, quoted in Paul Israel, *Edison: A Life of Invention* (New York: John Wiley & Sons, 1998), p. 166.

3 New York Sun, quoted in Israel, *Edison*, p. 165.

4 Edison, quoted in George Westinghouse, "A Reply to Mr. Edison," *North American Review*, December 1889, p. 655.

5 Francis R. Upton, "Franklin's Electric Light," *Scribner's*, February 1880, p. 531.

6 David Trumbull Marshall, *Recollections of Boyhood Days in Old Metuchen* (Flushing, NY: Case Publishing, 1930), in Metuchen Edison History Features, http://www.jhalpin.com/metuchen/his tory/boy37.htm (accessed January 18, 2006).

7 *New York Daily Graphic*, quoted in Jill Jonnes, *Empires of Light: Edison, Tesla, Westinghouse, and the Race to Electrify the World* (New York: Random House, 2004), p. 54.

8 *New York Herald*, quoted in Robert Friedel and Paul Israel, *Edison's Electric Light: Biography of an Invention* (New Brunswick, NJ: Rutgers University Press, 1987), p. 37.

9 Edison, quoted in Friedel and Israel, *Edison's Electric Light*, p. 75.

10 Friedel and Israel, *Edison's Electric Light*, p. 154.

11 *New York Herald*, quoted in Jonnes, *Empires of Light*, p. 65.

12 *New York Herald*, quoted in Friedel and Israel, *Edison's Electric Light*, pp. 112–13.

13 *Lowell Morning Mail*, quoted in David E. Nye, *Electrifying America: Social Meanings of a New Technology, 1880–1940* (Cambridge, MA: MIT Press, 1992), p. 190.

14 Herbert L. Satterlee, *J. Pierpont Morgan: An Intimate Portrait* (New York: Macmillan, 1939), p. 207.

15 Ibid., p. 208.

16 Jonnes, *Empires of Light*, pp. 79–80.

17 "Miscellaneous City News: Edison's Electric Light," *New York Times*, September 5, 1882, p. 8.

18 *New York Herald*, quoted in Friedel and Israel, *Edison's Electric Light*, p. 222.

19 Nikola Tesla, quoted in Pierre Berton, *Niagara: A History of the Falls* (New York: Kodansha International, 1997), pp. 157–58.

20 Edison, quoted in Berton, *Niagara*, p. 161.

21 Edison, quoted in Margaret Cheney, *Tesla: Man Out of Time* (New York: Dorset Press, 1981), p. 43.

22 "In a Blizzard's Grasp," *New York Times*, March 13, 1888, p. 1.

23 "Wires Down Everywhere," *New York Times*, March 13, 1888, pp. 1–2.

24 Quoted in Jill Jonnes, "New York Unplugged, 1889," *New York Times*, August 13, 2004, http://www.nytimes.com (accessed June 28, 2009).

25 "A Night of Darkness: More Than One Thousand Electric Lights Extinguished," *New York Times*, October 15, 1889, p. 2.

26 Westinghouse, "A Reply to Mr. Edison," p. 661.

8 炫目的辉煌：白城

1 Hubert Howe Bancroft, *The Book of the Fair: An Historical and Descriptive Presentation of the World's Science, Art, and Industry, as Viewed Through the Columbian Exposition at Chicago in 1893*(Chicago: Bancroft, 1893), p. 399.

2 Julian Ralph, "Our Exposition at Chicago, with Plan of Exposition Grounds and Buildings," *Harper's*, January 1892, p. 206.

3 Quoted in Norma Bolotin and Christine Laing, *The World's Columbian Exposition: The Chicago World's Fair of 1893* (Urbana: University of Illinois Press, 2002), p. 11.

4 Ralph, "Our Exposition at Chicago," p. 207.

5 W. E. Cameron, quoted in Marc J. Seifer, *Wizard: The Life and Times of Nikola Tesla, Biography of a Genius* (New York: Citadel Press, 1998), p. 117.

6 Quoted in Bolotin and Laing, *The World's Columbian Exposition*, p. 148.

7 Bancroft, *The Book of the Fair*, p. 401.

8 J. P. Barrett, *Electricity at the Columbian Exposition* (Chicago: R. R. Donnelley & Sons, 1894), p. 1.

9 Bancroft, *The Book of the Fair*, p. 402.

10 Quoted in Erik Larson, *The Devil in the White City: Murder, Magic, and Madness at the Fair That Changed America* (New York: Crown, 2003), p. 254.

11 Louis H. Sullivan, *The Autobiography of an Idea* (New York: Dover Publications, 1956), p. 308.

12 William Dean Howells, *Letters of an Altrurian Traveller* (Gainesville, FL: Scholars' Facsimiles & Reprints, 1961), p. 20.

13 H. G. Wells, "The Future in America: A Search After Realities," *Harper's Weekly*, July 21, 1906, p. 1020.

14 George Bird Grinnell, *Blackfoot Lodge Tales: The Story of a Prairie People* (Lincoln: University of Nebraska Press, 1970), pp. 200–201.

15 Robert W. Rydell, *All the World's a Fair:Visions of Empire at American International Expositions, 1876–1916* (Chicago: University of Chicago Press, 1984), p. 63.

16 Rossiter Johnson, ed., A *History of the World's Columbian Exposition Held in*

Chicago in 1893, vol. 3 (New York: D. Appleton, 1898), pp. 433–34.

17 Ibid., p. 444.

18 Frederick Douglass, introduction to *The Reason Why the Colored American Is Not in the World's Columbian Exposition*, by Ida B. Wells, Frederick Douglass, Irvine Garland Penn, and Ferdinand L. Barnett, ed. Robert W. Rydell (Urbana: University of Illinois Press, 1999), p. 13.

19 Ferdinand L. Barnett, "The Reason Why," in *The Reason Why the Colored American Is Not in the World's Columbian Exposition*, pp. 74–75.

20 Quoted in William Cronon, *Nature's Metropolis: Chicago and the Great West* (New York: W. W. Norton, 1991), p. 344.

21 Douglass, introduction, pp. 7, 16.

22 Bancroft, *The Book of the Fair*, p. 403.

23 Barrett, *Electricity at the Columbian Exposition*, p. 18.

24 Bancroft, *The Book of the Fair*, p. 424.

25 Ibid., pp. 421–22.

26 Ibid., p. 409.

27 Quoted in Seifer, *Wizard*, p. 121.

28 Quoted ibid., p. 120.

29 Quoted ibid.

30 Nikola Tesla and Thomas Commerford Martin, *The Inventions, Researches, and Writings of Nikola Tesla: With Special Reference to His Work in Polyphase Current and High Potential Lighting*, 2nd ed. (New York: Electrical Engineer, 1894), p. 320.

31 Quoted in Margaret Cheney, *Tesla: Man Out of Time* (New York: Dorset Press, 1981), p. 73.

32 Jill Jonnes, *Empires of Light: Edison, Tesla, Westinghouse, and the Race to Electrify the World* (New York: Random House, 2004), p. 267.

33 Francis E. Leupp, *George Westinghouse: His Life and Achievements* (Boston: Little, Brown, 1919), p. 169.

34 Ibid.

35 这幅画收藏在缅因州不伦瑞克的鲍登学院艺术博物馆（Bowdoin College Museum of Art）。

36 Quoted in David F. Burg, *Chicago's White City of 1893*(Lexington: University

Press of Kentucky, 1976), p. 287.

37 "Fate of the Chicago World's Fair Buildings," *Scientific American*, October 3, 1896, American Periodical Series Online, p. 267.

9 为远方带去光明的尼亚加拉大瀑布

1 Charles Dickens, *American Notes for General Circulation*, vol. 2 (London: Chapman & Hall, 1842), pp. 177– 78.

2 Sir William Siemens, quoted in Pierre Berton, *Niagara: A History of the Falls* (New York: Kodansha International, 1997), p. 151.

3 Peter Kalm, quoted in Charles Mason Dow, *Anthology and Bibliography of Niagara Falls*, vol. 1 (Albany: State of New York, 1921), p. 56.

4 Ibid., p. 58.

5 Berton, *Niagara*, p. 162.

6 Nikola Tesla, quoted in Marc J. Seifer, *Wizard: The Life and Times of Nikola Tesla, Biography of a Genius* (New York: Citadel Press, 1998), p. 132.

7 Jill Jonnes, *Empires of Light: Edison, Tesla, Westinghouse, and the Race to Electrify the World* (New York: Random House, 2004), p. 320.

8 Tesla, quoted ibid., p. 326.

9 *Buffalo Enquirer*, quoted in Jonnes, *Empires of Light*, pp. 328–29.

10 Irving Fisher, "The Decentralization and Suburbanization of Population," in *Giant Power: Large Scale Electrical Development as a Social Factor*, ed. Morris Llewellyn Cooke (Philadelphia: American Academy of Political and Social Science, 1925), p. 96.

11 *Buffalo Enquirer*, quoted in Jonnes, *Empires of Light*, p. 329.

12 R. R. Bowker, ed., "Electricity," no. 12 in The Great American Industries series, *Harper's*, October 1896, p. 710.

13 Tesla, quoted in Seifer, *Wizard*, p. 5.

14 Henry Adams, T*he Education of Henry Adams: An Autobiography* (Boston: Hough ton Mifflin, 1918), p. 380.

15 H. G. Wells, "The Future in America: A Search After Realities," *Harper's Weekly*, July 21 1906, p. 1019.

PART III

1 Fernand Braudel, *Capitalism and Material Life, 1400–1800*, trans. Miriam Kochan (New York: Harper & Row, 1973), p. 226.

10 新世纪，最后的火焰

1 Edwin J. Houston, *Electricity in Every-Day Life*, vol. 1 (New York: P. F. Collier & Son, 1905), p. 1.

2 照明成本信息来自：M. Luckiesh, *Artificial Light: Its Influence upon Civilization* (New York: Century, 1920), pp. 214–17.

3 Richard K. Nelson, *Make Prayers to the Raven: A Koyukon View of the Northern Forest* (Chicago: University of Chicago Press, 1983), p. 18.

4 Walter Hough, "The Lamp of the Eskimo," in *The Annual Report of the Board of Regents of the Smithsonian Institution Showing the Operations, Expenditures, and the Condition of the Institution for the Year Ending June 30, 1896: Report of the U.S. National Museum* (Washington, DC: Government Printing Office, 1898), p. 1038.

5 *Ward's Auto World*, October 1970, p. 63, quoted in "Lamp Fillers: Notes and Queries, Quotes and News: Lamp Pollution?" *History of Lamps and Lighting: The Rushlight Archives, 1934–2006*, DVD, Rushlight Club, 2007.

6 Hough, "The Lamp of the Eskimo," p. 1034.

7 Walter Hough, "The Origin and Range of the Eskimo Lamp," *American Anthropologist* 11, no. 4 (April 1898): 117.

8 Walter Benjamin, "The Lamp," in *Selected Writings*, vol. 2, 1927–1934, ed. Michael W. Jennings, Howard Eiland, and Gary Smith, trans. Rodney Livingstone and others (Cambridge, MA: Belknap Press of Harvard University Press, 1999), p. 692.

11 闪闪发光的东西

1 Edward Hungerford, "Night Glow of the City," *Harper's Weekly*, April 30,

1910, p. 13.

2 "Fines the Edison Co. for Smoke Nuisance," *New York Times*, January 17, 1911, p. 7.

3 Quoted in Ronald C. Tobey, *Technology as Freedom: The New Deal and the Electrical Modernization of the American Home* (Berkeley: University of California Press, 1996), p. 30.

4 Quoted in Earl Lifshey, *The Housewares Story: A History of the American Housewares Industry* (Chicago: National Housewares Manufacturers Association, 1973), p. 231.

5 Christine Frederick, *Selling Mrs. Consumer* (New York: Business Bourse, 1929), p. 186.

6 Maud Lancaster, *Electric Cooking, Heating, Cleaning, Etc.: Being a Manual of Electricity in the Service of the Home*, ed. E. W. Lancaster (London: Constable, 1914), frontispiece.

7 A. E. Kennelly, "Electricity in the Household," in *Electricity in Daily Life: A Popular Account of the Applications of Electricity to Every Day Uses* (New York: Charles Scribner's Sons, 1891), p. 252.

8 "Electricity in the Household," *Scientific American*, March 19, 1904, p. 232.

9 Ibid.

10 Ibid.

11 Harold Platt, interview, "Program Two: Electric Nation," in *Great Projects: The Building of America*, http: //www.pbs.org/greatproj ects/interviews/platt_1.html (accessed April 7, 2009).

12 Frederick, *Selling Mrs. Consumer*, p. 157.

13 Hungerford, "Night Glow of the City," p. 14.

14 Mary Pattison, "The Abolition of Household Slavery," in *Giant Power: Large Scale Electrical Development as a Social Factor*, ed. Morris Llewellyn Cooke (Philadelphia: American Academy of Political and Social Science, 1925), p. 124.

15 H. R. Kelso, *House Furnishing Review*, July 1919, quoted in Lifshey, *The Housewares Story*, p. 289.

16 Ladies' *Home Journal*, quoted in Barbara Ehrenreich and Deirdre English, *For Her Own Good: 150 Years of the Experts' Advice to Women* (Garden

City, NY: Anchor Press, 1978), p. 135.

17 Frederick W. Taylor, *The Principles of Scientific Management*, 1911, Modern History SourceBook, http//www.fordham.edu/HALSALL/MOD/1911taylor.html (accessed March 26, 2006).

18 Pattison, "The Abolition of Household Slavery," pp. 126–27.

19 *Ladies' Home Journal*, quoted in Ehrenreich and English, *For Her Own Good*, p. 162.

20 F. Scott Fitzgerald, *The Great Gatsby* (New York: Scribner, 2004), p. 173.

21 Brian Bowers, *Lengthening the Day: A History of Lighting Technology* (Oxford: Oxford University Press, 1998), p. 132.

22 Kennelly, "Electricity in the Household," p. 246.

23 E. B. White, "Sabbath Morn," in *One Man's Meat*,enl. ed. (New York: Harper & Row, 1944), p. 51.

24 Charles Frederick Weller, *Neglected Neighbors: Stories of Life in the Alleys, Tenements and Shanties of the National Capital* (Philadelphia: John C. Winston, 1909), pp. 10–11.

25 David Hajdu, *Lush Life: A Biography of Billy Strayhorn* (New York: North Point Press, 2000), p. 7.

26 Weller, *Neglected Neighbors*, pp. 17–19.

27 Ibid., pp 82–83.

28 Ethel Waters, with Charles Samuels, *His Eye Is on the Sparrow: An Autobiography* (Garden City, NY: Doubleday, 1951), p. 46.

29 Ibid., pp. 18–19.

12 独自在黑暗中

1 James Agee and Walker Evans, *Let Us Now Praise Famous Men: Three Tenant Families* (Boston: Hough ton Mif flin, 1988), pp. 265–66.

2 Quoted in Clark C. Spence, "Early Uses of Electricity in American Agriculture," *Technology and Culture* 3, no. 2 (Spring 1962): 150.

3 *Country Gentleman*, quoted ibid., p. 144.

4 Quoted in Mary Ellen Romeo, *Darkness to Daylight: An Oral History of Rural Electrification in Pennsylvania and New Jersey* (Harrisburg: Pennsylvania

Rural Electric Association, 1986), p. 13.

5 Quoted ibid., pp. 18–19.

6 Quoted in Robert A. Caro, *The Years of Lyndon Johnson: The Path to Power* (New York: Alfred A. Knopf, 1982), p. 503.

7 Quoted ibid., p. 505.

8 Quoted ibid.

9 Quoted in Katherine Jellison, *Entitled to Power: Farm Women and Technology, 1913–1963* (Chapel Hill: University of North Carolina Press, 1993), p. 14.

10 Quoted in Romeo, *Darkness to Daylight*, p. 12.

11 Quoted in Caro, *The Years of Lyndon Johnson*, p. 509.

12 Jimmy Carter, *An Hour Before Daylight: Memories of a Rural Boyhood* (New York: Simon & Schuster, 2001), p. 31.

13 Quoted in Romeo, *Darkness to Daylight*, p. 19.

14 M. L. Wilson, quoted in Russell Lord, "The Rebirth of Rural Life, Part 2," *Survey Graphic* 30, no. 12 (December 1941), http://newdeal.feri.org/survey/sg41687.htm (accessed March 12, 2006).

15 David E. Nye, *Image Worlds: Corporate Identities at General Electric, 1890–1930* (Cambridge, MA: MIT Press, 1985), photo, insert after p. 134.

16 Quoted in Jellison, *Entitled to Power*, p. 13.

17 Quoted ibid., p. 67.

18 Quoted in Caro, *The Years of Lyndon Johnson*, p. 512.

19 William T. O'Dea, *The Social History of Lighting* (London: Routledge & Kegan Paul, 1958), p. 56.

20 Agee and Evans, *Let Us Now Praise Famous Men*, p. 211.

21 Ibid., pp. 437–38.

22 David E. Nye, *Electrifying America: Social Meanings of a New Technology, 1880–1940* (Cambridge, MA: MIT Press, 1992), p. 140.

23 Quoted in Jonathan Coopersmith, *The Electrification of Russia, 1880–1926* (Ithaca, NY: Cornell University Press, 1992), p. 154.

24 Ibid., p. 1.

25 Harold Evans, "The World's Experience with Rural Electrification," in *Giant Power: Large Scale Electrical Development as a Social Factor*, ed. Morris Llewellyn Cooke (Philadelphia: Academy of Political and Social Science,

1925), p. 33.

26 Ibid., p. 36.

27 "Edison Is Buried on 52d Anniversary of Electric Light," *New York Times*, October 22, 1931, p. 1.

28 "Nation to Be Dark One Minute Tonight After Edison Burial," *New York Times*, October 21, 1931, p. 1.

13 农村电气化

1 *Report of the Country Life Commission: Report and Special Message from the President of the United States*, 60th Cong., 2d sess., Senate Document 705 (Spokane, WA: Chamber of Commerce, 1911), pp. 30–31, Core Historical Literature of Agriculture, http://chla.library.cornell.edu(accessed February 15, 2008).

2 Martha Bensley Bruère, "What Is Giant Power For?" in *Giant Power: Large Scale Electrical Development as a Social Factor*, ed. Morris Llewellyn Cooke (Philadelphia: American Academy of Political and Social Science, 1925), p. 120.

3 Franklin Delano Roosevelt, quoted in Jackie Kennedy, "Seeds for America's Rural Electricity Sprouted in Diverse Power Service Territory," http://www.diversepower.com/his tory_heritage.php (accessed February 14, 2008).

4 Press conference, Franklin Delano Roosevelt, Warm Springs, GA, November 23, 1934, http://georgiainfo.galileo.usg.edu/FDRspeeches/FDRspeech34-2.htm (accessed July 9, 2009).

5 Ibid.

6 David E. Lilienthal, *The Journals of David E. Lilienthal*, vol. 1, *The TVA Years, 1939–1945* (New York: Harper & Row, 1964), p. 52.

7 Eleanor Buckles, *Valley of Power* (New York: Creative Age Press, 1945), p. 18.

8 Quoted in Michael J. McDonald and John Muldowny, *TVA and the Dispossessed: The Resettlement of Population in the Norris Dam Area* (Knoxville: University of Tennessee Press, 1982), p. 40.

9 John Rice Irwin, quoted ibid., p. 57.

10 Ibid.

11 Cranston Clayton, "The TVA and the Race Problem," *Opportunity: Journal of Negro Life* 12, no. 4 (April 1934): 111, http://newdeal.feri.org/search_details.cfm?linkhttp://newdeal.feri.org/opp/opp34111.htm (accessed March 12, 2006).

12 Buckles, *Valley of Power*, p. 123.

13 John Carmody, quoted in Dr. Tom Venables, "The Early Days: A Visit with John M. Carmody," *Rural Electrification* 19, no. 1 (October 1960): 20.

14 Katherine Jellison, *Entitled to Power: Farm Women and Technology, 1913–1963* (Chapel Hill: University of North Carolina Press, 1993), p. 98.

15 *Rural Electrification on the March* (Washington, DC: Rural Electrification Administration, July 1938), p. 7.

16 Richard A. Pence, ed., *The Next Greatest Thing: 50 Years of Rural Electrification in America* (Washington, DC: National Rural Electric Cooperative Association, 1984), p. 95.

17 Ibid., p. 88.

18 Quoted in Mary Ellen Romeo, *Darkness to Daylight: An Oral History of Rural Electrification in Pennsylvania and New Jersey* (Harrisburg: Pennsylvania Rural Electric Association, 1986), p. 61.

19 Jimmy Carter, *An Hour Before Daylight: Memories of a Rural Boyhood* (New York: Simon & Schuster, 2001), p. 32.

20 Quoted in *Rural Lines — USA: The Story of Cooperative Rural Electrification*, rev. ed. (N.p.: U.S. Department of Agriculture, 1981), p. 14.

21 Quoted in Romeo, *Darkness to Daylight*, p. 68.

22 Jimmy Carter, quoted in *Rural Lines* — USA,p. 12.

23 Quoted in Romeo, *Darkness to Daylight*, p. 100.

24 Quoted ibid.

25 Quoted ibid., p. 55.

26 爱德华·霍普的画作的名称为 *Nighthawks*(1942)。

27 Quoted in Romeo, *Darkness to Daylight*, pp. 55–56.

28 Quoted ibid., p. 58.

29 Quoted ibid., p. 56.

30 Photo, ibid., p. 59.

31 Hurst Mauldin and William A. Cochran Jr., *Electricity for the Farm* (N.p.:

Alabama Power Company, 1960), p. 1.

32 Quoted in McDonald and Muldowny, *TVA and the Dispossessed*, p. 30.

33 Quoted in Jellison, *Entitled to Power*, p. 149.

34 Quoted in *Rural Electrification on the March*, p. 70.

35 John Bisbee, conversation with the author, August 2008.

14　冰冷的灯光

1 E. Newton Harvey, "Cold Light," *Scientific Monthly*, March 1931, p. 270.

2 Charles Steinmetz, quoted in "Scientists Racing to Find Cold Light," *New York Times*, April 24, 1922, p. 5.

3 Paul W. Keating, *Lamps for a Brighter America: A History of the General Electric Lamp Business* (New York: McGraw- Hill, 1954), p. 5.

4 "Nikola Tesla and His Work," *New York Times*, September 30, 1894, p. 20.

5 Harvey, "Cold Light," p. 272.

6 Walter Hough, *Fire as an Agent in Human Culture*, bulletin no. 139, Smithsonian Institution (Washington, DC: Government Printing Office, 1926), pp. 197–98.

7 Quoted ibid., p. 196.

8 Steinmetz, quoted in "Scientists Racing to Find Cold Light," p. 5.

9 E. B. White, "The World of Tomorrow," in *Essays of E. B. White* (New York: Harper & Row, 1977), p. 111.

10 Hugh O'Connor, "Science at the World's Fair — Rise of the Illuminating Engineer," *New York Times*, June 11, 1939, p. D4.

11 Helen A. Harrison, "The Fair Perceived: Color and Light as Elements in Design and Planning," in *Dawn of a New Day: The New York World's Fair, 1939/40* (New York: New York University Press, 1980), p. 46.

12 Ibid.

13 Ibid., pp. 46–47.

14 Keating, *Lamps for a Brighter America*, photo, insert after p. 184.

15　战时：旧夜归来

1 Antoine de Saint-Exupéry, *Night Flight*,trans. Stuart Gilbert (New York:

Century, 1932), p. 8.

2 Quoted in Williamson Murray, *War in the Air, 1914–1945* (London: Cassell, 1999), pp. 69–70.

3 Terence H. O'Brien, *Civil Defense* (London: Her Majesty's Stationery Office and Longmans, Green, 1955), p. 229n.

4 Ibid., p. 322.

5 Vera Brittain, *England's Hour* (New York: Macmillan, 1941), pp. 213–14.

6 Angus Calder, *The People's War: Britain, 1939–45* (New York: Pantheon Books, 1969), p. 168.

7 Brittain, *England's Hour*, p. 121.

8 Calder, *The People's War*, p. 170.

9 Graham Greene, *The Ministry of Fear*, in *3 by Graham Greene* (New York: Viking Press, 1948), p. 19.

10 Brittain, *England's Hour*, p. 113.

11 Henry Moore and John Hedgecoe, *Henry Moore: My Ideas, Inspiration and Life as an Artist* (London: Collins & Brown, 1999), p. 170.

12 Ibid.

13 Elizabeth Bowen, quoted in Calder, *The People's War*, p. 173.

14 Hans Erich Nossack, *The End: Hamburg, 1943*, trans. Joel Agee (Chicago: University of Chicago Press, 2004), pp. 37–38.

15 "Mission Develops U.S. Civil Defense," *New York Times*, February 14, 1941, p. 6.

16 "Fog Blanket Aids in Blackout Test of All Manhattan," *New York Times*, May 23, 1942, p. 1.

17 Ibid., pp. 1–2.

18 Ibid., p. 2.

19 "London Lights Up Somewhat Hesitantly; War Habits Persist After End of Blackout," *New York Times*, April 24, 1945, p. 19.

20 Ibid.

16 发现拉斯科洞窟

1 Marcel Ravidat, quoted in Mario Ruspoli, *The Cave of Lascaux: The Final*

Photographs (New York: Harry N. Abrams, 1987), p. 188.

2 Ibid.

3 Ibid., p. 189.

4 拉斯科各洞窟的名称和其中的人物来自：Norbert Aujoulat, *Lascaux: Movement, Space, and Time*, trans. Martin Street (New York: Harry N. Abrams, 2005), p. 30.

5 Ibid., p. 191.

6 Ruspoli, *The Cave of Lascaux*, pp. 180, 182, 183.

PART IV

1 Vladimir Nabokov, *Pale Fire* (London: Weidenfeld & Nicolson, 1962), p. 193.

2 Ralph Ellison, *Invisible Man* (New York: Random House, 1995), p. 7.

17 1965 年北美大停电

1 Robinson Jeffers, "The Purse-Seine," in *Rock and Hawk: A Selection of Shorter Poems*, ed. Robert Hass (New York: Random House, 1987), p. 191.

2 有关农村电气化的统计数据来自：*The Rural Electric Fact Book* (Washington, DC: National Rural Electric Cooperative Association, 1960), pp. 3, 56.

3 R. R. Bowker, ed., "Electricity," no. 12 in The Great American Industries series, *Harper's*, October 1896, p. 728.

4 Paul L. Montgomery, "And Everything Was Gone," in *The Night the Lights Went Out*, ed. A. M. Rosenthal (New York: New American Library, 1965), p. 19.

5 John Noble Wilford and Richard F. Shepard, "Detective Story," in *The Night the Lights Went Out*, p. 84.

6 Matthew L. Wald, Richard Pérez-Peña, and Neela Banerjee, "The Blackout: What Went Wrong; Experts Asking Why Problems Spread So Far," *New York Times*, August 16, 2003, http://www.nytimes.com (accessed May 3, 2007).

7 Wilford and Shepard, "Detective Story," p. 86.

8 Donald Johnston, "The Grid," in *The Night the Lights Went Out*, p. 75.

9 Quoted in Montgomery, "And Everything Was Gone," p. 23.

10 A. M. Rosenthal, "The Plugged-in Society," in *The Night the Lights Went Out*, p. 11.

11 Ibid., p. 14.

12 Quoted in Montgomery, "And Everything Was Gone," p. 20.

13 Quoted ibid., p. 24.

14 "The Talk of the Town: Notes and Comment," *The New Yorker*, November 20, 1965, p. 45.

15 Rosenthal, "The Plugged-in Society," p. 12.

16 Wolfgang Schivelbush, quoted in David E.Nye, *Technology Matters: Questions to Live With* (Cambridge, MA: MIT Press, 2007), p. 163.

17 Quoted in Paul L. Montgomery, "The Stricken City," in *The Night the Lights Went Out*, pp. 37–38.

18 "The Talk of the Town," November 20, 1965, p. 44.

19 Ibid., p. 43.

20 Montgomery, "The Stricken City," p. 44.

21 "The Talk of the Town," November 20, 1965, p. 45.

22 Ibid., p. 46.

23 William E. Farrell, "The Morning After," in *The Night the Lights Went Out*, p. 66.

24 Gordon D. Friedlander, "The Northeast Power Failure—a Blanket of Darkness," *IEEE Spectrum*, February 1966, p. 66.

25 *Report to the President by the Federal Power Commission on the Power Failure in the Northeastern United States and the Province of Ontario on November 9–10, 1965*, December 6, 1965, p. 29, http://www.blackout.gmu.edu/archive/pdf/fpc_65.pdf.

26 Bernard Weinraub, "From Abroad: Smiles, Sneers, and Disbelief," in *The Night the Lights Went Out*, p. 119.

27 George P. Hunt, "Trapped in a Skyscraper," *Life*, November 19, 1965, p. 3.

28 Farrell, "The Morning After," p. 65.

29 *Report to the President*, pp. 43–45.

30 "The Talk of the Town: Notes and Comment," *The New Yorker*, August 15, 1977, p. 15.

31 Russell Baker, quoted in Bernard Weinraub, "Bewitched and Bewildered," in *The Night the Lights Went Out*, pp. 124–25.

18 想象下一个电网

1 Dan Flavin, "'... in Daylight or Cool White' : An Autobiographical Sketch," *Artforum*, December 1965, p. 24.

2 "Dan Flavin Interviewed by Tiffany Bell, July 13, 1982," in Dan Flavin: *The Complete Lights, 1961–1996*, ed. Michael Govan and Tiffany Bell (New Haven, CT: Dia Art Foundation / Yale University Press, 2004), p. 199.

3 Daniel Yergin, *The Prize: The Epic Quest for Oil, Money, and Power* (New York: Simon & Schuster, 1991), p. 588.

4 Quoted in "The Talk of the Town: Other Lights," *The New Yorker*, December 10, 1973, p. 40.

5 Jonathan Schell, "The Talk of the Town: Notes and Comment," *The New Yorker*, December 10, 1973, p. 37.

6 Baron Wormser, *The Road Washes Out in Spring: A Poet's Memoir of Living Off the Grid* (Hanover, NH: University Press of New Eng land, 2006), p. 9.

7 Ibid., p. 11.

8 Ibid., p. 10.

9 Jimmy Carter, speech, April 18, 1977, "Primary Sources: The President's Proposed Energy Policy," *American Experience*, http://www.pbs.org/wgbh/amex/carter/filmmore/ps _energy.html (accessed May 2, 2008).

10 Jeffrey Skilling, quoted in Steven Johnson, "New New Power Business: Inside 'Energy Alley,'" *Frontline*, http://www.pbs.org/wgbh/pages/frontline/shows/blackout/traders/inside.html (accessed December 2, 2008).

11 Jeffrey Skilling, quoted in Bethany McLean and Peter Elkind, *The Smartest Guys in the Room: The Amazing Rise and Scandalous Fall of Enron* (New York: Penguin Books, 2004), p. 281.

12 Ibid.

13 Quoted in "Enron Trader Conversations: 'Powerex and Bonneville... ,'" Ex. SNO—224, pp. 5–6, *Seattle Times*, February 4, 2005, http://seattletimes.nwsource.com/html/localne ws/2001945474_webenronaudio02.html (accessed September 27, 2009).

14 Steven Watt, conversation with the author, October 2008.

15 U.S. Department of Energy, *The Smart Grid: An Introduction* (Washington, DC: U.S. Department of Energy, n.d.), p. 5.

16 Bill McKibben, *Deep Economy: The Wealth of Communities and the Durable Future* (New York: Times Books, 2007), p. 145.

17 Richard E. Smalley, testimony to the Senate Committee on Energy and Natural Resources, Hearing on Sustainable, Low Emission, Electricity Generation, April 27, 2004, http://www.energybulletin.net/note/249 (accessed October 18, 2008).

18 Brian Bowers, *Lengthening the Day: A History of Lighting Technology* (Oxford: Oxford University Press, 1998), p. 190.

19 Gavin Hudson, "Korea Shines for Compact Fluorescent Use," *EcoWorldly*, January 9, 2008, http://ecoworldly .com/2008/01/09/brilliant-asia-cfls-are-turning- korea- on (accessed March 11, 2009).

20 Quoted in "Making the Switch (or Not)," *New York Times*, January 10, 2008, p. D6.

21 Ibid.

22 "What If I Accidentally Break a Fluorescent Lamp in My House?" Maine Department of Environmental Protection, Bureau of Remediation and Waste Management, http://www.maine.gov/dep/rwm/homeowner/cflbreakcleanup.htm (accessed April 11, 2009).

23 Gaston Bachelard, *The Flame of a Candle*, trans. Joni Caldwell (Dallas: Dallas Institute Publications, 1988), p. 37.

24 Ibid.

25 "Reproduction Light Bulbs," Rejuvenation: Classic American Lighting & House Parts, http://www.rejuvenation.com/templates/collection.phtml?accessoriesReproduction%20Bulbs (accessed May 3, 2009).

19 任光摆布

1 Michel Siffre, *Beyond Time: The Heroic Adventure of a Scientist's 63 Days Spent in Darkness and Solitude in a Cave 375 Feet Underground*, ed. and trans. Herma Briffault (London: Chatto & Windus, 1965), p. 25.

2 Ibid., pp. 154–55.

3 Michel Siffre, "Six Months Alone in a Cave," *National Geographic*, March 1975, p. 428.

4 Siffre, *Beyond Time*, pp. 166, 181–82.

5 Ibid., pp. 222, 225.

6 Warren E. Leary, "Feeling Tired and Run Down? It Could Be the Lights," *New York Times*, February 8, 1996, http://www.nytimes.com (accessed August 9, 2007).

7 Dr. Charles Czeisler, quoted ibid.

8 See A. Roger Ekirch, "Sleep We Have Lost: Preindustrial Slumber in the British Isles," *American Historical Review* 106, no. 2 (April 2001), http://www.historycooperative.org/journals/ahr/106.2/ah000343.html (accessed July 4, 2007).

9 Robert Louis Stevenson, "A Night Among the Pines," in "*Travels with a Donkey in the Cévennes*" and "*The Amateur Emigrant*" (London: Penguin Books, 2004), pp. 56–57.

10 Natalie Angier, "Modern Life Suppresses an Ancient Body Rhythm," *New York Times*, March 14, 1995, http://www.nytimes.com (accessed August 9, 2007).

11 Czeisler, quoted in Leary, "Feeling Tired and Run Down?"

12 "Edison's Prophesy: A Duplex, Sleepless, Dinnerless World," *Literary Digest*, November 14, 1914, p. 966.

13 William A. Montevecchi, "Influences of Artificial Light on Marine Birds," in *Ecological Consequences of Artificial Night Lighting*, ed. Catherine Rich and Travis Longcore (Washington, DC: Island Press, 2006), p. 100.

14 Paul Beier, "Effects of Artificial Night Lighting on Terrestrial Mammals," in *Ecological Consequences of Artificial Night Lighting*, pp. 32–33.

15 Ibid., p. 34.

16 Sidney A. Gauthreaux Jr. and Carroll G. Belser, "Effects of Artificial Night Lighting on Migrating Birds," in *Ecological Consequences of Artificial Night Lighting*, p. 77.

17 Jens Rydell, "Bats and Their Insect Prey at Streetlights," in *Ecological Consequences of Artificial Night Lighting*, p. 43.

18 Bryant W. Buchanan, "Observed and Potential Effects of Artificial Lighting

on Anuran Amphibians," in *Ecological Consequences of Artificial Night Lighting*, p.215.

19 David Ehrenfeld, "Night, Tortuguero," in *Ecological Consequences of Artificial Night Lighting*, p. 138.

20 Winslow R. Briggs, "Physiology of Plant Responses to Artificial Lighting," in *Ecological Consequences of Artificial Night Lighting*, p. 401.

21 Michael Pollak, "'Towers of Light' Awe," *New York Times*, October 10, 2004, http://www.nytimes.com (accessed October 13, 2008).

22 Ibid.

20 过犹不及

1 Robert Louis Stevenson, "Upper Gévaudan," in "*Travels with a Donkey in the Cévennes*" and "*The Amateur Emigrant*" (London: Penguin Books, 2004), p. 30.

2 Vincent van Gogh to Theo van Gogh, letter 499, in *The Complete Letters of Vincent van Gogh*, vol. 2 (Greenwich, CT: New York Graphic Society, 1959), p. 589.

3 Charles Whitney, "The Skies of Vincent van Gogh," *Art History* 9, no. 3 (September 1986): 353.

4 Vincent van Gogh to Theo van Gogh, letter 418, in *The Complete Letters of Vincent van Gogh*, vol. 2, p. 401.

5 Ovid, Metamorphoses, quoted in Bart J. Bok and Priscilla F. Bok, *The Milky Way* (Cambridge, MA: Harvard University Press, 1981), p. 1.

6 Terence Dickinson, *NightWatch: A Practical Guide to Viewing the Universe* (Buffalo, NY: Firefly Books, 1998), p. 47.

7 P. Cinzano, F. Falchi, and C. D. Elvidge, *The First World Atlas of the Artificial Night Sky Brightness*, abstract, p. 1, http://www.inquinamentoluminoso.it/cinzano/download/0108052.pdf (accessed June 8, 2009).

8 Galileo Galilei, *The Starry Messenger*, p. 1, http://www .bard.edu/admission/forms/pdfs/galileo.pdf (accessed June 8, 2009).

9 Ibid., p. 14.

10 Ibid., p. 1.

11 Ibid., p. 10.

12 Ronald Florence, *The Perfect Machine: Building the Palomar Telescope* (New

York: HarperCollins, 1994), p. 106.

13 Edwin Hubble, quoted ibid., p. 395.

14 Florence, *The Perfect Machine*,p. 404.

15 Quoted in Mari N. Jensen, "Light Pollution in Tucson," *Tucson Citizen*, August 21, 2001, http://www-kpno.kpno.noao.edu/pics/lighting/tucsoncitizen_8_21_01light.html (accessed October 14, 2008).

16 Dave Kornreich, "How Does Light Pollution Affect Astronomers?" *Curious About Astronomy? — Ask an Astronomer*, April 1999, p. 1, http://curious.astro.cornell.edu/question.php?number194 (accessed September 18, 2007).

17 Bob Mizon, *Light Pollution: Responses and Remedies* (London: Springer-Verlag, 2002), p. 34.

18 Kornreich, "How Does Light Pollution Affect Astronomers?" p. 2.

19 Richard Preston, *First Light: The Search for the Edge of the Universe* (New York: Atlantic Monthly Press, 1987), p. 24.

20 Ovid, *Metamorphoses*, trans. A. S. Kline, 1.68–88, http://etext.virginia.edu/latin/ovid/trans/Metamorph.htm (accessed June 29, 2009).

21 过去与未来之光

1 Henri Focillon, *The Life of Forms in Art*, trans. Charles Beecher Hogan and George Kubler (New York: Zone Books, 1992), p. 152.

2 Bob Mizon, *Light Pollution: Responses and Remedies* (London: Springer-Verlag, 2002), p. 61.

3 有关芝加哥小巷研究的更多信息，参见：*The Chicago Alley Lighting Project: Final Evaluation Report*, April 2000, http://www.icjia.state.il.us/public/pdf/ResearchReports (accessed June 8, 2009).

4 Michel Siffre, *Beyond Time: The Heroic Adventure of a Scientist's 63 Days Spent in Darkness and Solitude in a Cave 375 Feet Underground*, ed. and trans. Herma Briffault (London: Chatto & Windus, 1965), pp. 99–100.

5 "Sustainability, Urban Planning, and What They Mean to Dark Skies," *Newsletter of the International Dark-Sky Association*, http://www.darksky.org/news/newsletters/60- 69/nl66_fea .html (accessed May 23, 2007).

6 Hollister Noble, "New York's Crown of Light," *New York Times*, February 8,

1925, p. SM2.

7 Ken Belson, “Efficiency’s Mark: City Glitters a Little Less,” *New York Times*, November 2, 2008, http://www.nytimes.com (accessed March 11, 2009).

8 John E. Bortle, “Introducing the Bortle Dark-Sky Scale,” *Sky & Telescope*, February 2001, p. 126.

9 Quoted in Dave Caldwell, “Dark Sky, Bright Lights,” *New York Times*, September 14, 2007, p. F10.

10 Alhassan Sillah, “Fuel for Thought in Guinea,” *BBC News*, http://newsvote.bbc.co.uk/mpapps/pagetools/print/news.bbc.co.uk/2/h (accessed March 14, 2009).

11 Rukmini Callimachi, “Kids in Guinea Study Under Airport Lamps,” *Washington Post*, http://www.washingtonpost.com /wpdyn/content/article/2007/07/19 (accessed March 14, 2009).

12 Sheila Kennedy, quoted in “Light unto the Developing World,” *Miller-McCune Magazine*, http://www .millermccune.com/article/light- unto- the-developing- world (accessed December 13, 2008).

13 Kennedy, quoted in “Energizing the Household Curtain,” JumpIntoTomorrow.com, http://www.jumpintotomorrow.com/template/index/php?tech82 (accessed December 14, 2008).

后记　重访拉斯科

1 有关减少光污染方法的更多信息，可参见：International Dark-Sky Association, http://www.darksky.org, and Fatal Light Awareness Program (FLAP), http://www.flap.org.

图书在版编目（CIP）数据

追光者：人造光的进化史 /（美）简·布罗克斯（Jane Brox）著；蒋怡颖译. -- 北京：社会科学文献出版社，2023.1（2024.8重印）

书名原文：Brilliant: The evolution of artificial light

ISBN 978-7-5228-0560-3

Ⅰ. ①追… Ⅱ. ①简… ②蒋… Ⅲ. ①人工光照明-历史-世界 Ⅳ. ①TU113.6-091

中国版本图书馆CIP数据核字（2022）第147683号

追光者：人造光的进化史

著　　者 / ［美］简·布罗克斯（Jane Brox）
译　　者 / 蒋怡颖

出 版 人 / 冀祥德
责任编辑 / 王　雪　杨　轩
责任印制 / 王京美

出　　版 / 社会科学文献出版社（010）59367069
地址：北京市北三环中路甲29号院华龙大厦　邮编：100029
网址：www.ssap.com.cn
发　　行 / 社会科学文献出版社（010）59367028
印　　装 / 三河市东方印刷有限公司

规　　格 / 开　本：889mm×1194mm 1/32
印　张：12.25　字　数：228千字
版　　次 / 2023年1月第1版　2024年8月第2次印刷
书　　号 / ISBN 978-7-5228-0560-3
著作权合同登记号 / 图字01-2021-2845号
定　　价 / 89.00元

读者服务电话：4008918866